서울대학교 규장각한국학연구원 한국학 모노그래프 14

3칸×3칸

한국 건축의 유형학적 접근

전봉희 · 이강민

서울대학교출판부

3 bay × 3 bay

A Typological Approach to Korean Architecture

Jeon, Bong Hee
Lee, Kang Min

Seoul National University Press

머리말

이 연구를 시작하게 된 동기는 아주 우연한 발견에서 비롯되었다. 여느 때처럼 학생들과 함께 창덕궁을 답사하던 늦봄, 마침 오랜 중건 공사 끝에 새롭게 문을 연 선정전에 가까이 접근할 수 있었다. 인정전이 창덕궁의 주전이고 선정전은 편전이라 문화재적 가치에서는 늘 뒤지게 마련이고, 일반인의 관심 역시 청록의 유약을 입힌 기와지붕에 쏠리는 것이 보통이었다. 하지만 당시 필자는, 더 이상 건축적 기법에 한정된 서술로는 건축역사학의 본령을 다하지 못한다는 반성과 함께, 궁궐의 의례적 이용과 일상적 생활에 대한 관심이 높았다. 선정전은 정면3칸 측면3칸의 단아한 단층 팔작집이다. 이 정도는 조선 후기의 공공 건축물 어디에서나 볼 수 있는 매우 친숙한 규모이다. 그런데 가까이 다가서서 내부를 들여다보는 순간, 눈에 익숙하지 않은 전혀 생경한 공간감을 느낄 수 있었다. 그것은 지방 답사 때 만나게 되는 여느 절간이나 누정의 공간과는 확연히 달랐다.

첫인상은 매우 정적이고 편안한 공간이라는 느낌이었다. 그러고 보니 선정전은 천장이 유난히 낮고, 과연 국왕과 신하가 대면하여 정사를 논하는 내밀한 공간에 걸맞는 가구와 집기들이 갖추어져 있었다. 하지만 가장 큰 차이점은, 이런 집이라면 으레 후면에 치우쳐 있어야 할 내부기둥 2개가 전면으로 옮겨와 있어, 전면부가 좁고 후면부가 넓은, 독특한 내부공간구획을 보여 준다는 점이다. 우리나라에서와 같이 가구식(짜맞춤식) 목구조를 사용하는 건축에서 기둥을 과감하게 생략하거나 위치를 조금 옮기는 일이 얼마나 큰 차이를 초래하는지는 더 말할 필요가 없다. 사당과 같이 엄숙미를 강조하는 경우에는 전면의 기둥을 독립기둥으로 만들어 처마가 드리운 깊은 그늘 속에 대비되게 하고, 사찰 불전의 경우에는 내부의 후면기둥을 이용해 불단을 만들고 불벽을 세우는 것 모두 기둥렬에 대한 세심한 고려 속에서 만들어진 것이다. 그런 상황에서 국왕을 포함한 최고의 중신들이 함께 국사를 논하는 지밀한 장소인 선정전에, 범상치 않은 기둥구성을 한 것은 결코 우연이거나 기술적인 제약에 의한 소치로 보기는 어렵다.

생각이 그에 미치자, 드디어 우리 목가구조를 대상으로 '기술과 의장' 혹은 '제약과 열망'이라고 하는 건축사의 본원적 과제에 접근할 수 있는 실마리를 찾은 것 같아 기뻤다. 조형예술사의 일 분과로서 인문학의 오랜 전통을 가지고 있는 서양 건축사학의 흐름과 문화유산의 관리라는 현실적 과제와 밀착하여 기법적 접근과 분류학적 해석에 열중한 한국 건축사학의 성과를 연결하는 고리를 만들 수 있으리라는 생각에서이다. 1백 년을 지나온 한국 건축사학의 오랜 전통 속에 기법과 의장의 관계를 논구한 성과가 아주 없지 않으나, 대개가 같은 유형의 건축물 안에서의 세부의장, 대표적으로 공포의장을 다루고 있고, 평면형식과 주칸형식을 다룬 접근에서는 해석 없이 나열적 태도에 머무는 한계가 느껴진다. 이러한 반성을 토대로 목가구조의 전형성에 대한 거시적 탐색과 이를 통해 2천 년 이상 지속된 목가구조의 오랜 전통이 갖는 본원적 한계와 가능성에 대한 재인식이 필요하다는 생각을 갖게 되었다.

흔히들 중국과 일본을 포함한 동아시아의 전통건축은 무거운 지붕을 숙명으로 떠받들고 있다고 한다. 그리고 그 피할 수 없는 업보를 온

몸으로 긴장하여 감당하고 있는 것이 바로 기둥이다. 때문에 정상적인 기둥렬에서 일부의 기둥을 생략하거나 위치를 바꾸는 감주법과 이주법이, 목가구조가 등장한 지 천 년 이상의 세월이 흐른 이후에 비로소 나타났다는 사실은 놀라운 일이 아니다. 하지만 이후 목가구조는 이것을 기본으로 삼아 사회의 급격한 다변화에 언제나 충분하게 대응하는 뛰어난 적응력을 보여 주었고, 그것이 목가구조의 건축이 다시 천 년 이상을 지속할 수 있었던 일차적 이유이다. 이 연구는 목가구조가 가지는 놀라운 적응력을, 우리나라에서 가장 많이 사용되었던 기본구조형식인 정면3칸 측면3칸의 구성을 중심으로 재확인했다는 의미를 갖는다.

이 책에서 필자는 정면3칸 측면3칸 형식이 갖는 전형성을 확인하고자 했다. 구체적으로는 3칸3칸 형식의 역사적 기원과 전개과정, 그리고 다양한 건축적 기능과 조영자의 의도에 따라 그 세부의장을 조정해 나가는 과정을 폭넓게 조사했다. 그 과정에서 기둥렬의 조정은 물론이고 그에 부속된 벽체의 설치형식, 주변의 바닥과 천장의 마감형식이 어울려 기본골격은 같지만 공간감은 서로 다른 다양한 해결안을 만들어 내는 것을 볼 수 있었다. 또한 여러 가지 이유로 정면3칸 측면3칸의 구성은 그 다양성을 극대화할 수 있으며, 경제성을 가진 목가구조의 기본골격이라는 점도 확인했다.

이 연구가 아주 사소한 발견에서 시작되었다고 했지만, 그렇다고 놀랄 만한 결론을 맺고 있는 것도 아니다. 곰곰 생각해 보면 누구나가 짐작할 수 있는 일들이고 또 흔히 추측되고 있던 것을 확인했을 뿐이다. 이 내용을 처음 논문으로 만든 것은 서울에서 열린 동아시아 건축사에 대한 첫 번째 국제학술대회를 위한 것이었는데, 외국인을 상대로 한국건축의 특성을 설명하겠다는 의도가 이처럼 기본적인 생각을 논문으로 다듬을 용기를 준 것 같다. 때로 내부자를 위한 논의가 지엽말단으로 치달을 위험을 가지고 있는 것을 염두에 둔다면 말이다. 처음 논문을 작성한 이후 많은 보강을 했지만 여전히 미진한 부분이 남아 있는 것도 사실이다. 다만 욕심이라면 한국 건축사를 다루는 개설서에 한 줄 보탬이 되었으면 하는 바람이다.

처음 필자의 의도를 듣고 곧 의기투합하여 자신의 석사학위논문으로 끌고 나간 박상철 군에게는 불교건축에 대한 사례조사에 빚을 졌다. 그리고 공동저자인 이강민 군은 나머지 부분에 대한 자료조사는 물론이고, 함께 고민하고 토론하는 과정을 통해 필자의 생각을 발전시켜 나가는 데 많은 도움을 주었다. 특히, 원전을 두루 살펴 3칸의 이념적 기원을 추적하는 일을 도맡았다. 결론의 마지막 문장까지 윤독하면서 의기투합을 하였던 것은 공동저작의 즐거움이었다. 처음 원고를 쓰기 시작한 후 완성을 보지 못하고 Harvard-Yenching Institute에 1년간 머무르게 되면서 일이 많이 늦어졌다. 최초 원고를 검토하고 귀중한 조언과 격려를 해 주신 안휘준 선생님께 감사드린다. 초기의 가설적 원고가 이만큼 확대된 것은 선생님의 지적 덕분이다. 또 오랜 기간 기다리고 원고를 다듬어 준 서울대학교출판부 관계자와 이 기회를 만들어 준 서울대학교 한국학연구사업 운영위원회에도 깊이 감사드린다.

2006년 1월

공동저자를 대표하여

전봉희

차 례

표차례

그림차례

I. 서론

1. 한국 건축사와 유형학적 접근

우리나라와 중국, 일본, 그리고 베트남 일부를 포함하는 동아시아 지역의 근대 이전 건축은 목재를 서로 연결하여 집의 뼈대를 만들고 돌, 벽돌, 기와, 진흙, 창호, 철물 등을 이용해 그 사이면을 채워 나가는 목가구조(木架構造)를 오랫동안 기본 건축기법으로 사용했다. 따라서 동아시아 지역의 건축은 조적조(組積造)를 중심으로 하는 서구권이나 인도, 이슬람권의 건축문화와 확연한 차이를 보이는 것은 물론이며, 공포(栱包)를 사용한다는 점에서 다른 지역의 목조건물들과도 구분되는 독특한 중국계 목가구조의 원칙을 공유하고 있다. 트러스(truss)나 가새(bracing)를 사용하지 않고 보와 대공, 도리를 이용해 기와지붕의 무거운 하중을 기둥에 전달하는 중국계 목가구조는 전국시대(戰國時代)에 이미 그 기본적인 형식이 갖추어진 이래 서구의 근대 건축이 소개될 때까지 큰 변화 없이 2천 년 이상 사용되었다. 때문에 다양한 건축양식이 중심지역을 옮겨 가며 쫓고 쫓기듯 서로 꼬리를 물고 전개되는 서양 건축사의 역동적 서술과 비교할 때, 우리 지역의 건축사는 시간에 따른 변화가 적고 완만하고 은근한 파동과 같은 것으로 생각되었다. 그리고 우리 지역의 건축사에 대한 연구 역시 시간적 변화보다는 지리적 분포, 실내공간과 실외공간의 용도 및 성격에 따른 차이 등을 천착하는 공시적 비교에 집중하는 경향을 보여 왔다.

하지만 이러한 시각은 우리 지역의 전근대 사회문화 전반에 대한 폄하나 몰이해가 만연했던 근대 초기의 학문적 전통에 기대는 바가 크다. 충격 속에 자신을 되돌아보게 된 초기근대인들은 '실패한 근대'에 대한 자기모멸과 과도한 자기반성을 거쳐 근대를 지고지선(至高至善)의 가치로 학습하는 한편, 그들에게 남겨진 전근대 사회의 유산을 기껏해야 박물관에 가두어 둘 '토속'으로 미루어 두었다. 그러나 우리나라를 비롯한 중국과 일본 사회 모두 차별 가능한 다양한 사회발전단계를 거쳤다는 점은 새삼 거론할 필요가 없으며, 건축물은 언제나 그러한 사회적 변화를 수용하는 틀로서 부족함 없이 작용했음을 알고 있다. 따라서 건축의 통시적 변화에 집중하는 건축사의 서술은 전근대 사회의 건축에 대한 왜곡된 선입관을 우선 버리고, 기존의 건축사 연구방법론상의 문제점을 회구함으로써 비로소 가능해질 것이다.

이번 연구는 오랜 전통을 갖는 시원적인 건축구조가 다종다양한 사회적 변화와 건축적 수요에 어떻게 대응해 나가는가를 살피는 일에서 출발했다. 2천 년이 넘는 기간 동안 동일한 건축구조형식이 사용되었다는 사실은 중국계 목가구조가 갖는 기술적 우수성을 반증하는 것이기도 하기 때문에, 이에 대한 보다 정확한 이해가 중국계 목가구조의 전통에 대한 인식을 새롭게 하는 기회가 될 것이다. 결론적으로 말하면, 중국계 목가구조는 아주 이른 시기에 대단한 적응력을 가진 기본구조틀을 완성했으며, 이후의 변화는 이러한 완성도 높은 건축구조의 틀 속에서 각 지역별로, 때로는 공통적으로 그리고 때로는 서로 다른 방식으로 미묘한 조정을 통해 사회적 수요에 대응해 나갔다. 그 미묘한 조정이란 기둥의 배열, 바닥과 벽면, 천장면의 꾸밈에 관련된 것이라서, 그 모든 변화의 시간적 경과는 결국 구조와 의장, 기술과 의도라고 하는 건축사의 오래된 이항대립적 주제에 포섭된다.

이 책에서는 그 조정과정을 보다 구체적이고 실제적으로 접근하기 위해 가장 기본적인 구조유형이라고 생각되는 정면3칸 측면3칸의 단층 전각을 주된 논의의 대상으로 삼았다. 건축사의 거의 전 기간에 걸쳐 널리 사용되었던 기본적인 건축구조의 틀을 가지고 그것이 각 시기와 각각의 용도에 맞추어 어떻게 조정되어 최선의 기능을 유지하는가를 살피는 것이 이 연구의 내용이다. 이는 그간의 한국 건축사의 주된 흐름이었던 양식사적 접근과 종별(種別) 서술의 범주를 벗어나, 구조와 의장의 관계를 함께 고찰하는 유형학적 접근의 가능성을 실험하는 시도가 될 것이다.

그간 한국 건축사 연구에 있어 유형과 양식에 대한 논의가 없었던 것은 아니며, 오히려 20세기 후반기까지 가장 활발하게 연구되어 온 분야이기도 하다. 하지만 양식사의 경우 대부분이 기둥이 보나 도리와 만나는 부위에 놓이는 공포형식에 집중되어 온 것이 사실이다. 물론 공포는 목가구조의 구성에서 구조적으로 가장 취약한 부분이며 외부 입면의 의장상으로도 돋보이는 부분이기 때문에 중요한 고찰의 대상이 되는 것이 마땅하다. 또한 시대에 따른 차이를 보이기 때문에 공포형식의 변화는 종종 시대 판별의 단서를 제공해 주기도 한다. 문제는 서양 고전 건축의 주범(柱範, the Order)에 대한 경외감에서 비롯한 공포에 대한 초기연구자들의 관점이 반성적인 성찰을 거치지 못한 채 학계 내부에서 증폭되어, 마치 공포의 형식적 차이가 건축물 전체의 시대적 특성을 대표하는 양식의 결정요소로 과도하게 평가되고 여타의 구성적 고찰을 간과하게 만든다는 점이다.

더욱이 한국 건축 목가구조의 기법과 법식에 대한 기존의 연구는 주로 유물이 남아 있는 것들 가운데 불교건축을 중심으로 하면서 건축용도와는 무관하게 목가구조 자체에 대한 중성적 접근이 행해졌을 뿐이다. 이것은 앞서 이야기한 구조와 의장(意匠)에 대한 통합적 고려를 간과한 결과다. 흔히 구조는 목적공간을 가능 또는 불가능하게 만드는 그 무엇으로서, 한정태(限定態) 혹은 가능태(可能態)라고 말할 수 있다. 이에 반해 의장은 무엇을 만들 것인가에 관한 문제다. 오늘날과 같은 기술혁신의 시대가 아니라 전근대 사회와 같은 기술지속의 사회에서 어떤 공간을 만들 것인가의 문제는 무엇이 가능한가의 문제와 결코 떠나지 않고 상존한다. 구조와 의장을 함께 고려해야 하는 이유가 여기에 있다.

다른 한편, 유형에 대한 논의는 주로 건축물의 용도와 성격에 대한 차이에 기반한 종별 접근이 대종을 이룬다. 즉, 불교건축은 어떠한 성격을 가지고 있고, 이에 비해 유교건축은 어떠한 특성를 가지고 있다는 식의 비교가 성행하고 이에 따라 각 장르별 특성을 단순화시켜 한국 건축의 특성으로 종합해 나가려는 대자적(對自的) 의도가 앞섰던 것이다. 하지만 불교건축과 같이 뚜렷한 종교적 목적을 가지고 있고 때로는 독립적인 건설체계를 유지하기도 했던 예외적인 상황을 제외한다면, 한국 건축사의 흐름 속에서 건물 장르별로 각기 다른 생산체계를 갖기는 힘들다. 관속(官屬)의 장인이 개인주택의 건립에 관여하기도 하고 사찰 조영을 담당하는 승장(僧匠)이 관영의 공사에 참여하는 일이 빈번하다. 유교건축과 궁궐건축의 경우 건설체계의 차이는 더더욱 작다.

건물의 구조체를 구성하는 방식은 건축 당시의 기술적 역량과 건물의 용도, 조영자의 의도와 경제적 여건 등에 의해 결정된다. 그리고 이렇게 결정된 건축물의 구조는 인간의 생활을 담는 중요한 시설로서 건축의 뼈대를 형성하며 내외부의 입면 의장과 공간구성의 바탕이 된다. 그러나 거꾸로 내외부 공간에 대한 의장적 고려가 어칸과 협칸의 기둥 간격, 공포의 짜임, 감주(減柱)와 이주(移柱) 등 주망(柱網, grid of columns)의 구성에 영향을 주기도 한다. 더욱이 동아시아의 목조건축과 같이 오랜 기간 동일한 구조적 전통을 계승해 온 경우에는, 풍부한 선행 경험을 바탕으로 건축물의 계획 초기부터 건축물의 사용 의도에 부합하는 구조와 의장에 대한 동시적 접근이 진행되었을 것으로 생각된다. 다시 말해 동아시아의 오랜 건축적 전통 속에서 건축물의 구조와 의장은 어느 한쪽으로 치우침이 없이 통합적인 실체로서 건축물을 구성했다고 정리할 수 있다.

건축을 수요에 대한 공급의 차원으로 단순화해 볼 때, 건축물의 수요는 그 안에 담을 공간의 용도와 외부에 드러내 보이고 싶은 의장적 욕구라 할 수 있으며, 공급의 측면에서는 기술적 가능성과 경제적 부담능력이 주요한 안점으로 대두된다. 이 가운데 공포형식이라고 하는 부분은 그 일부를 대변하는 것이라고 할 수는 있어도 결코 전체를 대변하는 것은 아니며, 더더욱 공간적 용도에 대해서는 거의 역할을 갖지 못한다. 때문에 한국은 물론 동아시아의 건축사에 있어서 유형에 대한 논의는 목구조 전체를 대변하는 좀더 거시적이고 총체적인 차원에서 진행될 필요가 있으며, 우리는 그것을 단순화시켜 뼈대와 채움, 구조와 의장 혹은 기술과 의도라는 대립축을 상정했다.

뼈대를 기술적 제약 혹은 가능성을 대표하는 것으로 본 것은 동아시

적용규모	공급	수요	
지역	사회 · 경제	시설	→ 사회적 접근
도시	뼈대 구조(기술)	채움 의장(의도)	→ 도시론 · 마을론
건축군			→ 배치론 · 공간구성론
건축물			→ 유형학적 접근
건축세부	기법	문양	→ 양식론

	↓	↓
	기술사 · 생산사 (공장사 · 건설사)	장르사 (불교건축사 · 유교건축사)

그림 1-1. 건축사의 층위와 접근방식

아의 목조건축이 목골조를 기본으로 한다는 점에 기댄 것이고, 채움은 내외부 공간의 실제적 기능은 물론 어떠한 성격의 공간이기를 원했는지를 묻는 조영자의 의지까지를 포함하는 것으로 생각했다. 뼈대는 다시 여러 가지 접근시각에 따라 다양한 유형으로 분류할 가능성이 있지만, 목가구조의 틀에서는 상부의 하중을 받치는 최종적인 역할을 수행하는 것이 기둥이고, 일정한 간격을 갖는 기둥이 어떠한 배치형식을 갖는가는 공간이용을 결정하는 가장 기본적인 근거가 된다는 생각에서 주망의 구성, 즉 기둥들이 배열되어 있는 틀을 유형학적 분류의 기준으로 삼을 수 있다. 보다 실제적이며 종합적인 건축과정을 고려에 두고 거시적인 차원에서 접근하는 이번 연구는 결국 중국계 목가구조에 대한 유형론을 시도하는 것이 된다.

따라서 각 시기별로 동질적 생산체계와 담론 속에서 건축의 구조와 의장, 즉 기술적 가능성과 재현적 의도 사이의 관계를 탐색하는 이번의 접근은, 건축행위의 결과물로서 한국 건축을 바라보고 그 시기적 전개에 보다 주목한다는 점에서 한국 건축사의 본령에 다가가는 시도로 생각된다. 더욱이 한국 건축의 전개를 한국사의 울타리에 가두지 않고 중국과 일본의 건축사적 전개에 연계하여 바라본다는 측면에서도 그간의 보다 성숙한 학문적 성과를 수용한다는 의미를 갖는다.

2. 왜 3칸3칸 전각인가?

여기서 3칸3칸(정면3칸 측면3칸) 구조물을 대상으로 삼는 이유는 우선, 그것이 가장 널리 사용되는 보편적인 구조형식이기 때문이다. 즉, 다양한 용도에 맞추어 대응해 나가는 과정을 살핌으로써 구조와 의장에 대한 통합적 접근을 수행할 때 가장 유리한 대상이 된다. 3칸3칸 전각은 가장 흔하게 발견되는 일반적 구조형식일 뿐 아니라, 내부공간이 내진(內陣)과 외진(外陣)으로 나뉘고, 정면과 측면에서 각각 어칸(御

間)과 협칸(狹間)이 구분되며, 상부가구를 5량가(五樑架)로 구성하는 등 구조와 의장에 있어서 '조정이 가능한 양적 규모를 갖는 최소의 단위'이기도 하다. 역으로 3칸3칸 형식의 구조물이 이처럼 다채롭게 사용될 수 있었던 근원적인 이유, 즉 그 구조와 의장상의 우수성을 역사적 전개과정을 통해 확인하는 일은 그간 별도의 것으로 서로 다르게 세분되어 진행되었던 종별 접근방법이 갖는 한계를 극복하고 실용적 예술품으로서의 건축에 대한 보다 종합적인 시각을 갖는 데 기여할 것으로 기대된다. 따라서 3칸3칸 전각을 용도, 규모, 결구방식 등 다양한 기준에 따라 분류하고 이를 통해 유형을 추출하는 것은 구조와 의장의 통합적 연구의 첫 단계로 적합하다고 생각된다.

문화재청과 각 지방자치단체에서 발행한 문화재 수리보고서와 각종 실측조사보고서, 기타 저서와 논문 등에서 3칸3칸 전각들을 추출했다. 이들 중 기존의 보고서나 현장조사를 통한 실측도면과 사진자료에 의해 내외부 공간과 의장의 분석이 가능한 건축물들을 용도별로 정리했다. 정리한 자료 중 가장 많은 수를 차지하는 건축유형은 향교의 대성전이었고, 불전과 서원의 사당도 많은 수가 추출되었다. 향교의 명륜당과 왕가의 사당, 궁궐 안의 전각에서 3칸3칸 평면형이 발견되었으며, 그 밖에 문루, 정자 등의 누정건축에서도 3칸3칸 평면형을 확인할 수 있었다. 이들 평면형을 기능에 의해 크게 분류하면 선현에 대한 제사의 목적을 갖는 각급의 사묘(祠廟), 불교의 예불공간인 불전(佛殿), 궁궐의 편전(便殿), 지방의 누정(樓亭) 등을 꼽을 수 있다.

3칸3칸 전각이 전체 전각에서 차지하는 비율을 알아보기 위해 가장 많은 수가 조사된 불전과 향교 대성전의 비율을 조사해 보았다(그림 1-2). 지방 유형문화재급 이상의 불전 156동 중 정면3칸인 불전은 124동으로 전체의 79.5%, 측면3칸 형식의 불전은 103동으로 66%를 차지했다. 이번 연구의 분석대상인 정면과 측면이 모두 3칸으로 이루어진 불전은 79동으로 전체의 50.6%였다. 즉, 현존하는 불전 건축물의 절반이 3칸3칸

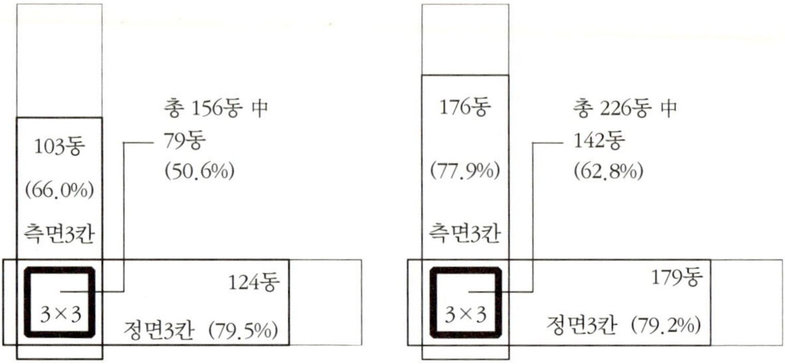

(A) 3칸 형식 사찰 불전의 비율　　(B) 3칸 형식 향교 대성전의 비율

그림 1-2. 조선시대 불전과 대성전의 3칸 형식 비율

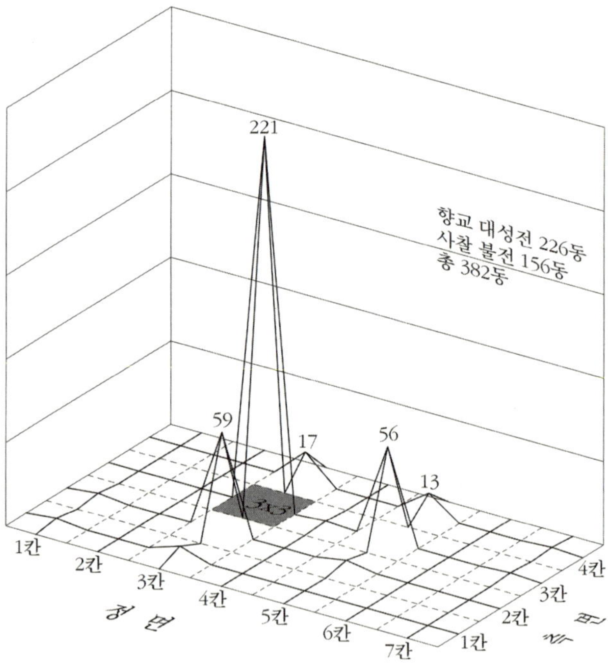

그림 1-3. 조선시대 불전과 대성전의 규모별 분포

형식을 가지고 있는 것이다.

또한 조사된 향교 대성전 226동[1] 중 179동이 정면3칸 형식으로 전체의 79.2%를 차지했고, 측면3칸 형식은 176동으로 77.9%를 차지했다. 3칸3칸 형식을 갖는 향교 대성전은 142동으로서 불전에서보다 높은 비율인 62.8%를 차지했다.

이렇게 높게 나타난 비율은 3칸3칸 전각의 유형이 조선시대에 이미 전각 건축의 전형으로 굳어진 형식이라는 점을 보여 준다. 특히 정면3칸 형식은 해당 건축유형의 80%에 달하는 압도적인 비율이었다. 한편 정면3칸의 비율과 측면3칸의 비율이 서로 다르며 어느 한쪽만을 택하는 건물이 존재한다는 사실은 정면3칸과 측면3칸이 서로 다른 출발점을 가지고 있음을 시사한다. 즉, 정면3칸이 해결해 줄 수 있는 건축적 문제와 측면3칸이 해결해 줄 수 있는 건축적 문제가 다르다는 점이다. 또한 3칸3칸 형식이 처음부터 완성된 것이 아니고, 다양한 건축실험을 통해 정면의 요구와 측면의 요구가 각각 해결책을 찾는 과정에서 만들어진 것이라는 사실을 말해 주는 것이기도 하다.

3. 연구의 범위와 방법

이 연구는 현존하는 한국 전통건축물 중에서 정면과 측면이 각 3칸인 단층전각(單層殿閣)을 대상으로 한다. 또한 비교적 보존·관리 상태가 양호하고 건축사적 가치가 잘 남아 있어 국보, 보물 및 지방 유형문화재로 지정된 것을 분석대상으로 삼았다. 비교의 대상으로서 일부 문화재자료 및 현존하지는 않지만 문헌이나 유적으로 확인이 가능한 건물들까지 포함하기도 했다. 의미와 용례를 파악하기 위해 고문헌을 참조했으며, 동아시아에서 보편적인 전각형식의 유형을 확인하는 과정에서

---

1. 박왕희의 『한국의 향교건축』(문화재관리국, 1998)에 망라된 대성전을 기준으로 함.

중국과 일본의 사례와 문헌을 검토했다.

고문헌은 서울대학교 도서관 고문헌실의 자료와 서울대학교 규장각(奎章閣)의 마이크로 필름 자료를 기본으로 조사했다. 최근 인터넷을 통한 원문 서비스는 연구에 큰 도움이 되었다. 서울대학교 e-규장각(http://e-kyujanggak.snu.ac.kr/), 민족문화추진회(http://www.minchu.or.kr/), 표점 · 교감 조선왕조실록(http://www.korea5000.com/), 한국역사정보통합시스템(http://www.koreanhistory.or.kr/), 동국역경원(http://www.tripitaka.or.kr/), 고려대장경연구소(http://www.sutra.re.kr/) 등의 기관에서 제공하는 검색 서비스를 활용했다. 마찬가지로 중국의 고문헌은 중국 우한대학출판사(武漢大學出版社)에서 153장의 CD로 간행한 『사고전서(四庫全書)』의 원문전자판(原文電子版)을 저본으로 검색할 수 있었다. 그 밖에 국내외 각종 연구기관의 웹사이트를 이용했다.

건물의 형태 및 각부 치수를 알아보기 위한 주요 자료로는 각종 실측조사 보고서 및 수리 공사 보고서의 도면들을 사용했다. 또한 건물의 세부형태와 의장요소들을 구체적으로 파악하기 위해서 대상 건물들을 답사하고 각 부분을 촬영했다. 대상 건물의 정확한 도면을 구할 수 없는 경우 답사과정에서 간이 실측과 스케치를 병행했다. 이때 건물의 치수는 기본적으로 미터법을 기준으로 했으나, 서술과정에서 조영의도를 간략하게 전달하기 위해 일부를 척(尺)으로 표기하기도 했다.

그 전체적인 분포특성을 확인하기 위해, 우선 이들 3칸3칸 전각의 소재지, 연혁 및 가구 구성방식, 각부 치수, 그리고 의장적 특징 등 건물에 관한 제반 자료들을 수집하여 정리했다. 또한 하나의 평면형이 다양한 기능에 대응하는 모습을 살펴보기 위해 지역과 시대, 내주(內柱)의 사용방식, 주량작(柱樑作: 기둥과 보가 만나는 방식)의 형식, 지붕형식 등으로 일차적인 항목을 만들어 비교했으며, 좀더 세밀한 분석을 위해 정면과 측면에서 어칸과 협칸의 각 주칸길이를 측정하고, 이를 바탕으로 평면비례를 계산했으며, 내외부의 공포 사용방식을 비교했다.

그리고 이들 자료의 비교 분석을 통해 건물에 속하는 둘 또는 그 이상의 특징들 사이에 연관관계가 나타나는지 분석하여, 최종적으로 3칸 3칸 전각의 구조 및 의장의 조직방식에 관한 유형을 추출했다. 또한 각 건물의 특성 또는 유형에 지역별, 연대별 분포가 나타나는지도 주목했다. 가장 중점을 둔 사항은 전술했다시피 동일한 형식을 지닌 평면이 서로 다른 기능을 수용하는 방식에 관한 것이다.

전체의 구성은, 우선 제II장에서 문헌과 유물의 고찰을 통해 3칸3칸 평면의 형성과정을 고증하고 각각의 건축사적 의미를 분석했다. 정면 3칸과 측면3칸은 서로 다른 발생계통을 가지므로 각각의 형성과정과 의미를 별도로 고증했으며, 이들이 만나 3칸3칸의 평면을 이루는 초기의 모습을 고찰했다. 제III장에서는 3칸3칸 전각의 시간적, 공간적 전개과정을 살펴봄으로써 3칸3칸 전각의 적응과정을 다루게 된다. 실제로 3칸3칸 구조물은 이와 유사한 규모의 5칸3칸, 5칸4칸, 3칸2칸 등의 구조물과 역사적 경쟁관계에 있었다. 3칸3칸의 전각이 선택 혹은 폐기되는 과정을 살펴보았다. 제IV장에서는 국내에 남아 있는 유물을 대상으로 3칸3칸 전각이 각각의 용도에 따라 다르게 전개되는 다양한 변형례를 살펴보고, 이를 통해 3칸3칸 평면과 기능과의 관계를 확인했다.

이러한 연구가 가능하게 된 것은 많은 선학의 조사와 연구결과에 기대는 바가 크다. 비록 아직도 손이 미치지 못한 건물이 많지만, 지난 1980년대와 1990년대를 거치면서 상당량의 새로운 실측이 이루어져 연구자들이 다룰 수 있는 전통건축자료의 양이 크게 늘어났다. 또한 각 건축용도별로 단순히 건축구조가 아닌 조형의도와 결과 사이의 관계를 다루는 심도 있는 연구성과가 여러 분야에서 축적되어 왔다. 이러한 발판 위에서 전통건축물의 구조와 의장을 하나의 통합된 체계로서 파악하여 유형을 나누고 각 유형의 특성을 밝히는 연구가 가능하게 된 것이다.

II. 3칸3칸 전각의 구성원리

1. 칸과 칸살잡기

1) 칸

정면3칸 측면3칸에서 '칸(間)'은 평행하게 늘어선 기둥 사이를 가리키는 말이다. 이때 칸은 길이와 관련된 선적(線的) 개념이지만 길이의 크기가 아닌 기둥 사이 공간의 수를 세는 말로 사용된다. '칸'이 길이의 크기를 나타낼 때는 곡척 6자〔尺〕, 즉 1.818m에 해당하며, 1칸 사방이 1평(坪)이 된다. 그러나 이것은 주로 일본에서 사용하는 용례이고, 우리나라나 중국에서는 이와 비슷한 규모의 길이를 나타내는 단위로 '보(步)'를 많이 사용했다. 기둥 사이의 공간을 말하는 1칸은 작게는 서너 자에서 20자 이상의 크기를 가지기도 하여 일정치 않으나, 그 건물이 주택인지 궁전(宮殿)인지 정자(亭子)인지에 따라 대략 범위가 정해진다. 중국식 목조건축에서는 주요한 구조기법이 모두 기둥을 중심으로 운용되므로 주칸의 수는 그 건물의 규모와 격식 등을 살피는 데 주요한 판단근거가 된다. 집의 규모를 이야기할 때는 직사각형을 이루는 가로면이 몇 칸, 세로면이 몇 칸 하는 식으로 사용된다. 따라서 '정면3칸 측면3칸'이라는 서술은 정면에 4개의 기둥과 측면에 4개의 기둥이 이루는 사각형의 건물을 가리키게 된다.

칸은 면적 개념으로도 이용된다. 길이에서와 마찬가지로 특정한 바닥의 크기를 지시하기보다는 대략의 규모를 세는 단위가 된다. 물론 면적단위인 평(坪)과 유사하게 사방 8자 혹은 사방 6자의 넓이를 가리키는 용례가 있기는 하다. 그러나 우리가 면적에 대해 '칸'이라는 말을 쓸 때, 보통 그것은 사방 네 기둥으로 둘러싸인 공간을 지칭한다. '6칸대청'이니 '99칸집'이니 하는 용례가 그것이다. 이때 6칸은 정면으로 3칸(기둥 4개), 측면으로 2칸(기둥 3개)의 기둥배열을 가정하고 하는 말이지만, 대개의 경우 대청 복판에 있어야 할 기둥들은 생략된다.

이처럼 '칸'의 개념에서 반드시 기둥을 상정하며, 이들이 일렬로 늘어선다고 하는 점, 이 기둥렬〔柱列〕이 직교하며 배열되어 방안(方眼)을 이룬다는 점, 그래서 항상 칸은 사각형의 외곽을 갖는 단위라는 점은 인류 전체의 건축역사에서도 독특한 양상이다. 이것은 동아시아 건축이 가구식 구조를 기본으로 발달해 온 것에 기인한다. 동아시아의 목가구조는 수직부재인 기둥〔柱〕과 수평부재인 보〔樑〕의 결합을 기본 구조단위로 삼아 구성된다. 그러므로 동아시아 목구조에서 공간을 계획한다는 것은 기둥과 보의 결합을 전제하지 않고서는 불가능한 일이다. 따라서 기둥의 배열을 기준으로 하는 '칸'의 개념은 1차원이나 2차원의 거리나 넓이의 개념적 단위에 그치지 않고, 3차원의 복합 시스템과 연동되는 공간구성의 핵심단위가 된다. 동아시아 건축연구에서 평면의 분석이 반드시 '칸' 시스템을 전제로 이해되어야 하는 이유가 여기에 있다.

이와 같은 관점에서 다시 '정면3칸 측면3칸'을 떠올려 보면 이것은 총 9개의 공간단위(칸)로 이루어졌다는 것을 알 수 있다. 다시 말해 '칸'이라는 최소의 공간단위가 좌우로 세 번, 전후로 세 번 반복되어 건

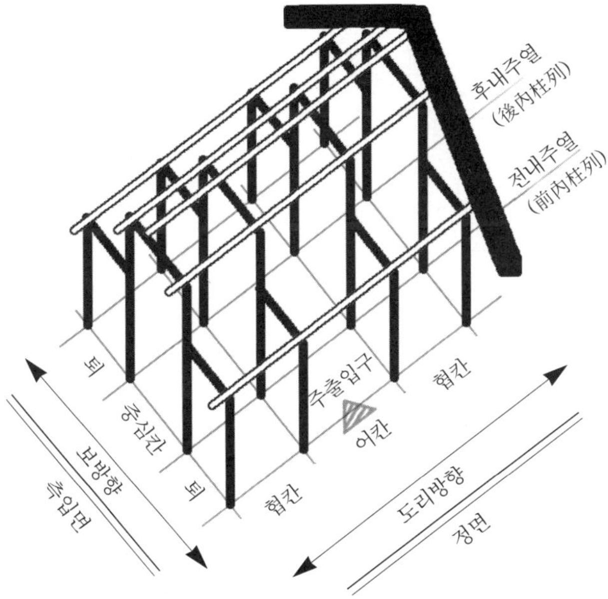

그림 2-1. 목구조의 공간모듈 '칸'

축물을 구성하고 있는 것이다. 기둥과 보를 사용하는 목가구조의 발달 과정에서 발생했고 어쩌면 그 한계가 분명한 '칸'의 개념은, 칸 치수의 확대와 함께 칸 단위의 반복이라는 방식으로 건축공간의 확대를 꾀했다. 조적식 건축이나 벽식 건축에서 존재하기 힘든 구조단위(structural unit)인 동시에 계획단위(planning unit)인 공간모듈(spatial module)을 만들어 낸 것이다.

실제로 모든 칸이 동질한 형태와 규모, 위상을 갖는 것은 아니다. 중심성과 위계에 따라 어칸(御間), 협칸(陜間), 초칸(梢間) 등으로 나누고, 맨 바깥쪽에 위치하고 크기가 작은 것을 퇴칸(退間)이라고 따로 구분한다(그림 2-1). 즉, 단위가 반복된다는 것은 그 구성요소인 기둥과 보의 체계가 반복되는 것이지 반드시 동일한 크기의 공간을 반복하는 것은 아니다. 이처럼 칸의 크기와 비례를 조정하는 것이 건축계획의 기본이 된다. 나아가 칸의 구성비를 조정하고, 경우에 따라 몇 개의 '칸'을 조합하여 하나의 공간을 만들 수도 있다. 앞서 언급한 '6칸 대청'이 이에 해당한다. 이처럼 칸이라는 공간단위에 '용도'가 접속하여 실제로 크기를 가지고 작용하게 될 때 비로소 방(房), 청(廳), 실(室) 등의 이름이 붙는 구체적인 공간이 되는 것이다.

3칸3칸 전각은 이와 같은 '칸'의 개념을 바탕으로 정의되는 실체이다. 우리는 이러한 유형이 형성되고 발달하는 과정을 탐구함으로써 가로세로 3칸씩 배열된 '칸'의 구성이, 전각으로서의 다양한 '용도'를 만족시키는 이상적이고 실제적인 기본구조로서 선택되고 사용되는 과정을 살펴보고자 한다. 이것은 원리를 따져 연역적으로 도출된 가설임과 동시에 건축실천의 오랜 경험을 통해 귀납적으로 확인된 결과이기도 하다.

2) 칸살잡기

이처럼 공간단위인 '칸'의 배분과 조합으로 동아시아 건축의 계획이 이루어진다. 칸은 다시 거리단위나 면적단위와의 혼돈을 피하고 '기둥사이'라는 의미를 강조하기 위해 '칸사이' 또는 '칸살'이라고도 하는데, 이와 같은 '칸'이라는 공간단위를 이용해 건축을 계획하는 것을 '칸잡기' 또는 '칸살잡기〔間架〕'라고 한다. '칸살잡기'는 앞서 언급한 바와 같이 공간단위 '칸'의 반복을 기본으로 그 크기를 조절하여 배분하는 일과 이들을 조합해서 용도를 부여하여 구체적인 '공간'을 만드는 일이 주가 된다.

칸의 조합으로 공간을 만드는 일은 계획단위가 존재한다는 점에서 수월한 방식이라 할 수 있다. 그러나 '칸' 자체가 기둥과 보로 구성된 구조·의장의 3차원 복합단위이기 때문에 그 조합이 무제한의 자유를 가질 수는 없다. 예를 들어 '칸'의 단위는 육중한 경사지붕을 지지해야

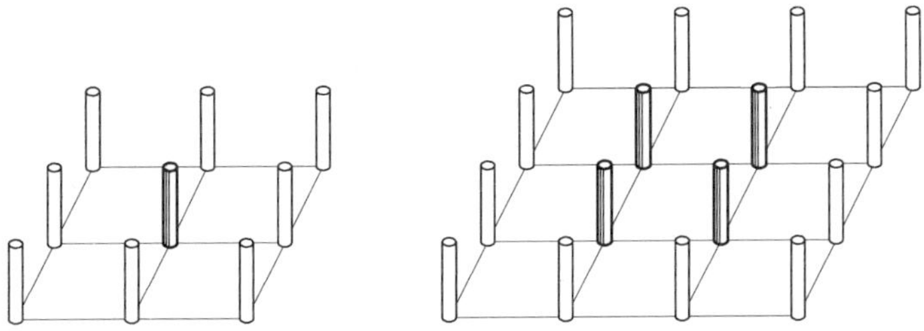

그림 2-2. 칸의 조합

하는 구조적 의무를 지닌다. 이때 단일한 경사지붕을 갖는 건축물에서 보방향(짧은 변)의 확장은 대단히 제한적인 부분이다. 도리방향(긴 변)으로의 확장에서는 지붕 역시 이를 따라 확장되는 것이 가능하지만, 보방향의 확장에서는 그에 따라 높아지는 층고와 거대해지는 지붕의 부담을 감수해야 하기 때문이다. 이는 동아시아 전각의 기본형태가 좌우로 긴 장방형이 되는 원리적인 이유가 된다. 따라서 칸은 구조적 허용범위를 초과하지 않는 보방향으로의 일정한 한계, 심미적 이유와 관습에 따른 도리방향의 일정한 한계 내에서 배분되고 조합된다. 그러므로 훨씬 더 규모가 크고 복잡한 활동을 담아야 하는 경우에는 단일 건물로 전체를 해결하지 못하고 여러 개의 건물들이 모여 이루는 건물군을 이용한다.

단위 건축물 내에서의 '칸'의 조합에는 내부적으로 또 다른 문제점이 있다. 그것은 건물의 용도에 맞는 적당한 내부공간을 만들고자 하는 요구에서 발생한다. 예를 들어, 가로세로 2칸씩 4개의 칸을 조합하여 하나의 공간을 만든다고 하면 중앙에 하나의 기둥이 위치하게 된다. 마찬가지로 9개의 칸으로 구성되는 3칸3칸 전각에서는 중앙에 4개의 기둥이 남게 된다(그림 2-2). 이러한 내부공간의 기둥은 어떠한 경우에는 용도에 부합하는 순기능을 하기도 하지만, 일반적으로 공간이용을 방해하는 장애물이 되기 쉽다. 경우에 따라 내부공간 중앙의 기

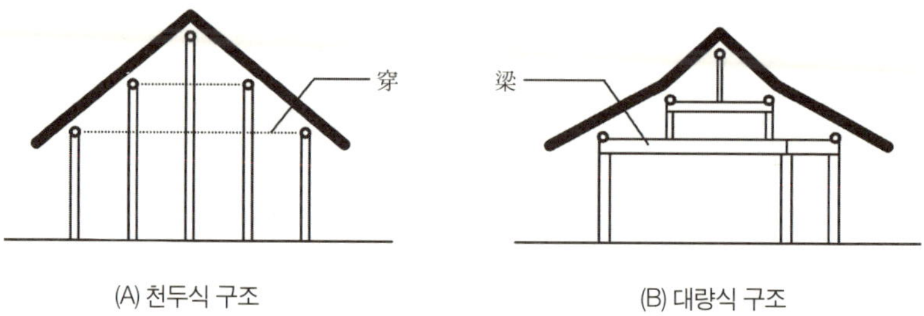

그림 2-3. 천두식 구조와 대량식 구조

둥은 상징성을 갖게 되어 숭배의 대상이 될 수도 있고, 불상의 배경이나 벽화의 틀이 되기도 하며, 천장구조물을 받치기도 하고, 공간상의 위계를 표현하는 기준점이 될 수도 있다. 그러나 대개의 경우, 특히 공간의 전체 규모가 크지 않은 경우 내부의 기둥은 사람들이 지나는 동선을 가로막고 시야를 가리는 장애물이 된다.

이 때문에 건축계획자는 '칸'의 기본구조에 적절한 변형을 가하게 되는데, 그 핵심기술에 해당하는 것이 기둥을 일부 생략하거나〔減柱法〕 그 위치를 바꾸는 것〔移柱法〕이다. 이것은 조적건축은 물론 일반 목구조건축과도 차이나는 동아시아 건축이 갖는 특수한 개성으로 판단된다. 동아시아 가구조에서 대들보〔樑〕를 사용한다는 행위 자체가 이미 감주와 이주의 출발점이라고 볼 수 있다. 모든 기둥이 지붕면까지 올라가고 기둥과 기둥 사이는 가는 횡부재인 천(穿)을 끼워 수평력에 대응하는 천두식(穿斗式) 구조와 비교하면, 지붕의 하중을 일단 보에서 받고, 보는 기둥들이 받치는 대량식(臺梁式) 구조는 보 아래에 있는 기둥의 운용에 상당한 자유를 줄 수 있기 때문이다(그림 2-3).

감주(減柱)와 이주(移柱)라는 용어는 기둥이 원래 있어야 할 자리를 전제할 때 비로소 성립한다. 이 있어야 할 자리라는 것은 앞서 살펴본 것처럼 '칸'의 네 모퉁이이다. 따라서 감주의 기법은 이 모퉁이 가운데 하나가 비어 있는 경우이고, 이주의 기법은 기둥이 변을 따라 이동한 경우이다. 이 경우 1칸의 경계는 반드시 네 기둥으로 구획된 공간과 일치하지 않는다. 건축공간의 융통성이 확보되는 지점이다. 보다 교묘하게 계획된 건축물에서는 서로 다른 크기의 칸의 조합에 이와 같은 감주·이주의 기법이 덧대어져서 '1칸'의 경계를 알아내는 것이 매우 어려운 경우도 있다. 보다 단순한 건축물의 경우에도, 건물의 외곽을 두르는 기둥렬〔外陣列〕과 내부기둥렬〔內柱列〕에서의 기법이 달라 판단이 곤란한 경우가 종종 있다. 이것은 칸을 구성하는 기둥–보의 단위가 3차원의 집합이고, 구조와 의장의 문제를 동시에 해결하고 있으며, 바로 인접한 다른 단위들과 밀접한 관계를 가지면서 전체를 구성하는 요소이기 때문이다.

이처럼 '칸살잡기'의 방식은 두 가지 층위에서 이루어진다. 첫째는 '칸' 단위를 배분하고 조합하는 것이며, 둘째는 기둥의 조작이다. 기둥은 구조의 핵심을 이루는 부재이기 때문에 그 조작은 항상 또 하나의 핵심부재인 보와의 연관성 속에서 이루어진다. 감주가 가능하기 위해서는 그 자리를 가로질러 다음 기둥까지 이르는 긴 부재의 보가 필요하다. 기둥은 항상 보를 따라 이동시킨다. 그러므로 일반적인 전각건축물에서 이주는 언제나 전후방향으로 적용된다.

그림 2-4는 정면5칸 측면3칸의 건축 모델에서 기둥의 조작을 이용한 칸살잡기의 기법을 보여 준다. 보방향으로 일렬로 늘어선 4개의 기둥과 그 위의 보를 구조적 완결의 단위로 보면, 그림의 전각 모델에서 구조단면의 유형은 세 가지로 나타난다. 측면에서 기본적인 형태로 나타나는 A형, 전열(前列) 내주를 감주한 B형, 전열 내주를 감주하고 후열(後列) 내주를 이주한 C형을 각각 대칭으로 한 쌍씩 늘어놓아 건축물을 완성시켰다. 즉, A–B–C–C–B–A의 조합이다. 이들 세 쌍의 구조는 위로 도리가 얹히고 중간중간에 방(枋)이 끼워져 전체 구조가 완성된다. 그 밖에 이 모델에서는 제시되지 않았지만 대들보가 전후의 바깥기둥을 가로지르고 내부에 놓일 2개의 기둥을 생략하는 경우도 있다.

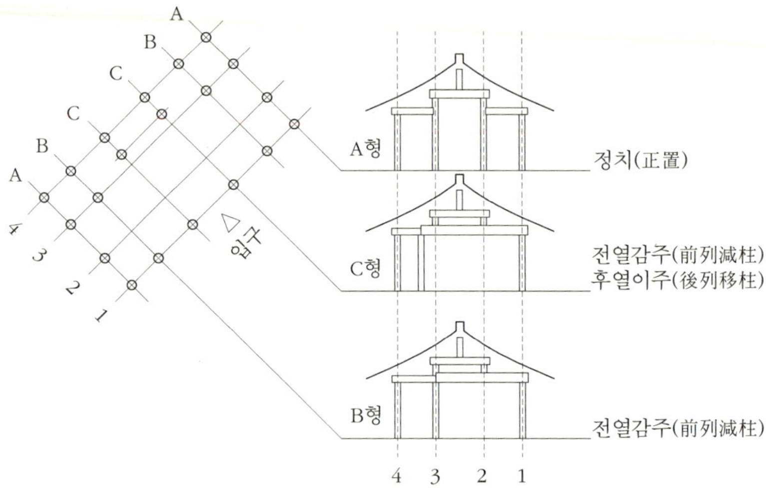

그림 2-4. 칸살잡기에 이용되는 구조 단면

이처럼 칸살잡기는 공간단위인 칸을 배분하고 조합하는 계획을 의미하지만, 그 실제의 행위는 보방향 구조단면의 몇 가지 유형을 서로 조합하는 것으로 개념화할 수 있다. 이와 같은 전각 모델은 동아시아 전각을 구조-의장의 복합체로서 이해하는 데 더욱 유리한 관점을 제시할 수 있다.

2. 정면3칸의 의미

1) 예제의 적용

건축공간과 그 부재 각각에 특별한 의미가 부여되는 모습은 고대 중국 건축의 예제(禮制) 성립과정을 통해 확인할 수 있다. 선진(先秦)시대(B.C. 17C～B.C. 221)에 본격적으로 계급사회가 발전하면서 봉건건축 제도인 궁실제(宮室制)가 성립하여 정착되었다. 중국 건축사에서 목조건축의 독특한 구조체제가 완성되는 시기는 한대(漢代) 이후로 보지만 평면규범이 정착되는 시기는 더욱 거슬러 올라간다고 보는 것이 일반적이다. 주(周) 나라 이래 제도와 규범, 위계와 행동양식이 정리되어 갔으며, 한대 이후 유학자들이 이를 집대성하여 소위 『삼례(三禮)』(周禮, 儀禮, 禮記)라고 하는 구체적 성문을 완성했다. 이들 경전에서는 건축에 관한 구체적인 명칭과 관계가 지시되어 있어서 이후 유가(儒家)의 학설이 통치이념으로서 사회기반이 되는 곳에서는 반드시 참고해야 하는 기준이 되었다. 따라서 의례(儀禮)를 담는 전각의 건축에서는 반드시 이에 비추어 모순이 되지 않게 배려하는 것이 계획의 기본이 되었다.

그러나 고례에서는 실제 건축물의 구체적 형상을 표현하고 있지는 않아서 이를 해석하고 적용하는 일이 건축연구의 한 갈래를 이루었으며, 이 역할에 있어서만은 장인(匠人)의 몫이 아닌 지식인 학자들의 책임이었다. 섭숭의(聶崇義)의 『삼례도(三禮圖)』(10C), 이여규(李如圭)의 『의례석궁(儀禮釋宮)』(12C), 임계운(任啓運)의 『궁실고(宮室考)』(18C) 등은 고례(古禮)를 구현하는 실체로서의 건축에 대한 고찰을 담고 있는 저작들이다. 조선시대에도 특히 서원의 건립과정 중 영남사림에서는 퇴계 이황, 지산 조호익, 한강 정구, 용졸재 신식 등으로 이어지는 해석상의 특징이 보이고, 호남사림에서는 김장생과 송시열 등의 묘침제(廟寢制) 인식이 큰 축을 이루면서 풍부한 논의가 진행되었는데[1] 그것 역시 항상 고례를 기반으로 한 것이었다. 또한 도가(道家) 계통의 음양오행설(陰陽五行說)과 풍수설(風水說)이 긴밀하게 결합되는 모습도 나타나지만 그 기본구조를 근본적으로 바꾼 것은 아니었다. 따라서 '예'는 줄곧 형식발전의 장애였을 뿐만 아니라, 새로운 건축사상이 생겨나는 것을 근본적으로 제한하는 질곡으로 작용했다는 지적도 나오

1. 정기철, 「17세기 사림의 '묘침제' 인식과 서원 영건」, 서울대학교 박사학위논문, 1999, 제4장과 제5장 참조.

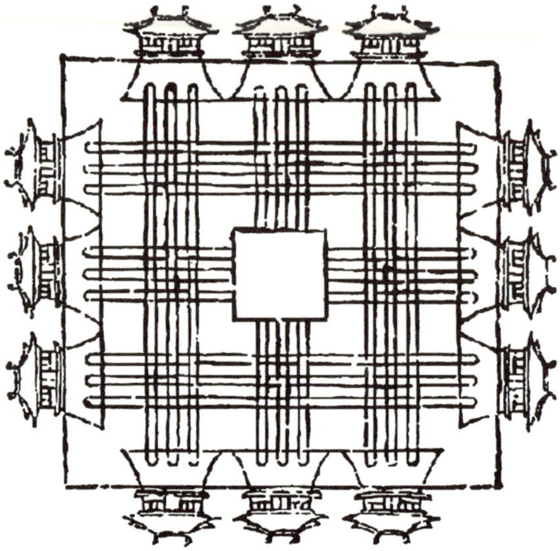

그림 2-5. 섭숭의의 왕성도, 『삼례도』

게 된 것이다.[2]

이러한 과정에서 건축공간은 자체로서 '예'를 상징하고 행례로서 '예'가 실천되는 기본구성을 모색했다. 그 기본형은 대단히 단순하고 명쾌한 기하학적 구성을 가지고 매우 이른 시기에 제시되어야 했는데, 주종(主從)과 존비(尊卑)의 차서(次序)를 가장 명확하게 구분할 수 있는 방식으로 정면3칸이 선택되었다. 『주례 고공기(周禮 考工記)』에 표상된 도성(都城)의 모습에서 이미 중심을 두고 전후좌우로 각각 3분할되는 공간의 모습을 볼 수 있다(그림 2-5). 일관되게 적용된 '예'의 개념은 궁전, 주거, 명당, 사묘건축에서도 3분할의 공간구조를 적용시켰으며, 수입된 문화인 불교를 습합하는 과정에도 그대로 적용되었다.

2. 李允鉌, 이상해 등 역, 『중국 고전건축의 원리』, 시공사, 2000, p. 61.

(A) 임치 출토 칠기

(B) 광주 출토 명기

그림 2-6. 중국 고대의 3칸 건축 유물

고대의 각종 칠기(漆器), 화상석(畵像石), 화상전(畵像磚), 명기(明器) 등을 통해 중앙과 주변을 구분할 수 있는 정면3칸의 건축형식을 파악할 수 있다(그림 2-6). 예를 들어, 제(齊) 나라의 수도였던 임치(臨淄)에서 출토된 칠기(郎家園 1호묘 출토)에 나타나는 3칸의 평면은 정확한 중앙대칭의 구조를 표현하고 있다. 중정(中庭)을 중심으로 사면을 건물이 둘러싸는 합원식(合院式) 배치에서 각각의 건물은 3칸의 모습으로 묘사되어 있는데, 중앙이 개방되면 좌우가 동일한 형식의 벽 또는 창으로 구성되고, 중앙이 폐쇄적이면 좌우가 동일하게 개방되는 뚜렷한 대칭의 형식은 3칸 구성이 공간규모나 기능분화의 의미보다는 예제에 기원을 두었음을 설명해 준다. 기하학적 완결구조 역시 예를 기반으로 구성된 세계관의 실체를 보여 준다. 이러한 구성은 건축유형 전반에 걸쳐 전개되었다. 광동성 광주(廣東省 廣州)의 한묘(漢墓)에서 출토된 명기는 간단한 주거의 모양을 보여 주는데, 중앙에 출입문을 두고 좌우를 벽으로 구성한 좌우대칭의 3칸 건물 모습이 확인된다.

행례를 주용도로 하는 대표적인 건축유형은 사묘이다. 사당(祠堂)제도가 3칸으로 성문화된 것은 주자(朱子) 이후이다. 『가례(家禮)』의 사당조에서 사당제도를 다음과 같이 명시했다.

> 사당제도는 3칸이다. 바깥 쪽으로 중문(中門)을 만들고, 중문 밖에는 양쪽 계단을 만드는데, 모두 3단(級)씩이다. 동쪽을 조계(阼階)라 하고 서쪽을 서계(西階)라 한다.[3]

송대(宋代)에 사당 3칸의 제도를 새로 창안한 것은 아니다. 이미 그 이전의 다양한 문헌과 유물들이 이를 뒷받침한다. 당시에 현존했던 많은 유물들을 관찰하고 고증하는 과정에서 나온 결론을 성문화한 것에 지나지 않는다고 판단된다. 그러나 성리학을 받아들여 모범으로 삼고 예학 연구에 골몰했던 조선에서 3칸 사당이 전국적으로 확산되는 데 결정적 역할을 한 것은 분명하다. 조선시대 가묘(家廟)의 경우 1칸으로 축소된 것들도 상당수가 있으나, 기본적으로는 『가례』의 정면3칸을 기준으로 하며 이보다 규모가 커질 경우 좌우로 확장해 5칸이 되거나 별도의 건물을 조영하는 방식이 이용되었다. 다만 사묘건축의 경우, 후술하겠지만, 의례의 해석을 둘러싼 진지한 논쟁들을 바탕으로 그 평면을 운용하는 방식에서 세세한 차이를 보이고 있어 건축사적으로 흥미로운 자료가 되고 있다.

사천성 성도(四川省 成都)에서 출토된 화상전의 가옥에서는 중앙의 굵은 2개의 기둥을 통해 3칸 형식이 인지되는데, 특히 가운데칸의 폭을 좌우에 비해 넓게 잡아 그 중심성이 더욱 드러난다(그림 2-7). 내부에는 서로 마주보는 두 사람이 각각 중앙칸〔御間〕과 주변칸〔陝間〕에 자리하여 건축공간의 위계와 사람들 사이의 위계가 부합되고 있는 모습을 보여 준다.

이처럼 건축물의 중앙 전면에 위치하며 규모나 재료, 모양, 상징성

---

3. 祠堂之制三間. 外爲中門, 中門外爲兩階, 皆三級. 東曰阼階, 西曰西階. 『家禮』 卷1, 「通禮」, 祠堂, '君子將營宮室先立祠堂於正寢之東'의 註.

그림 2-7. 중국 성도 출토 화상전(부분)

등에서 여타의 기둥들에 비해 우월한 쌍기둥을 '양영(兩楹)'이라고 한다. 『예기(禮記)』의 '몽전양영(夢奠兩楹)' 혹은 '양영지전(兩楹之奠)'의 고사에서는 행례공간으로서의 양영의 의미를 암시하고 있다. 하후씨(夏後氏)는 동쪽계단〔阼〕 위에서 장사지내고, 은(殷) 나라 사람은 양영의 사이〔兩楹之間〕에서 장사지내며, 주(周) 나라 사람은 서쪽계단〔賓〕 위에서 장사지내는데, 공자는 은 나라 사람이기 때문에 꿈에 양영 사이에 앉아서 제사를 받고 죽음을 예감했다고 한다.[4] 보통 영(楹)은 주(柱)와 혼용해서 쓰이지만,[5] 영에는 조금 다른 의미가 더해져 있다. 『석명(釋名)』에서 영은 다음과 같이 설명된다.

---

4. "夏後氏殯於東階之上, 則猶在阼也. 殷人殯於兩楹之間, 則與賓主夾之也. 周人殯於西階之上, 則猶賓之也. 而丘也, 殷人也. 予疇昔之夜, 夢坐奠於兩楹之間. 夫明王不興, 而天下其孰能宗予. 予殆將死也." 蓋寢疾七日而沒. 『禮記』 第3, 檀弓上.
5. 『사기(史記)』에는 보다 간략하게 위의 고사를 정리하고 있는데, 양영지간(兩楹之間) 대신에 양주지간(兩柱之間)이라고 표현했다: 夏人殯於東階, 周人於西階, 殷人於兩柱間. 昨暮予夢坐奠 兩柱之間, 予始殷人也. 『史記』 卷47, 「孔子世家」 第17.

당(堂)은 당당하게 높이 드러난 모습과 같다. 방(房)은 방(旁)이니, 당의 양 옆〔兩旁〕에 있다. 영(楹)은 정(亭)이니, 꼿꼿이〔亭亭然〕 홀로 서서 곁에 의지하는 것이 없다.[6]

여기에 영의 위치는 언급되어 있지 않지만, 당을 중심으로 좌우에 방이 있는 구성 어딘가에 독립기둥인 영의 존재를 상상할 수 있다. 즉, 영은 당 위에 홀로 선 독립기둥으로서 곁에 의지할 곳이 없다는 말은 벽체가 붙지 않는다는 의미이다. 『의례석궁』에서는 좀더 자세히 "당(堂) 위 동서쪽에 각각 영(楹)이 있다"[7]고 했으며, 그 주(註)에서 "오직 당 위에만 양영(兩楹)이 있을 뿐이며, 영의 설치는 대개 앞쪽 도리〔楣〕 밑이다"[8]라고 하여 그 형식을 분명히 했다. 오직 당 위에만 양영이 있다면 그 구성은 3칸 형식이 될 것이다. 도리 밑에 있다는 것은 구조적 의미가 강한 하중을 받는 기둥을 의미한다. 그것이 앞쪽에 있기 때문에 의장적 요소는 더욱 강해진다. 결과적으로 양영은 다른 기둥에 비해 보다 우람한 벽체가 붙지 않는 독립기둥으로서 건축의 중앙에 쓰여 동아시아 전각건축에서 정면3칸 구성을 전형화하는 데 일조했다.

2) 좌우대칭과 중심성

최초의 중국 건축사가라 할 수 있는 이토 츄타이(伊東忠太)는 「지나건축사(支那建築史)」에서 중국 건축의 특성의 하나로 모든 종류의 건축 평면이 동일하게 좌우균제(左右均齊)의 대칭을 취하고 있는 점을 거론했다.[9] 심지어 이 엄정한 좌우대칭의 원리[10]를 준수하기 위해 종종 불

---

6. 堂猶堂堂高顯貌也. 房旁也, 在堂兩旁也. 楹亭也, 亭亭然孤立旁無所依也. 『釋名』 卷3, 釋宮室 第17.
7. 堂之上東西有楹.
8. 惟堂上有兩楹而已. 楹之設蓋於前楣之下.
9. 이토 츄타이가 「지나건축사」에서 중국 건축의 특성으로 제일 먼저 꼽고 있는 것은

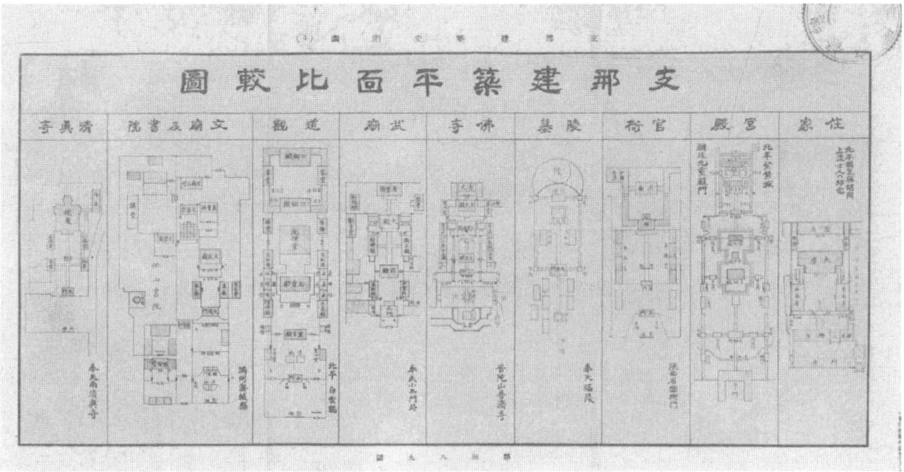

그림 2-8. 이토 츄타이의 지나건축평면비교도, 「지나건축사」

필요한 건물이 부가되기도 하는 경향까지도 있다는 것이다. 따라서 그림 2-8의 '지나건축평면비교도(支那建築平面比較圖)'처럼 중국의 궁전, 불사, 도관, 문묘, 무묘, 능묘, 관아, 주택 등은 모두 중심을 두고 좌

궁실본위(宮室本位)의 문제이며 두 번째가 평면(플랜, プラン)이다. 궁실본위라는 것은 세계 각국의 건축문화가 종교건축을 중심으로 발달하는 반면(일본의 도다이지(東大寺), 로마의 성 베드로 대성당, 동로마의 성 소피아 대성당, 영국의 세인트 폴 대성당, 이집트의 피라미드 및 카르낙 신전군 등을 예로 들고 있다.) 중국은 종교관념이 천박하여 주거궁실(住居宮室)이 먼저 발달하고 묘사(廟祠) 등의 기타 건축이 이를 따라가는데, 묘(廟) 역시 죽은 이의 주거로서 양식상의 큰 차이를 발견할 수 없다는 주장이다. 이어서 평면에서 역시 어떤 나라이든지 의식적 건축에서는 체재본위(體裁本位)의 좌우균제의 배치를 취하고 주택건축에서는 실용주의를 택해 점차 불규칙해지는데, 중국에서는 예외라는 점을 강조한다. 伊東忠太, 『東洋建築の硏究』 上, 「支那建築史」, 第1章 總論, 第7節 支那建築の特性, 龍吟社, 1943, pp. 43-71.

10. 좌우균제(혹은 좌우동형)의 관념은 중국인의 습속으로 건축물의 이름을 붙일 때, 또한 일상언어에서조차 대구(對句)를 만드는 것을 좋아하는 경향과 일맥상통하는 것으로 보았다. 예를 들어 봉천(奉天) 궁성의 동서문을 문덕방(文德坊), 무공방(武功坊)이라 한 것, 자금성 태화전 앞의 좌우문을 체인문(體仁門), 홍의문(弘義門)이라 한 것, 커다란 건물을 지칭할 때 대하고루(大廈高樓), 금전옥루(金殿玉樓), 단영벽맹(丹楹碧甍) 등 대구로 표현하는 점을 근거로 들었다.

우가 대칭되며 마당과 번갈아 배치되어 서구인들이 평가대로 '천편일률'적인 모습을 가지게 되었다는 주장이다.

그러나 입장을 바꾸어 '천편일률'의 구성을 '높은 적응력'의 구성으로 바라보면 또 다른 건축의 지평이 보인다. 즉, 다양한 목적과 용도를 수용할 수 있는 소위 '보편적 구조(universal structure)'의 가능성이다. 이처럼 엄격한 좌우균제의 원칙은 배치계획에서는 물론 단위전각에도 동일하게 작용하고 있다. 좌우균제의 원리는 배치에서 종축(縱軸)이라는 기준으로 설정되고 있으며, 주요 전각은 이 축선상에 그 중앙칸〔御間〕을 위치시킴으로써 실행된다. 이와 같은 전각의 위상은 당연히 3칸 구성을 유도한다. 또한 배치를 통한 공간계획은 이토 츄타이가 '일우일괴(一宇一塊)'로 표현했던 한 가지 용도가 하나의 건축물에 대응되는 방식이 아니라 여러 건축물이 모여 건축군을 이루는 구성을 만들기 때문에, 그 구성원으로서의 단위전각은 기본형이 존재할 가능성이 더욱 높다.

좌우대칭의 원리와 함께 중심성(中心性)의 원리는 인간의 보편적인 바람이다. 존귀한 것이 가운데 위치한다는 '거중(居中)'의 원리는 동양사에서 왕도정치(王道政治)의 기본이었으며 앞의 『삼례도』와 같은 도성배치의 근거가 된다. 촉 나라 태사였던 초주(譙周)는 『법훈(法訓)』에서 거중론(居中論)을 주장한 바 있다.[11] 송대의 『태평어람(太平御覽)』에서도 『오경요의(五經要義)』를 인용해 도성(都城)을 세울 때 반드시 국토의 가운데 위치해야 하는 이유에 대해 언급하고 있다.[12] 천하를 화합하여 거느리고, 음양의 한가운데에 의거하며, 사방을 고루 통일할 수 있기 때문인데 이로써 만국을 제압하는 기반이 된다고 했다. 이러한 사상은 정면구성에서 3칸의 도입을 유도했다. 또한 주거건축에도 동일하

---

11. 王者居中國何也. 順天之和而同四方之統也. 『設郛』 卷59上, 譙周法訓.
12. 五經要義曰, 王者受命創始建國, 立都必居中土, 所以總天下之和, 據陰陽之正, 均統四方, 以制萬國者也. 『太平御覽』 卷156.

게 적용되어 소위 '일명이암(一明二暗)'을 중심구조로 하는 정방(正房)의 형식이 되었다. 이미 『전한서(前漢書)』「조착전(晁錯傳)」[13]에서 서민의 주택이 당(堂) 1실과 방(房)[14] 2실로 구분된다는 언급이 있는 것으로 보아 매우 이른 시기에 정착된 것으로 보인다.

이처럼 좌우대칭과 중심성의 원칙이 표현되는 최소 규모는 3칸이다. 대칭으로서 안정된 세계관을 표현하고, 중심을 두어 주종과 존비의 관계를 분명히 하는 모델은 기념비성이 함축된 건축물 모두에 적용할 수 있는 건축의 원형이 되었다. 그러므로 전각건축은 대칭과 중심을 모두 만족시키면서 3칸, 5칸, 7칸 등 홀수를 기반으로 건축의 확장이 이루어지게 되었다. 이때 전각의 중앙칸은 의장효과에서도 중심이 된다. 칸수에 관계없이 중앙칸은 항상 '어칸(御間)'이 되며, 그 규모와 장식에서 차이를 두고, 특별한 상징적 의미를 부여한다.

송대의 『영조법식(營造法式)』에서는 중앙칸을 '당심간(當心間)'이라 표현하는데, 차간(次間) 및 초간(梢間)에 비해 주간공포(柱間栱包: 補間鋪作)를 늘려 너비를 1.5배 키우고,[15] 요첨방(撩檐方)[16] 부재를 사용함에 있어서도 단위크기〔材〕를 2배로 하는 등[17]의 세심한 안배를 제시하고 있다. 이러한 관점에서 전각건축 정면의 홀수 칸수에 대한 선호는 우수(偶數)에 대한 기수(奇數)의 우위라는 상수학적 설명보다는 중심장소의 설정이라는 공간적 설명이 보다 설득력을 지닐 수 있다. 중심

---

13. 先爲築室. 家有一堂二內. 『前漢書』 卷49 晁錯傳 第19.
14. 원문에는 '二內' 라고 표현되어 있는데, 장안(張晏)의 말을 인용하여 "二內, 二房也"로 주해되어 있다.
15. 당심간에는 주간공포 두 타(朶: 송대 건축에서 공포를 세는 단위)가 배열되는데 그 사이간격이 일정하므로 주간공포가 하나씩 배열되는 차간이나 초간에 비해 결과적으로 1.5배의 폭을 갖게 된다. 當心間須用補間鋪作兩朶, 次間及梢間各用一朶, 其鋪作分布令遠近皆匀. 『營造法式』 卷4, 總鋪作次序.
16. 우리나라 건축용어의 외목도리 혹은 외목도리를 받치는 장여에 해당하는 각진 수평부재이다.
17. 凡撩檐方當心間之廣加材一倍厚十分. 『營造法式』 卷5, 間廣.

공간인 어칸은 건축군의 축선(軸線)상에 위치해 신앙이나 숭배의 대상이 되는 주제 혹은 주(主 혹은 宗)가 되는 인물 또는 사물이 자리하게 된다. 이보다 위계가 낮은 공간들이 순서에 따라 차례로 좌우의 공간을 채워 나가는데, 이것이 3칸, 5칸, 7칸 등의 구성원리이다.

좌우균제 및 중심성의 강박관념이 곧바로 모든 건축에 적용되는 것은 아니다. 우리 건축의 주거와 원림(園林) 등은 이러한 원리와는 거리가 있다. 그러나 의식적 사용을 목적으로 하는 전각건축의 경우라면 상당히 강력한 관념으로 받아들여졌던 것 같다. 물론 지세(地勢)에 순응하고 풍수를 고려하는 고유의 전통은 이러한 관념조차 곧바로 적용되지는 않았다. 그럼에도 불구하고 적어도 단위전각 내에서의 좌우대칭과 중심성의 원리는 한국에서 3칸 전각이 전각구성의 기본으로 고착되는 데 가장 영향력 있는 요소였다.

5세기 말 고구려의 유물로 알려진 쌍영총(雙楹塚)의 묘실은 입구에 2개의 팔각기둥을 설치하고 내부벽 모퉁이에 목조의 공포와 기둥문양을 모사함으로써 의미상으로 3칸의 공간구성을 취하고 있다(그림 2-9). 화려한 쌍기둥의 목적은 구조적인 이유만으로 설명되지 않으며 오히려 중심성의 강조가 우선된다. 전실(前室)과 주실(主室)은 각각 귀퉁이를 괴어 엇갈리게 천장을 쌓은, 소위 고임천장으로 각각 독립공간으로서의 중심성을 지니고 있다. 팔각 쌍기둥의 위치는 축선상에서 이 두 공간을 연결시키는 부분이다. 따라서 그 중심성을 유지하면서 공간적인 차이를 보존하는 방식으로서 입면 3분할의 구성이 자연스럽게 적용되었던 것으로 판단된다.

주실이 원형공간이라는 점을 제외하면 쌍영총과 동일한 구조의 공간관계를 보여 주는 경주 석굴암(石窟庵, 774)은 한층 심화된 정면3칸의 기법을 보여 준다(그림 2-10). 외부에 노출된 정면3칸의 전각은 내부로 깊숙이 들어와 전실이 된다. 전실에서는 좌우의 팔부신중상(八部神衆像)과 주실의 입구로 구성된 3분 구성(三分構成)을, 비도(扉道)에

그림 2-9. 쌍영총 내부 묘실

(A) 내부석실

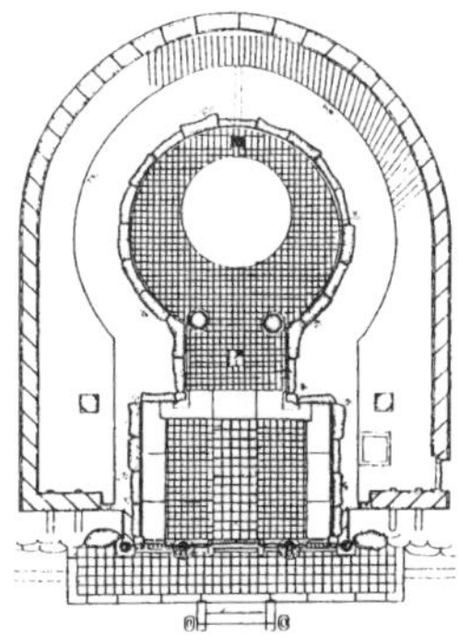

(B) 평면도

그림 2-10. 석굴암

서는 투시도 효과를 통해 좌우의 사천왕(四天王)과 주실의 본존불로 구성된 3분 구성을 적용했다. 주실의 입구 양쪽의 연꽃무늬가 조각된 팔각돌기둥은 북인도 지방 스투파의 정문에서도 나타나는 요소로 석굴암 건축계획의 양식적 국제성을 입증하는 자료이기도 하지만,[18] 이

그림 2-11. 북지장사 대웅전

처럼 중앙을 강조하여 주제를 부각시키는 정면3분할 구성이 시원적인 공간구성원리로서 광범위하게 사용되어 왔음을 확인할 수 있다.

정면1칸 형식은 규모가 작다는 일차적인 한계가 있을 뿐만 아니라, 내주나 상부가구 등에서 세분화된 공간을 만들 여유가 부족하여 내부 공간이 다양하게 나타나지 않는다. 또한 건물의 중심과 주변의 위계를 표현하기 힘들기 때문에, 일정 정도 이상의 격식을 갖는 대웅전, 극락전 등의 주불전 형식으로는 널리 사용되지 않았다.[19] 이와 관련하여 대구 북지장사 대웅전(北地藏寺 大雄殿)의 사례는 매우 흥미로운 처리 수법을 보여 준다(그림 2-11). 소규모 불전으로 정면1칸의 불전인 북지장사 대웅전은 실제적인 구조나 규모는 3칸을 구성하기에 작지만 정면의 1칸에서 창호의 구성을 3분할했는데, 구조기둥이 아닌 샛기둥을 두어 정면에서 중앙칸과 협칸을 구획하고, 이 중 중앙칸의 주칸 거리를

18. 대한건축학회 편, 『한국건축사』, 기문당, 1996, p. 251.

19. 불전건축에서 1칸형의 사례는 관룡사 약사전, 송광사 약사전의 2동이 있으며 목탑의 형식을 가지고 있는 해남 쌍봉사 대웅전이 정면1칸 측면1칸의 형식을 취한다.

넓혀 두짝 문을 달았다. 문 양옆의 기둥은 구조적인 기능을 하는 것이 아니므로 공간포의 배열은 문을 지지하는 기둥과 상관없이 일정한 간격으로 놓았다. 이는 기둥에 의해 3칸 구성을 할 수 없을 만큼 작은 규모의 불전에 의장적으로 3칸처럼 보이도록 구획한 것이다. 여기서 정면3칸 형식이 격식을 갖춘 불전 입면의 기본단위가 되었음을 확인할 수 있다.

3) 주택의 기본구성단위

3칸 건축의 중심성은 항상 필연적인 것은 아니었다. 특히 주거건축에서 대칭구성으로 중앙에 문을 두는 방식은 오히려 공간구성상 비합리적이다. 일본의 고분시대(古墳時代, 3C 말～8C 초)는 철기보급과 생산력의 증가로 계급분화가 크게 촉진된 시기이다. 이 시기의 주요한 유물 중 가형 토기(家形はにわ, 埴輪)는 당시 건축을 사실적으로 표현하고 있는 귀한 사례이다. 정면의 구성과 관련해 야요이(弥生) 시기부터 7세기 초까지의 가형 토기를 살펴보면[20] 문이 한쪽으로 치우친 경우가 다수 발견되어 오히려 생소하다. 기둥이 표현되지 않은 대벽형(大壁形)을 제외하면 2칸형이 70%에 달하는 것이 그 이유이기도 하지만, 3칸의 경우나 대벽형의 경우에서 좌우대칭이 아닌 입면구성이 일반적으로 보이는 것은 중심을 가지는 좌우대칭으로서의 3칸 구성이 의도적이라는 것을 반증하는 실례이다.[21] 또한 같은 시기 사미타(左味田) 고분에서 출토된 가옥문경(家屋文鏡)은 앞에서 사례로 들었던 중국 산동성

20. 三輪嘉六 · 宮本長二郎, 「家形はにわ」, 『日本の美術 5』 No. 348, 至文堂, 1995년 5월호 참조.

21. 宮本長二郎의 조사표를 간략하게 재구성하면 다음과 같다.

구분 (정면칸수)	기둥형〔柱形〕				대벽형 (大壁形)	계
	1칸	2칸	3칸	4칸 이상		
개수	6	55	18	2	122	203

임치(臨淄)의 칠기(漆器) 문양과 유사한 합원식(合院式) 배치를 보여 주는데, 사면의 건물들은 규모와 칸수, 지붕모양, 구조방식 등이 각각 달라 엄밀한 의미에서 대칭을 이루고 있지 못하다. 이와 같은 유물들은 중국과 우리나라에서 엄격한 좌우대칭을 기본으로 전각건축이 발달해 간 것과 비교해, 일본 건축사가 지니는 특수성을 보여 주는 이른 시기의 사례이다.

그러나 주거의 기능을 가능하게 하는 건축물의 최소단위로서의 3칸은 한국인의 관념 속에 자연스럽게 녹아들어 있는 개념이다. 이를 가장 잘 표현하고 있는 것이 '초가삼간(草家三間)'이라는 말일 것이다. 초가삼간이라는 말은 반드시 실제 칸수가 3칸인 집을 의미하는 것은 아니다. 가사공간, 개인공간, 가족공간 등의 주거기능을 충족시키기 위한 최소한의 규모로서의 3칸이며, 자연에 은일하고 청빈을 즐기는 이상적인 규모로서의 3칸을 의미한다. "초가삼간 집을 짓고 양친부모 모셔다가 천년만년 살고지고"라는 민요의 가사는 이러한 의미로서의 3칸집의 개념을 잘 표현하고 있다.

그러나 3칸집의 의미가 곤궁한 형편에서 여유의 상실이라든지, 청빈을 강조하기 위한 의도적 축소를 가리키는 것은 아니다. 백운 이규보(白雲 李奎報, 1168~1241)는 박추부(朴樞府)의 유가당(有嘉堂)을 보고 평하기를, 크기가 딱 들어맞아〔得中〕 덜어낼 것도 없고 좁지도 않으면서, 그 화려함은 극에 달했다고 할 만하다고 극찬했다.[22] 이어지는 글을 보면 유가당은 화려하게 단청(丹靑)을 한 3칸 건물이다. 그중 2칸은 청사(廳事)로 꾸미고 손님을 맞았으며, 1칸은 불당〔佛室〕으로 마음을 재계하는 곳으로 사용했다.[23] 집주인은 좌상(左相)까지 지냈다가 사직

---

22. 大小得中, 不捌不隘, 其華靡則可謂臻其極. 『東國李相國後集』 卷11, 記3, 朴樞府有嘉堂記.
23. 凡作堂三間, 用二間爲廳事. 〔…〕 以是堂爲迎迓賓客之所故也. 隔一間爲佛室, 作齋心之所.

하고 유유자적하는 귀호였다. 그러므로 이때의 3칸은 손님을 접대하고 마음을 재계하는, 즉 재야(在野)의 지식인라면 누구나 욕망하는 두 공간을 모두 수용할 수 있는 작지도 크지도 않은 규모를 가리킨다. 이와 같은 주거의 적절한 크기로서의 3칸의 의미는 이후 문학작품 속에서도 지속적인 모티브로 등장한다.

국내 기록 중 주거건축의 정면칸수와 관련해서 주목할 만한 기사는 『삼국사기(三國史記)』 옥사조(屋舍條)의 실장광(室長廣) 치수에 대한 제한이다. '옥사조'에서는 각 계급의 주거규모에 대해 실장광의 척수(尺數)를 규정하고 있다. 실장광에 대한 해석은 현재 학계에서 분분하여 명확히 정의되고 있지 않지만 건물 전면의 너비로 보는 것[24]이 타당해 보인다. 건물의 전체 너비로 규모를 제한하는 방식은 중국에서의 칸수로 규정하는 방식과 차이가 나는 점이 특징이다. 『당회요(唐會要)』(961)에 보이는 당 나라의 가사제한(家舍制限)에서는 5품 이상은 5칸 규모, 6품 이하는 3칸 규모로 정면칸수를 먼저 고정했다.[25] 이것은 명대(明代) 홍무(洪武) 26년(1398)에 제정된 가사제한에서도 동일하게 지켜진 원칙이다.[26] 세부적인 규모는 도리의 개수로 규정했는데, 예를 들어 같은 5칸집일 경우에도 3품 이상은 9가(五間九架), 5품 이상은 7가(五間七架) 등이다. 이와 같은 측면규모의 결정은 결과적으로 전체 규모의 차이를 가져왔을 것이다.

---

24. 이상해, 「『삼국사기 옥사조』의 재고찰」, 『건축역사연구』 8, 한국건축역사학회, 1995.

25. 王公以下, 舍屋不得施重栱藻井. 三品以上堂舍, 不得過五間九架. 廳厦兩頭門屋. 不得過五間五架. 五品以上堂舍, 不得過五間七架. 廳厦兩頭門屋, 不得過三間兩架. 仍通作鳥頭大門. 勳官各依本品. 六品七品以下堂舍, 不得過三間五架. 門屋不得過一間兩架. 〔…〕 又庶人所造堂舍. 不得過三間四架. 門屋一間兩架. 『唐會要』 卷31, 輿服上, 雜錄.

26. 다만 공후(公侯)는 7칸을 허용했다. 公侯, 前廳七間, 兩厦, 九架. 中堂, 七間九架. 後堂, 七間七架. 門, 三間, 五架. 用金漆及獸面錫環. 家廟, 三間五架. 『明史』 卷68, 志第44, 輿服4.

표 2-1. 『삼국사기』 옥사조의 실장광 제한

계급	진골	육두품	오두품	사두품 이하
실장광	24尺	21尺	18尺	15尺

'옥사조'의 규정에서 주목되는 점은 칸수의 언급 없이 정면 폭의 전체 치수만을 지정하고 있다는 점이다. 그런데 이 폭은 모두 3의 배수로 이루어져 있다. 즉, 실장광은 각 계급별로 15척에서 24척까지 3척 단위로 차별된다. 이러한 등차수열의 기반에는 전면 칸수의 3칸 고정이라는 원칙이 작용했을 수 있다. 즉, 진골은 각 칸의 크기가 8척, 육두품은 7척, 오두품은 6척, 사두품 이하는 5척인 3칸집을 예상하여 크기의 기준을 정했다고 볼 수 있다(표 2-1). 물론 이는 실제로 적용되었던 법률이라기보다는 이상적인 규범으로 보는 것이 적절할 수도 있다. 진골로부터 각 칸을 1척씩 줄여 나가며 위계를 둔다는 원칙은 실제 건축물의 상황과 일치하기는 어려웠을 것이기 때문이다.[27] 그럼에도 불구하고 기준이 되는 치수들은 그 기본구성으로서의 3칸을 암시하고 있다. 만약 그렇다면, 중국 주거의 형제(形制)처럼 중앙칸으로 출입하고 좌우 대칭인 생활공간으로 구성되는 기본적인 주거형태를 유추해 볼 수도 있다. 의도적인 3칸이라면 이와 같은 개념을 염두에 두고 계획되었을 것이기 때문이다. 고대의 고급 주거건축이 의례공간과 생활공간의 복합체로서의 성격이 매우 강하다는 점에서 더욱 그렇다.

27. 최근 한국학중앙연구원에서 발표한 동계 정온(桐溪 鄭蘊, 1569~1641)의 제주도 유배 시기의 기록인 「기시아서(寄詩兒書)」와 「대정현동문내위리기(大靜縣東門內圍籬記)」에 따르면, 대정현감이 위리안치형을 살고 있는 정온에게 지어 준 서실(書室)의 크기가 사방 5자〔尺〕 남짓의 온돌이었다고 한다. 사두품 이하 서민의 주택에서 1칸의 치수가 5자라는 규정이 현실성이 있다는 것을 보여 준다. 「조선시대 정치범은 '위리안치'刑」, 『문화일보』, 2005년 7월 28일자.

3. 측면3칸의 논리

1) 구조적 효율성

목조건축에서 보방향〔대개 건물의 앞뒤방향이자 짧은 변〕의 구조는 보를 통해 상부의 하중을 직접 부담한다. 따라서 그 확장은 부재의 크기에 직접적인 제약을 받게 되어 정면칸수처럼 칸수 자체를 반복하여 늘리는 것에는 일정한 제약이 있다. 따라서 부재의 크기와 강도, 결구법에 따라 주칸(柱間)의 거리가 결정되며 중층의 건물을 지을 경우가 아니라면 3칸을 넘는 주칸은 즐겨 사용하지 않는다. 건물의 실제 규모와 관계없이 측면칸수로 3칸이 가장 많이 사용된 것은, 이때 내주의 구성과 상부가구의 관계가 가장 합리적이고 효율적인 구조 시스템이 되기 때문이다.

동아시아 목가구조의 보방향 구조 시스템은 기둥과 보, 도리의 구성에 따라 결정된다. 지붕틀의 제일 위에 놓이는 도리는 지붕의 기울기를 결정하고, 서까래를 직접 받쳐 그 하중을 하부의 보를 통해 기둥에 전달한다. 경사지붕이라면 용마루 아래의 종도리 1개와 앞뒤 벽의 처마도리 2개 등 3개의 도리가 필수적이다. 이렇게 구성되는 3량가(三樑架)의 구조는 삼각형의 경사지붕을 갖는 최소단위로 볼 수 있다. 이 경우 측면 모습은 그림 2-12의 (A) 또는 (B)의 형태로 그릴 수 있고, 측면 주칸의 수는 1칸 혹은 2칸이 된다. 원시구조에서는 (A)와 같은 2칸의 구조를 사용했을 것이다. 측면2칸 구조는 경사지붕에 적합하며 역학적으로도 가장 안정적인 구조이기 때문이다. 그러나 동아시아 목가구조에서 보의 발생은 중앙의 종도리를 받는 중심주(中心柱)를 상부에서 끊어 결과적으로 이용공간의 활용도를 높이려는 의도에서 출발했다(B). 즉, 보의 사용 자체에 감주(減柱)가 전제되어 있는 것이며, 공간활용이

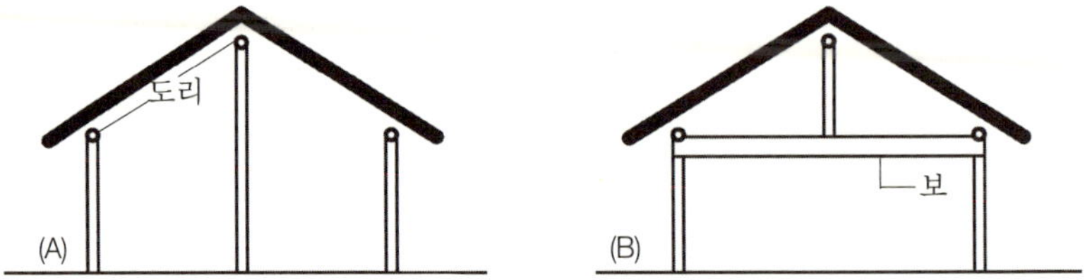

그림 2-12. 3량가의 기본구조 단면

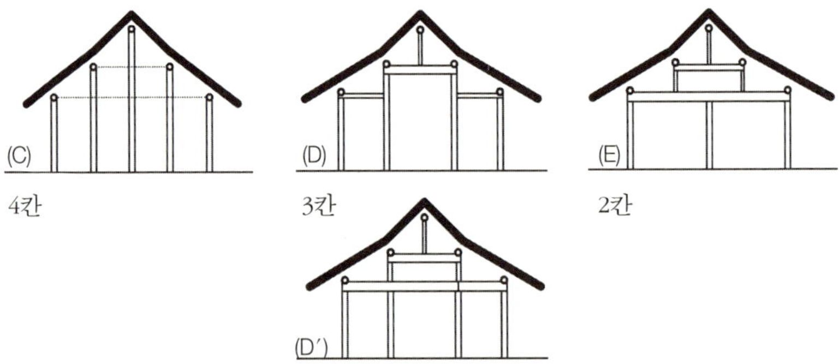

그림 2-13. 5량가의 기본구조 단면

라는 의도를 위해 구조적 부담을 감수하는 것으로부터 출발한 것이다.

건물의 보방향 규모가 증가하면서 두 가지 문제에 봉착하는데, 공간의 확장에 따라 지붕의 크기가 커지면서 과도하게 무거운 지붕을 받쳐야 한다는 점과 내부기둥의 수와 길이가 크게 늘어나는 점이다. 가장 간단하게 그림 2-13의 (C)와 같이 기둥을 배열한다면 긴 기둥이 많이 필요하게 되어 재료 수급에 심각한 부담으로 작용했을 것이다. 따라서 짧은 기둥으로 유사한 효과를 얻을 수 있는 기법을 강구했는데, 이 과정에서 보〔樑〕의 사용, 공포(栱包)의 발명, 거절(擧折)의 기법이 적용되었다. 보를 사용해서 보다 짧은 기둥으로 구조를 만들 수 있었으며, 공포의 발명 역시 짧은 기둥으로 높은 실내공간을 얻을 수 있는 계기가 되었다. 거절의 기법은 지붕선을 꺾는 방식으로 상부구조의 규모를 축소하고 하중을 기둥에 고루 분배하는 데 일조했다. 공포와 거절의 기법은 또한 처마내밀기에 유리한 조건을 만들어 비와 햇빛의 차단에도 도움을 주었다. 더구나 보의 사용은 기둥의 수를 줄일 수 있는 가능성을 열었다.

그림 2-13은 건물의 규모가 커져 지붕을 받치는 도리의 수가 5개로 늘어 있을 경우를 보여 준다. 5량가(五樑架)를 사용한 것은 지붕의 무게를 경감하기 위해 거절법을 사용하기 위한 것이며, 동시에 서까래를 둘로 나누어 길이가 너무 길어지지 않게 하기 위한 것이기도 하다. 5량가의 기본적인 주칸구성은 (C)와 같이 5개의 기둥을 갖는 4칸 구성이 된다. 여기서 도리의 간격을 조정하면서 중심의 기둥을 생략하면 측면3칸(D), 양쪽 중도리 밑의 기둥 2개를 생략하면 측면2칸(E)의 구성이 된다. 5량가의 측면칸수 구성은 이처럼 2칸, 3칸, 4칸이 모두 사용되고 있다. 이때 측면3칸이 기타 형식에 비해 구조적으로 가지는 뚜렷한 장점은 먼저 팔작지붕에서 측벽구조로 사용될 때 충량(衝樑)을 주상(柱上)에 배치하여 합각부를 받치기 쉽다는 점이다.

한편으로 측면의 주칸구성에 영향을 주는 것은 내부공간의 주칸구성이다. 내주의 열과 나란하게 측면 주칸을 구성하여 구조적 일체를 이루는 것이 구조적으로 유리하기 때문이다. 이때 내주의 구성상 중심기둥의 존재는 부담스럽기 때문에 측면2칸, 4칸보다는 측면3칸이 사용될 가능성이 커지는 것이다. 그러나 측면의 주칸구성이 내부의 주칸구성과 반드시 같아야 할 필요는 없기 때문에 완전한 구속력을 갖는 것은 아니다. 하지만 3칸3칸 정도의 소규모 전각이라면 전체의 주망을 함께 고려하는 계획기법을 충분히 상정할 수 있다.

2) 내부공간의 분절

표 2-2는 정면3칸 전각에서 각 측면칸수별 내부기둥 조작방식을 도시

표 2-2. 측면칸수별 주망구성

측면1칸	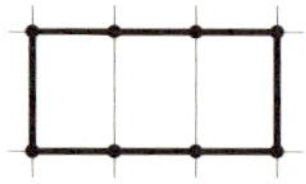
측면2칸	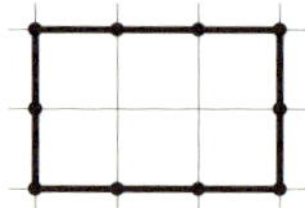
측면3칸	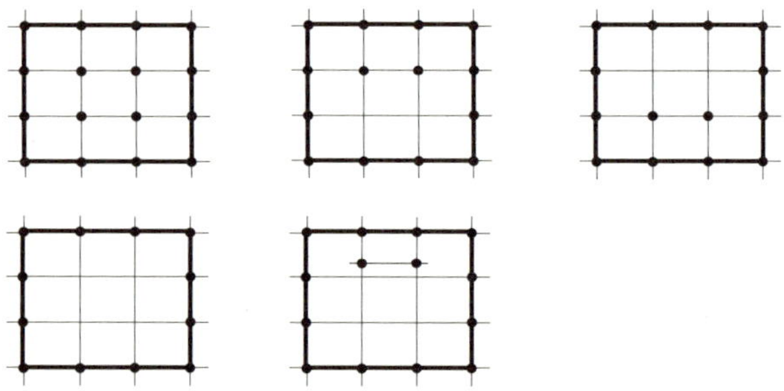

한 것이다. 측면의 주칸구성이 내부로도 그대로 연결되어 격자형의 주망(grid of columns)을 구성하는 경우를 상정했다. 측면2칸에서의 감주(減柱)는 모든 사례에서 나타난다. 즉, 측면2칸에서 내주가 존재하는 사례는 찾아보기 힘든데, 그렇다면 공간조작의 관점에서 측면2칸은 측면1칸과 차이가 없다. 구조적 의미에서 전술한 그림 2-12 (A)의 단면을 측벽에 두고, 공간운용을 위해 (B)의 단면을 내부에 둔 것이다. 그러나 이 유형은 구조단면의 조합과정에서 가장 먼저 고안된 것으로 원형성(原形性)을 가지고 있어서 건축역사의 발달과정 속에서 한 축을 이루며 종종 이용되었다. 특히 일본 건축에서 이세 신궁(伊勢神宮) 이후의 신사건축에 원형으로 자리잡은 것을 볼 수 있다.

측면3칸이 되면 공간운용의 융통성은 말할 수 없이 풍부해진다. 내부의 기둥위치를 조작하지 않고 제 위치에 두는 정치법(正置法)을 기본으로, 일부를 생략하는 감주법(減柱法)과 공간의 형태를 규정하도록 기둥을 이동시키는 이주법(移柱法)이 모두 나타난다. 이때에도 전열의 내주를 조작하는 방법과 후열의 내주를 조작하는 방법이 있어서 그 경우의 수가 더욱 증가한다. 즉, 다양한 목적이나 새로운 용도의 발생에 따른 대응력을 함축하고 있는 것이다. 이것이 측면3칸을 목구조의 기본구조 시스템이라고 부를 수 있는 이유이다. 또한 규모가 커져 정면칸수가 5칸, 7칸으로 늘어난다고 하면 구조조작의 변례가 더욱 복잡해지겠지만, 그렇다고 해서 3칸에서 나타나지 않았던 새로운 방식이 도입되는 것은 아니다. 결국은 3칸에서 가능했던 이러한 기법들의 응용을 통해 구현될 뿐이다.

내부공간의 전후방향 공간구획의 기본은 2분할이거나 3분할이 된다. 즉, 공간을 전 · 후로 나누거나 전 · 중 · 후로 나누는 것인데, 일반적인 전각건축에서 이 두 경우 모두 3칸을 선호했던 것으로 보인다. 공간을 전 · 중 · 후로 구분하는 평면에서 측면3칸이 기본이 되는 까닭은 언급할 필요도 없거니와 중심을 사방에서 둘러싸는 '回'자형 평면에서 역시 측면3칸은 계획의 기준이 된다. 측면을 균등하게 2분할한 평면을 송대 『영조법식(營造法式)』에서는 '분심두저조(分心斗底槽)'라고 분류했다. 그러나 이처럼 측면2칸을 공간적으로 균등분할하는 방식은 전각건축에서는 사용되지 않았으며, 주로 사찰의 산문(山門)이나 도성의 성문(城門) 등 문루(門樓)건축에 적용되었다. 전각건축에서의 2분할은 전후공간의 크기나 높낮이를 달리하여 위계를 갖기 때문이다. 예를 들어 전면공간이 2칸이라면 후면공간이 1칸이 되는 식으로 구성되는데, 따라서 측면3칸이 선호될 가능성이 높다.

3) 측면의장과 지붕형식

입면(立面)의 의장구성에서 짝수칸은 변형의 폭이 좁다. 측면2칸에서 가운데 기둥은 정중앙의 위치에서 움직이기 힘들다. 측면4칸에서도 동일한 문제점이 발생한다. 그러나 측면3칸이 되면 안쪽의 두 기둥을 도리와 함께 움직여 의장적 효과와 함께 최대한의 구조적 안정성을 보장할 수 있다. 또한 정면 형식에서 언급했던 좌우균제(左右均齊)와 중심성의 원칙이 측면의장에도 동일하게 적용된다. 배치에서 종축(縱軸)이 주전각들의 어칸(御間)을 꿰고 지나가는 것처럼 횡축(橫軸)은 측면3칸의 중심칸(中心間)에 위치하게 된다. 그러므로 의장의 측면에서 역시 측면3칸은 기본형으로서의 가능성을 지닌다. 이러한 상황은 정면과 측면에 모두 처마가 생기는 팔작지붕, 우진각지붕, 모임지붕을 갖는 전각의 경우에 더욱 두드러진다. 다시 말해 측면에 놓이는 중심기둥은 가운데가 뾰족하게 올라가는 맞배지붕의 용마루를 받치고 있을 때만 구조적으로 자연스럽고 의장적으로도 무리가 되지 않는다.

국립부여박물관이 소장하고 있는 백제시대의 화상석에는 현존하는 실례에서는 찾아보기 힘든 꺾인 팔작지붕을 갖는 목조건축이 묘사되어 있다. 일반적인 팔작지붕이라면, 정면과 후면에서는 단일한 면이 꺾임 없이 경사를 이루고, 측면에서 합각부분과 경사부분으로 구별되는 것이 보통이다. 그러나 그림 2-14에 묘사된 꺾인 팔작지붕은 마치 우진각 지붕의 상부를 제거하고 맞배지붕을 얹어 놓은 것처럼 정면과 후면에서도 측면의 합각과 경사부분의 경계에 맞추어 한 번 꺾여 있다.

이처럼 꺾임부 또는 합각부분의 존재는 밑에서 이를 받치기 위한 기둥의 존재를 필요로 하기 때문에 구조적으로 3칸 혹은 4칸의 주칸구성을 가졌을 것으로 짐작할 수 있다. 또한 의장적으로 팔작지붕은 그림에서 보는 것과 같이 측면 또한 정면과 함께 입면을 구성하는 주요부로서의 지위를 갖는다. 측면에서는 합각 부위의 삼각형의 박공면과 그 아래 지붕면의 경사진 부분이 대비되어 공간이 의식적으로 3분할되며, 정면에서도 상부에서 경사를 만드는 사각형 부분과 그 아래의 좌우 날개 부분이 나뉘어 전체적으로 3분 구성을 띤다. 그리고 이와 같은 입면상의 3분 구성은 구조상의 3칸 구성과 부드럽게 연결된다.

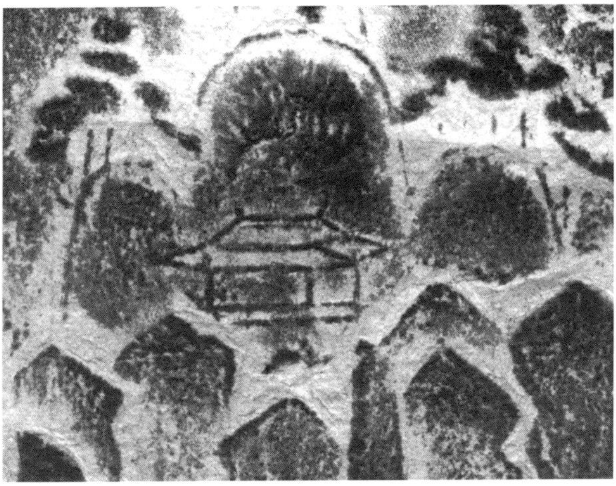

그림 2-14. 백제시대 화상석 중 꺾인 팔작지붕의 모습, 국립부여박물관

측벽구성에서는 감주의 기법이 자주 사용되지 않는다. 기둥의 구조적 기능이 상대적으로 강하기 때문이다. 측벽의 의장적 조작은 건축물 전체의 구조계획의 초기단계에서부터 함께 결정되며, 건축물 전체의 기본구조를 그대로 투사하고 있는 경우가 대부분이다. 우리가 건축물의 측면규모를 판단할 때 측벽을 기준으로 하는 이유는 이 때문이다. 또한 구조적 안정성의 확보라는 측면에서 내부공간에서는 찾아보기 힘든 짝수칸의 구성이 적용되기도 하는 곳이다. 한편 다포계팔작집의 경우 측면에도 공포가 설치되기 때문에 공포의 배열간격과 각 칸에 들어갈 공포의 개수에 따라 규모가 결정되기도 한다.

이와 같은 사항들로 인해 측면3칸은 정면3칸과 같은 정도로 독점적이지는 않지만 목구조의 기본 주칸구성방식으로 자리잡아 왔으며, 다양한 실험을 통해 각 건축 프로그램에 맞는 적절한 해법을 모색하여, 가장 보편적이고 일반적인 기본유형으로서의 위치를 다져 나갔다.

4. 3칸3칸 전각의 두 가지 기원

이상에서 살펴본 것과 같이, 정면3칸 구성과 측면3칸 구성은 각각 구조적 의장적 근거를 가지고 있다. 그러나 정면3칸 구성과 측면3칸 구성이 일체가 되어 이루어진 3칸3칸 구성은 단순히 이것들 둘이 만나서 이루어진 것으로만 볼 수는 없다. 여기서 두 가지의 기원이라고 한 것은, 하나는 정면3칸과 측면3칸이 각각의 근거를 가지고 합쳐진 경우를 상정한 것이고, 다른 하나는 그 처음부터 나름의 이유를 가지고 3칸3칸 형식이 사용된 경우를 상정한 것이다.

1) 정면3칸의 사면확장

3칸3칸 전각의 구체적인 모습을 확인할 수 있는 고대의 유물로 중국 항주의 절강성박물관에 소장되어 있는 기악동옥(伎樂銅屋)이 있다(그림 2-15). 소흥(紹興)의 파당(坡塘) 제306호 묘에서 출토된 이 기악동옥은 춘추시대의 유물이므로 적어도 기원전 5세기 이전의 건축형식을 반영하고 있다. 실내에는 꿇어앉아 악기를 연주하는 사람이 두 명, 금(琴) · 축(筑) · 생(笙) · 고(鼓)를 연주하는 악사들이 각각 한 명씩 있어 음악사나 문화사 연구에도 큰 도움이 되는 사료이다. 정면3칸 측면3칸의 정방형에 가까운 평면에 월(越) 나라 양식의 문양을 가진 사모지붕의 중앙에는 높이 돌출된 새 모양의 조각이 있다. 기하학적 형태의 건축물과 내부의 악사들의 모습에서, 이 동기가 고대 의례와 관련된 건축물을 표현하고 있는 것으로 생각된다. 특히 정면구성에서 벽이 붙지 않는 독립된 원기둥 2개의 강조는 이후의 예제건축에서 즐겨 사용한 모티브로 그 시원적 형태의 가능성을 보여 주는 것으로 생각해 볼 수도 있다.

정방형에 가까운 3칸3칸의 평면은 앞서 언급했던 정면3칸의 특징을

그림 2-15. 기악동옥, 항주 절강성박물관

보다 확대되어 구현한 사례로 볼 수 있다. 중심과 주변, 즉 좌 · 중 · 우와 전 · 중 · 후로 구분되는 모두 9개의 개념상의 공간들은 모두 위계상의 차서(次序)를 갖게 되며, 이것이 의례상의 차서와 부합하는 모습에서 예제건축의 특징들이 발현되는 것이다. 기악동옥의 평면형태와 지붕형식에서는 무방향성을 표현하고 있으나, 입면의장에서는 정면을 개방하고 측면을 상대적으로 폐쇄적인 입면으로 구성함으로써 정면성(正面性)을 표현하고 있다. 그러나 여기서의 측면의 모습은 앞서 논의해 온 구조 시스템으로서의 '측면3칸'과는 다르다. 기악동옥이 표현하는 건축물 측면의 3칸 구성은 구조적인 이점을 설명하지 않으며 의장상으로 3분할된 입면 패턴을 나타내고 있을 뿐이다. 이를 볼 때 오히려 측면에도 정면3칸이 구현되어 있는 것으로 이해하는 것이 옳을 것이다. 즉, 중심성의 원리가 사방으로 확대되어 나타나고 있는 것이다.

이와 같은 유형은 고대의 명당(明堂)과 벽옹(辟雍) 건축에서 극대화된다. 명당은 천자의 태묘로 제사를 지내는 곳이다. 동시에 공적을 표창하고 노인을 봉양하며, 학문을 가르치고 선비를 뽑는 일을 하는[28] 일종의 종합 국가시설이었다. 강력한 중심성의 원리가 적용된 이 시설은 중심을 둘러 총9개의 공간을 만드는 방식이 기본이 된다. 이 공간에서 사방으로 건축을 배치하면 '명당5실제(明堂五室制)'가 되며, 빠짐없이 배치하면 '명당9실제(明堂九室制)'가 된다(그림 2-16).

중국 역사상 유일한 여황제 무측천(武則天)이 낙양에 건설한 명당은 『구당서(舊唐書)』에 그 형식과 규모가 기록되어 있는데, 높이가 294척, 동서남북이 각 300척으로 3층이며, 아래층은 사계절〔四時〕을, 중간층은 12간지〔十二辰〕를, 맨 위층은 24절기〔二十四氣〕를 모방한 둥근 지붕〔圓蓋〕이고, 가운데는 둘레 10위(十圍)의 거목이 상하로 관통하는데, 이(栭)·노(櫨)·탱(樘)·비(欂)의 목구조를 쌓아 본으로 삼았다[29]고 하여 그 상징성과 거대한 기념비성을 알 수 있게 한다. 그러나 이와 같은 명당건축은 단일 건물이 아니라 여러 개의 건물을 집합시켜 구성했을 가능성이 높다.

명당과 같이 중층구조이면서 중심성의 원리가 뚜렷하게 적용되었던 기념비적 건축으로는 목탑(木塔)을 들 수 있다. 중앙의 4개의 기둥은 감주나 이주의 방식을 취하지 않고 사천주(四天柱)라 이름하여 교리적 상징으로 삼았으며, 이 주위를 도는 의식을 위해 주변을 사방으로 1칸씩 확장하면 정확한 3칸3칸의 평면이 된다. 더구나 사천주는 다층 구조물인 목탑의 구조적 지지체로서 필수불가결한 것이었다. 또한 탑은 전방위(全方位)의 방향성을 갖는 정방형(正方形)의 건축물로서 앞서 언급한 정면3칸이 사방으로 극대화된 사례이다. 목탑의 유구가 많이

28. 또한 하 나라에서는 세실, 은 나라에서는 중옥, 주 나라에서는 명당이라고 했다는 언급이 있다: 故蔡邕明堂, 月令章句云, 明堂者, 天子太廟, 所以祭祀, 夏后氏世室, 殷人重屋, 周之明堂, 饗功, 養老, 教學, 選士皆在其中. 『禮記集說』 卷78, 「明堂位」 第14.

29. 凡高二百九十四尺, 東西南北各三百尺. 有三層. 下層象四時, 各隨方色. 中層法十二辰, 圓蓋, 蓋上盤九龍捧之. 上層法二十四氣, 亦圓蓋. 亭中有巨木十圍, 上下通貫, 栭櫨樘欂 藉以爲本. 『舊唐書』 卷22, 志第2, 禮儀2.

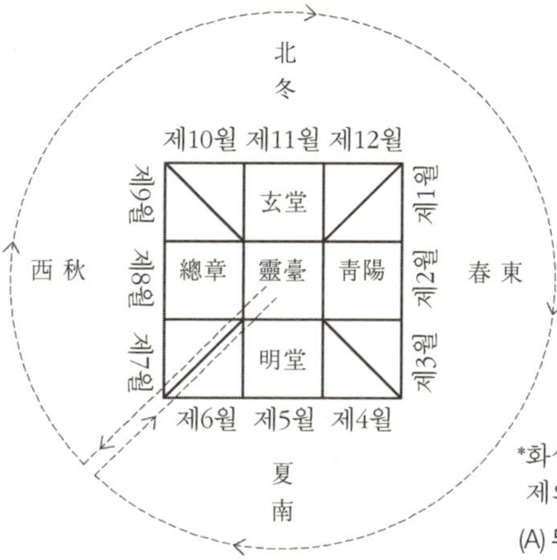

*화살표는 『禮己』, 月令篇에 근거한 황제의 위치이동

(A) 무홍(巫鴻)의 명당분석도, 『순간과 영원』

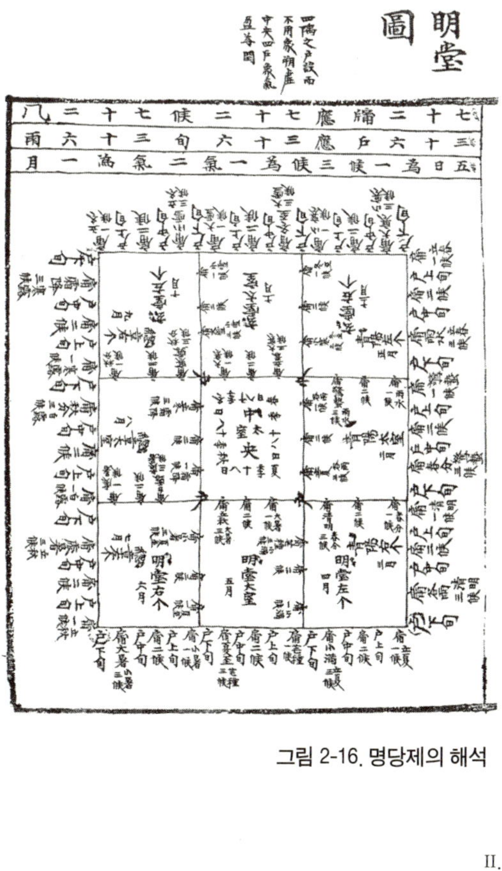

(B) 위백규(魏伯珪)의 명당도, 『存齋全書』

그림 2-16. 명당제의 해석

(A) 사천왕사(四天王寺, 시텐노지)

(B) 인화사(仁和寺, 닌나지)

그림 2-17. 일본 3칸3칸 목탑의 사례

남아 있는 일본의 사례들을 보면 3칸3칸 평면이 기본형을 이루고 있는 것을 알 수 있다(그림 2-17). 법륭사(法隆寺, 호오류지) 5중탑과 같은 일부의 탑들이 5칸5칸4 구성을 하고 있으나 이것은 3칸3칸의 기본평면의 외곽에 차양칸(裳階, 모코시)이 덧붙은 확장형으로 이해할 수 있다.

한국에 현존하는 전근대 시기의 유일한 목탑은 법주사 팔상전(法住寺 捌相殿)으로 임진왜란 이후 17세기 초에 재건된 것이다. 5칸5칸의 평면에서 사천주를 중심으로 하는 불단부와 주변의 고리 형태의 예불공간의 구성은 동일하게 유지되고 있다(그림 2-18). 벽화나 조각으로 장엄했던 사천주 주위를 조선 후기의 불단들이 둘러싸 전체적으로 불단부의 영역이 넓어졌을 뿐이다. 1968~1969년에 이루어진 해체수리 공사를 통해 1층 기둥의 내진초석(內陣礎石)과 외진초석(外陣礎石)이 서로 연대를 달리한다는 것을 발견했다. 이를 통해 임진왜란 이후 재건 시 외진에 초석을 새로 놓아 지금의 평면으로 변형시킨 것으로 추정했다.[30] 국립문화재연구소의 추정 복원안은 3칸3칸의 평면을 기본으로

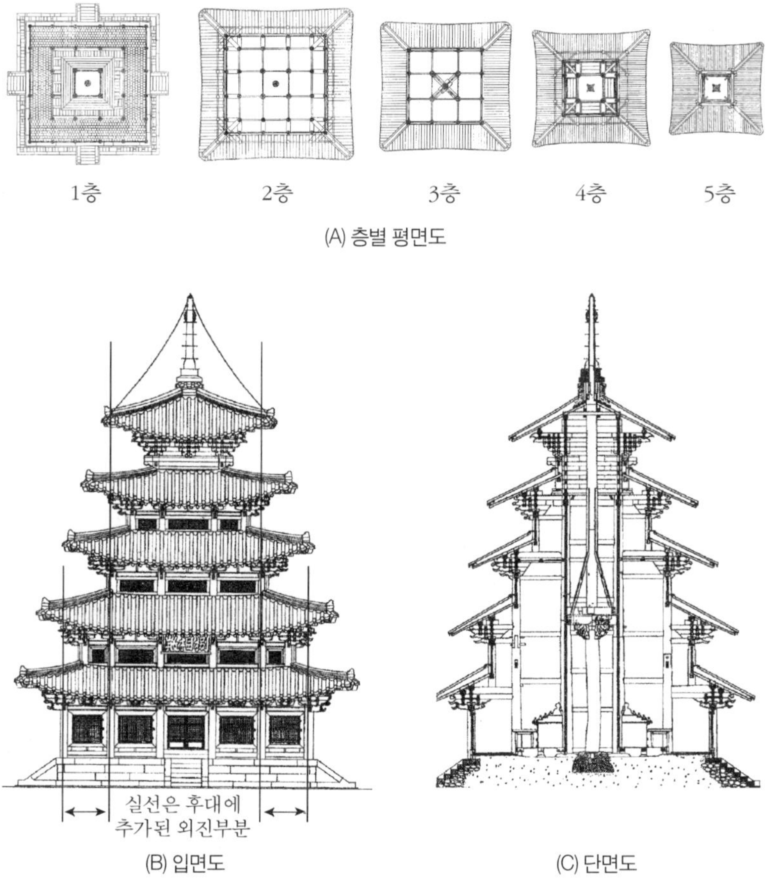

그림 2-18. 법주사 팔상전

하여 지금과 같은 육중한 비례가 아닌 고준(高峻)한 고대 목탑을 추정하고 있다.

30. 국립문화재연구소, 『법주사 팔상전 수리공사보고서』, 1998, pp. 98-99.

2) 정면3칸과 측면3칸의 결합

탑에서 완성된 '回'자형 평면구조는 방향성에 위계를 갖는 전각건축에도 적용되었다. 송대 『영조법식(營造法式)』에서 '금상두저조(金箱斗底槽)'라 분류하는 이와 같은 평면은 외진과 내진이 구분되어 주상(主像)이 안치되는 중심공간과 튜브형의 바깥공간으로 구성된다. 본래 부처의 진신사리를 봉안할 목적으로 건축되었던 탑은 그 개수가 한정될 수밖에 없었고 예불의 중심은 점차 불상을 봉안하는 금당(金堂)으로 옮겨졌다. 이와 함께 탑에서 행하던 의식들이 금당으로 전이되는 과정을 거치게 되었다. 탑이 유일한 예불의 대상이었을 때 주된 예불행위로서 탑 주위를 도는 행렬의식은 전각건축에도 전이되어 '回'자형 평면의 기원이 된 것으로 보인다. 한국에서 이와 같은 형태의 평면은 특히 9세기를 전후로 한 시점에서 나타나며 이후 시대에서는 찾아보기가 힘든데, 중국의 경우에도 당말(唐末) 이후에는 거의 나타나지 않는 역사적 형식이다.[31] 그 사례로 경주 황룡사지 중앙금당, 원주 거돈사지 금당, 합천 영암사지 금당, 발해 상경 용천부 제9절터 등이 있다. 이들 유적에서는 내진주 사이의 주간장치(柱間裝置), 즉 고막이나 벽심(壁心)이 발견되어 내부에 벽을 설치했던 것으로 확인된다.[32]

그러나 전각건축은 하나의 정면을 가지는 기념비로 존재하는 경우가 대부분이었다. 문으로부터 마당을 거쳐 전각으로 진입하는 통로에 이미 방향성이 제시되었고, 공간의 위계는 전후(前後) 개념이 강하게 도입되었다. 따라서 탑의 공간형태가 전각에 도입되었어도 그것은 뾰족한 사모지붕을 갖는 탑의 축소형으로서가 아니라 맞배지붕이나 팔

---

31. 金東旭, 「한국 목조건축에 內陣·外陣은 존재했는가?」, 『건축역사연구』 31, 한국건축역사학회, 2002, p. 150.
32. 李康根, 「韓國 古代佛殿建築의 莊嚴法式에 관한 研究」, 『미술사학』 제12호, 한국미술사교육연구회, 1998, p. 71.

그림 2-19. 수대 도옥, 정주 하남성박물관

작지붕의 방향성을 갖는 전각의 구조와 결합하는 방식이었다. 무엇보다 탑과 같이 사방으로 균질한 구조체는 평면규모의 성장에 일정한 한계가 있을 수밖에 없다. 따라서 대부분의 전각에서는 의장적 측면이 강한 정면3칸과 구조적 의미가 큰 측면3칸이 각각 나름대로의 이유에서 선택되고 결합되었다. 시각적으로 즉시 드러나는 정면은 전각의 기념비성을 표현하는 중심 대상이 되었으며, 상대적으로 측면은 칸수의 조절이 가능한 여유가 있는 부분이었다. 따라서 전각규모의 확대를 고려할 때 우선시되는 것은 정면의 칸수와 관련된 규모였다. 그러므로 일반적인 전각은 정면칸수가 먼저 증가하고 측면칸수가 나중에 증가하며, 정면의 칸치수를 넓게 잡고 측면의 칸치수는 상대적으로 적게 잡아, 결과적으로 긴 부분이 정면을 형성하는 장방형의 평면을 가지게 된다. 이러한 장방형의 평면은 무거운 경사지붕을 지지해야 하는 목구조에서 유리한 형태였다.

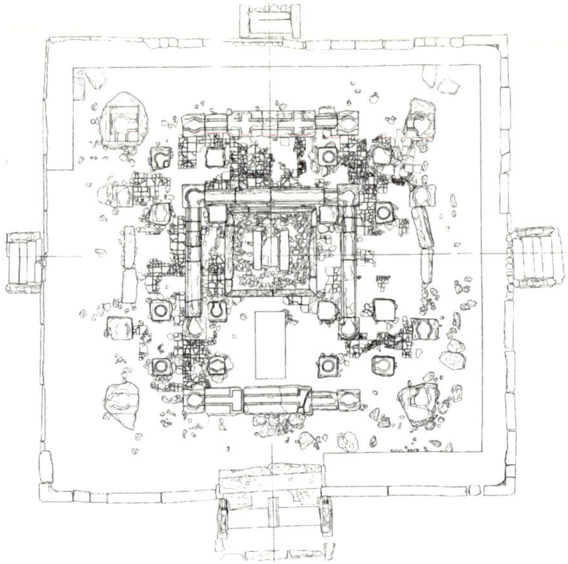

그림 2-20. 영암사지 금당 발굴도, 동아대학교 박물관(심봉근, 1985)

이처럼 직사각형의 형태로 정면과 측면이 각각 다른 기준으로 선택되어 완성된 것이 3칸3칸 전각이다. 그림 2-19의 도옥(陶屋)은 6세기 수대(隋代)의 유물로 알려졌다. 초석의 사용, 공포를 사용하여 처마를 받치는 방식, 창방과 지방, 문잠(門簪), 치미(鴟尾), 팔작지붕 등이 분명하게 표현되어 있는 이 도옥은 방향성을 갖는 3칸3칸 전각의 발생을 잘 설명해 준다. 문은 넓어진 어칸에 크게 내고, 그 좌우는 작은 환기창만을 두어 입구성을 강조했다. 또한 넓게 보이는 지붕면과 안쪽으로 끝을 돌린 치미 부분 역시 정면성을 강조한다. 반면, 측면의 의장적 배려로는 별다른 특징이 보이지 않는데, 측면규모로 3칸이 선택된 이유는 팔작지붕의 합각을 받치기 위한 구조와 관련될 가능성이 높다.

합천 영암사지(靈巖寺址) 금당(金堂)과 같은 '回'자형 구조의 전각은 당시 불교의 주요 의례를 구성했던 요잡례(繞匝禮)와 배례(拜禮)가 모두 가능하도록 계획되었다(그림 2-20). 내진부는 전면을 제외한 나

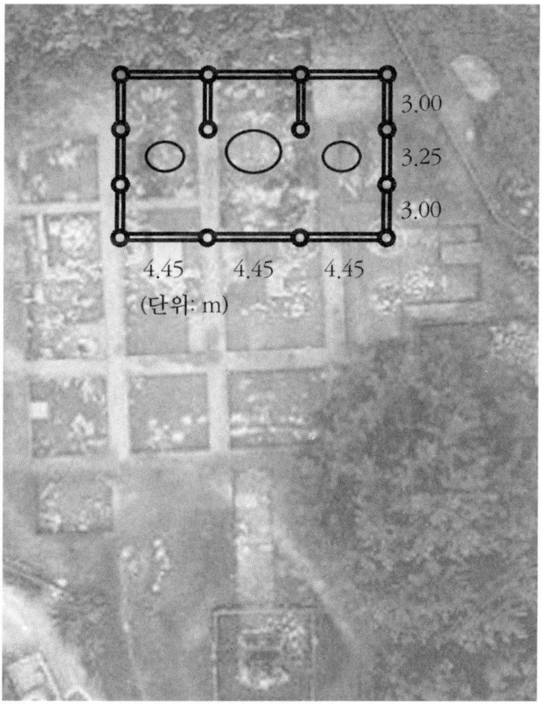

그림 2-21. 물걸리사지 금당지 추정도, 국립춘천박물관

머지 3면에 벽이 설치되었던 것으로 추정되고, 불상의 전면에는 배례석(拜禮石)이 발견되어[33] 불상 주위를 도는 요잡례와 배례의 구체적 동선을 고려한 평면형식을 보여 준다. 원주 거돈사지(居頓寺址) 금당 등은 이러한 구성의 확대적용의 사례로 판단된다. 한편, 실내에서의 배례만을 고려한 3칸3칸 전각 역시 등장한다. 홍천 물걸리사지(物傑里寺址)의 금당지는 정면3칸 13.4m, 측면3칸 9.3m의 규모로 본존(本尊)으로 비로자나불(毘盧遮那佛)을 안치하고 좌협시(左挾侍)로 석가여래(釋

33. 李康根, 「韓國 古代佛殿建築의 莊嚴法式에 관한 硏究」, 『미술사학』 제12호, 한국미술사교육연구회, 1998, p. 74.

迦如來), 우협시(右挾侍)로 노사나불(盧舍那佛) 혹은 아미타불(阿彌陀佛)을 안치한 '대적광전(大寂光殿)' 계열로 추정되는데,[34] 주목되는 점은 초기의 3칸3칸 전각 역시 이미 공간조절의 기법이 적용된 형태로 등장하고 있다는 점이다(그림 2-21). 즉, 배례에 장애가 되는 불상 앞의 내주 2개를 감주한 형태로 계획되었다. 또한 불상 뒤의 기둥과 후면벽의 기둥 사이에 벽을 설치해서 공간을 분할했던 흔적도 보인다. 이상 영암사지 금당과 물걸리사지 금당의 평면을 비교하면, 요잡례의 기능이 남아 있을 때 평면은 '回'자형 공간구획과 정방형에 가까운 외형을 갖게 되고 이러한 점에서 3칸3칸 탑 형식과 유사했다는 것을 확인할 수 있다.

34. 국립춘천박물관, 「홍천 물걸리사지 현장설명회 자료」, 2003. 7. 16, p. 14.

III. 3칸3칸 전각의 역사적 전개

1. 고려시대 이전의 3칸3칸 전각

1) 초기 기록과 유적에서 보이는 3칸3칸 전각

고려시대 이전의 전각유물은 극소수가 존재하며, 대부분은 유지(遺址)와 화상(畵像) 등으로 유추할 수밖에 없는데, 다양한 유형이 고루 발굴된 것이 아니라 주로 불교유적에 집중되어 있다. 따라서 주로 불전을 중심으로 전각의 모습을 추정해 볼 수밖에 없으며, 유적이 발굴된 일부 궁궐터에서 자취를 찾아볼 수 있다. 국내 문헌에서 전각으로서의 3칸 형식이 처음으로 등장하는 곳은 『삼국유사』이다. 「탑상(塔像)」편에 불전 3칸을 짓고 불상을 모시는 이야기가 나온다.

> 이에 간자를 만들어 그 건축할 땅을 점쳤다. 낙산 위쪽이 길하여 이에 전각 3칸을 짓고 그 상을 봉안하였다.[1]

---

1. 乃作簡子, 卜其營構之地. 洛山上方吉. 乃作殿三間安其像. 『三國遺事』 卷3, 「塔像」 第4, '洛山二大聖 觀音 正趣 調信'.

그림 3-1. 운상전당문전(부분, 울산 출토), 도쿄 국립박물관

그러나 이때 3칸은 정면3칸을 의미하는지 전체 규모로서 3칸을 의미하는지가 불분명하다. 측면의 규모에 대한 언급이 없기 때문이다. 그러나 전각의 형태가 'ㄱ'자형이나 '丁'자형이 아닌 직사각형의 모습을 가졌을 것이라 생각되므로 정면3칸으로 추측하는 것이 가능하다. 다음과 같은 사료를 통해 소규모 불전의 전형을 유추할 수 있기 때문이다.

도쿄 국립박물관에 소장되어 있는 통일신라시대의 '운상전당문전(雲上殿堂文塼)'에는 정면3칸의 전당이 좌우에 대칭적으로 뚜렷하게 조각되어 있다(그림 3-1). 아마도 현존하는 자료로서 매우 이른 시기의 전각 형태를 묘사한 유물로 생각되는데, 어칸과 협칸의 규모와 의장상의 차이가 분명하다. 어칸은 중심공간으로 강조되어 폭이 넓고 높이가 높은 면에 두 짝 문을 설치했다. 반면 좌우의 협칸에는 상인방을 내려 달고 세장(細長)한 창을 달았다. 구름 위의 전각을 표현하고 있다는 점에서 비현실적인 요소가 있으나 공포, 기와, 치미 등의 상세묘사는 실물을 근거로 한 것이라는 점을 명백히 보여 준다. 앞 장의 사례 중 '수대도옥(隋代陶屋)'(그림 2-19)과도 형태적 유사점이 크다. 또한 실물 유적 중 가장 오래된 건축물로 알려진 봉정사 극락전(鳳停寺 極樂殿)의 외관과 대단히 유사한 이 전각군의 묘사에서 조금 더 이른 시기에 이미 정면3칸 형식의 전각이 정제된 형태로 자리잡았음을 짐작할 수 있다.

한반도의 본격적인 3칸3칸 전각은 고대 사지(寺址)의 유구로부터 찾을 수 있다. 발굴조사의 결과만으로 구체적인 목구조의 결구방식이나 입면과 의장, 층고 등을 추출해 내기에는 보다 집중적인 후속연구가 필요

표 3-1. 한국 고대 불전의 규모분포

규모 정면	규모 측면	삼국시대	남북국시대	고려시대
7칸	4칸 이상	*황룡사(9×4)	분황사(7×6) 보문사(7×4) 실상사(7×4) *천군리사지(6×5)	춘궁리 동사지(7×6)
	3칸			성불사 응진전 거조암 영산전
	2칸			천덕사지 금당
5칸	5칸		불국사 대웅전 법광사	
	4칸	왕궁리사지 미륵사지 정림사지	진전사지 상경용천부 1,3,4,5,9절터	불일사지 개태사지 금당 회암사지 만복사지금당
	3칸		감은사지 금당 사천왕사 성주사지	거돈사지 금당 홍덕사지 금당 구룡사지 금당 부석사 무량수전 선원사지 금당
	2칸			석왕사 응진전
3칸	4칸		선림원지 금당	봉정사 극락전 수덕사 대웅전
	3칸		불국사 극락전 · 관음전 영암사지 간월사지 한계사지	물걸리사지 금당지 혜음원지 정전지 심원사 보광전 성불사 극락전 석장사 광주 원효사지

하지만, 적어도 유지의 초석을 통해 건축물의 주망배열과 칸수는 비교적 정확하게 파악하는 것이 가능하다. 고대 사지의 금당(金堂)은 표 3-1

에서처럼 한 가지 규모의 절대적 수적 우위가 드러나지 않는다. 발굴조사의 시기적, 지역적 편중에 기인하는 것일 수도 있겠지만, 시대순으로 볼 때 3칸3칸 규모의 전각이 점차 증가하는 정도의 추이는 살필 수 있다.

고대의 전각에서도 전각건축으로서의 기본원리가 일정하게 적용되는데, 먼저 정면칸수는 3을 최소로 하는 기수(奇數)의 급수로 구성된다는 점이다. 이는 종축을 기본으로 하는 엄격한 기하학적 배치와 중앙의 출입문 구성이라는 요소가 적극 개입한 결과이다. 건축적으로는 어칸(御間)의 강조가 본격화되는 과정이 보인다. 신라 이전의 건축에서 황룡사나 사천왕사를 제외하면, 대개 어칸의 폭을 협칸에 비해 크게 잡아 중심성을 강조하는 기법을 적극 활용하고 있다. 따라서 5칸, 7칸의 확장계획은 별다른 고민없이 수월하게 이루어졌을 것으로 생각한다.

평지형 가람이 대규모로 지어지던 고려 이전 시기에 3칸 불전은 부불전으로 존재했다. 예를 들어 목은 이색(牧隱 李穡, 1328~1396)은 「천보산회암사수조기(天寶山檜巖寺修造記)」에서 회암사의 중심부 구조를 다음과 같이 묘사하고 있다.

> 내가 보기에 보광전은 5칸으로 남쪽을 향해 있다. 보광전의 뒤는 설법전으로 5칸이며, 또 그 뒤로 사리전 1칸이 있다. 다시 그 뒤로 정청 3칸이 있는데, 정청의 동서에는 방장이 두 곳 있어서 각각 3칸씩이다. 동쪽 방장의 동쪽에는 나한전 3칸이 있고, 서쪽 방장의 서쪽에는 대장전 3칸이 있다.[2]

즉, 주전(主殿)의 크기를 5칸으로 하고 이외의 부속전각을 3칸으로 구성한 경우이다. 이와 같은 배치는 최근 회암사 발굴을 통해 일부가 확인되었다(그림 3-2).[3] 특히 3칸 전각이 연이어 분포하는 정청 주변의

---

2. 予案, 普光殿五間, 面南. 殿之後說法殿五間, 又其後舍利殿一間. 又其後正廳三間, 廳之東西方丈二所, 各三楹. 東方丈之東, 羅漢殿三間, 西方丈之西, 大藏殿三間. 『牧隱藁』, 牧隱文稿 卷2, 記, 天寶山檜巖寺修造記.

그림 3-2. 회암사지 중심부

발굴도에서는 3칸 전각들이 크기를 달리하며 좌우대칭으로 배치되어 위계가 드러나며, 매우 긴밀하게 밀착되어 하나의 군집으로 조합되어 있는 모습이 보인다.

이처럼 작은 규모의 전각에 3칸이 다수 사용된 것은 궁전건축에서도 마찬가지이다. 예를 들어 발해의 상경용천부(上京龍泉府) 제4궁전지의 유적을 보면 9칸5칸의 본전 좌우에 3칸3칸 전각이 익랑(翼廊)으로 연결되는 모습이 보인다(그림 3-3). 이는 황성 앞 제2열리방(列里坊) 내의 제1사찰지가 5칸4칸의 주전에 3칸3칸의 규모로 추정되는[4] 배전(配殿)을 익랑으로 연결하고 있는 모습과 동일하다. 이러한 주전과 배전, 회랑의 구성은 궁궐건축의 요소로[5] 주전 앞에 좌우로 2개의 계단을

---

3. 『檜巖寺II 7 · 8단지 발굴조사 보고서』, 경기도, 2003.
4. 초석이 뚜렷하게 남아 있지 않지만 일부의 초석과 규모를 검토하면 3칸3칸 전각으로 추정된다. 또한 북한 학자 장상렬은 『발해건축의 력사적위치』, 179쪽의 추정복원도에 3칸3칸의 사모지붕으로 묘사했다. 이병건, 『발해건축의 이해』, 백산자료원, 2003, p. 58 참조.
5. 이병건, 『발해건축의 이해』, p. 115.

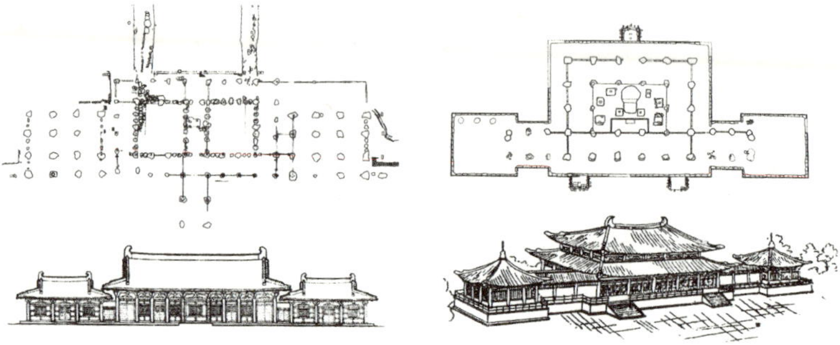

(A) 발해 제4궁전터　　(B) 발해 제1사찰터

그림 3-3. 발해 상경용천부 발굴지와 복원안, 북한

놓는 방식은 유교건축의 고례를 따른 것이다. 또한 파주 혜음원지(惠陰院址)에도 유사한 행궁터가 있다. 이처럼 궁궐 · 관청의 구조와 사찰 구조가 유사한 형식으로 나타나는 양상은 불교수입의 초기부터 발생한 것으로[6] 목구조 건축이 갖는 높은 적응력과 융통성을 보여 준다.

신라의 안압지(雁鴨池) 동궁지(東宮址)의 내전(內殿) 영역도 유사한 조직을 가지고 있으나 좌우 건축의 규모는 확대되어 있다. 그러나 궁궐군과 회랑으로 연결된 승선장(乘船場)으로 추정되는[7] 제5건물지, 정전과 중전을 잇는 동쪽 회랑에서 호수로 돌출한 전각지 등에서 3칸3칸 전각이 발견된다. 모두 종축선상의 주전이 아니고 부속건물이거나 주변 전각의 유지에서 발견되며, 주로 회랑을 통해 연결된다. 즉, 3칸 전각의 발생이 의장적 상징성과 구조적 합리성이라고 하는 두 가지의 복합적 의도로 생겨났지만, 전각구성의 기본이 되었을 뿐 주요한 건축에서 가능하면 더 거대한 전각을 건축하려는 욕망을 대신하는 규범이 되기

6. 후한(後漢) 때 중국에 온 인도 승려 마등(摩騰), 축법란(竺法蘭)을 기존 관청인 홍려시(鴻臚寺)에 머무르게 한 것이 동아시아 최초의 사찰 백마사(白馬寺)의 기원이다. 『魏書』 卷19中, 考證. 또한 불탑 역시 기존의 전망용 망루를 개조해 사용한 것으로 전한다.

7. 윤장섭, 『한국의 건축』, 서울대학교출판부, 1995, p.176.

에는 부족했다. 따라서 상대적으로 대규모의 전각건축이 활발했던 고대 사회에서 주전(主殿)으로서 3칸3칸 전각의 분포는 수적 우위를 지니지 않는다.

2) 3칸3칸 전각의 확산

불전으로서의 3칸3칸 전각은 9세기 이후 구산선문(九山禪門)이 활발한 활동을 하는 과정에서 확산된 것으로 보인다. 교종(敎宗)의 한계가 드러난 통일신라 후기에 많은 선사들이 산 속으로 들어가 은둔하거나 새로운 이상을 찾아 유학을 떠났다. 이들 유학승들이 귀국하여 선불교(禪佛敎) 선포의 거점으로 산지에 사찰을 세우게 되면서 작고 효율적인 규모의 불전이 강구된 것으로 보인다. 선(禪)을 신라에서 유행시킨 계기를 제공한 것은 남종선(南宗禪)을 중국의 지장으로부터 전해받은 도의(道義)와 홍척(洪陟)이 821년과 826년에 각각 귀국하면서이다. 남종선이 신라 불교계에서 받아들여지지 않자 도의는 설악산의 진전사(陳田寺)에 은거했고, 홍척은 지리산에 실상사(實相寺)를 창건하고 실상산파를 형성하여 신라 최초의 개산(開山) 선문(禪門)을 일구었다. 이후 차례로 개산한 각 선문들은 심산유곡에 도량을 이루었는데, 그 규모는 제각각이었다. 각 선문의 근본도량이 되는 사찰은 큰 규모로 성립되었으나, 선종은 원칙적으로 큰 공간을 요구하지 않는 종교였다. 화엄종(華嚴宗)이 불보살(佛菩薩)을 대상으로 장엄한 의식을 베푸는 것에 비해 '불립문자 견성성불(不立文字 見性成佛)', '직지인심 견성성불(直指人心 見性成佛)'을 내세우는 남종선의 강령은 대규모의 사찰이나 불상의 건립이 없어도 선문을 개창할 수 있는 사상적 배경이 되었으며, 결과적으로 소규모의 불전이 전국적으로 전파되는 계기가 되었다. 이 과정에서 3칸3칸 전각은 그 상징적 의장체계와 구조적 합리성을 바탕으로 소규모 불전의 대표적인 유형으로 자리잡아 간 것으로 추측된다.

표 3-2. 불전의 봉안대상과 전각명칭

대상	전각	대상	전각
석가모니	대웅보전, 대웅전	나한	나한전, 응진전
진신사리	적멸보궁	천불	천불전
아미타불	극락전, 무량수전, 수광전 //미타전, 아미타전	칠성광여래	칠성각
관세음보살	원통보전, 원통전, 대비전, 보타전 //관음전	나반존자	독성각
비로자나불	대적광전, 대광명전, 대광전 //비로전	산신과 호랑이	산신각
미륵불	미륵전, 용화전	칠성, 나반존자, 산신	삼성각
약사여래	약사전	역대 조사	조사전, 조당, 조사당, 국사전
지장보살	지장전, 명부전	불경, 목판	장경각, 대장전, 판전, 법보전
문수보살	문수전	영산회상도	영산전
보현보살	보현전	팔상도	팔상전

주: //는 부불전인 경우.

유사한 의미에서 밀교(密敎)의 도입과 전파도 역할을 했을 것이라 판단된다.

또한 한국 불교의 특징이 다양한 신앙체계의 포섭에 있다면 그 시발은 삼국시대로 볼 수 있는데, 중국을 통해 정토신앙, 관음신앙, 지장신앙, 나한신앙, 문수신앙, 약사신앙, 미륵신앙, 법화신앙, 사리신앙 등이 수입되었으며, 산신, 칠성, 용왕, 제석, 조왕 등의 민간신앙이 불교에 습합되었다(표 3-2). 이들 신앙이 모두 독립된 불상이나 전각을 가지는 것은 아니지만 이미 신라의 선종사찰에서는 화엄교학을 기초로 하여 당대(唐代)의 선종사찰과는 달리 전각을 세우고 비로자나불을 봉안한 전통이 있었다.[8] 예를 들어 당시 사찰건축 중 봉암사의 경우만 보더라도 '대웅광명보전', '약사전', '설법전', '관음전', '웅진전', '금색전', '지장전', '시왕전', '극락전' 등의 전각 명칭을 볼 수 있다.[9] 이러한 다양한 전각들이 모두 거대한 규모로 지어질 수는 없었을 것이다. 또한 기존의 산악숭배사상이 불교에 습합되면서 사찰이 영험한 곳을 찾아 들어가게 했고, 깊은 산중의 협소한 경사지에 조영하는 사찰 역시 중규모 이하로 건축되는 것이 보통이었을 것으로 추측된다.

이 시기 신라의 국가운영의 기반사상이었던 불국토(佛國土) 사상도 가람배치에 영향을 주었다. 즉, 소의경전(所依經典)에 따라 분화된 각각의 불상은 제각기의 소규모 영역을 차지하고 조합되어 전체를 구성하게 되는데, 이것은 초기 불교사찰에서 나타나는 종합성이나 기하학적 통일성과는 양상이 다르다. 이에 따라 독립된 각각의 영역은 각각의 불전을 갖게 되어 불전의 숫자는 크게 증가했고, 결과적으로 단위불전의 규모는 축소되었다.

3칸3칸 전각의 사용은 유교의 사묘건축에서도 확인된다. 한국에서의 유학 전통은 고구려 소수림왕 2년(372) 태학(太學)과 경당(扃堂)을 설치한 이후 통일신라 신문왕 2년(682) 당 나라 제도를 모방하여 세운 국학(國學), 고려시대 경학(京學), 국자감(國子監), 성균감(成均監), 성균관(成均館) 등으로 이어져 유학의 시대인 조선에 이른다. 대성전의 유래는 신라 성덕왕 16년(717) 왕자인 김수충(金守忠)이 공자와 10철

---

8. 이기선, 「고려시대 선종가람과 불교미술(I)」, 『韓國禪學』 제4호, 한국선학회, 2003, p. 166.
9. 한기문, 「신라말 선종 사원의 형성과 구조」, 『韓國禪學』 제2호, 한국선학회, 2001, p. 287.

(哲) 72현(賢)의 화상을 모셔다가 국학에 문묘를 설치하고 봉안하여 석전의 예를 행한 것에서 비롯한다.[10] 이후 문묘는 문선왕묘(文宣王廟), 선문전(宣文殿) 등으로 불리다가 충숙왕 6년(1319)에 안향(安珦)을 동무 제2위에 배향하는 것과 동시에 대성전(大成殿)이라 개명했다.[11] 향교(鄕校)는 고려 태조 13년(930) 평양에 학교를 설치하고 문묘를 세운 것을 시초로 그 명칭이 문헌상으로는 인종 5년(1127)에 처음 나타나고 점차 늘어났으며, 조선시대에서는 통치이념의 근간시설로 작용했다.

사당(祠堂)을 세워 조상에게 제사드리는 풍속은 이미 『삼국사기』의 기록에서부터 발견된다.[12] 그러나 조상의 신주를 모시는 사당이 급속히 전파된 것은 고려 공양왕(恭讓王) 2년(1390)에 각 가정에 가묘(家廟)를 설치하라는 영에 의해 가묘가 보급되면서부터이다. 가묘의 보급은 유교의 틀 안에서 조상신을 중심으로 모든 신앙을 포괄하려는 큰 기획이었기 때문에 건축적으로도 특별히 세심한 논의가 있었지만, 『가례(家禮)』에 사당 3칸(祠堂三間)이 규정되었기 때문에 규모로서의 3칸은 비교적 흔들림 없이 지속되었다. 또한 왕가의 종묘(宗廟)를 제외한 모든 계층의 사묘를 사당제도로 통합하려는 성리학의 야심찬 기획은 향교 · 서원의 사당건축 역시 가묘와 동일한 건축형식으로 보급시켜 나갔고, 이는 전국적으로 전형화된 원칙이 되었다. 따라서 3대봉사에서 4대봉사로 제례가 바뀌고 고례의 해석을 둘러싼 다양한 논쟁 속에서도 '사당 3칸'의 틀은 공고히 유지될 수 있었다.

'대성지성문선왕전좌도(大成至聖文宣王殿坐圖)'는 고려 충렬왕 29년(1303) 안향(安珦, 1243～1306)이 원(元) 나라에서 가져왔다고 전하

---

10. 『增補文獻備考』 第171卷, 歷代朝聘 1, 新羅.
11. 박왕희, 『한국의 향교 건축』, p. 17.
12. 「新羅本紀 第一」의 〈南解次次雄〉, 〈儒理尼師今〉, 〈脫解尼師今〉 등, 「新羅本紀 第二」의 〈味鄒尼師今〉 등에 시조묘(始祖廟) 혹은 국조묘(國祖廟)를 세우고 제사드리는 기사가 등장하고 있다.

그림 3-4. 대성지성문선왕전좌도

는 공자(孔子)와 72제자상을 그려놓은 인물배열도[13]로 소수서원(紹修書院)에 전한다(그림 3-4). 이 그림은 단상 중앙에 배치된 공자상을 다른 인물들보다 크게 그렸고, 금자편액(金字扁額)의 좌우에서 내린 양영(兩楹)이 소박하게 표현되어 있다. 공자는 남면하고 있으나 제자들은 양영에 줄을 맞추어 벽돌로 된 바닥에 손에 홀(笏)을 든 채 중앙을 바라보며 앉아 있는데 일종의 조례의식을 표현하는 것으로 보인다. 이 그림의 목적은 지성공자를 중심으로 아성(亞聖), 제공(諸公), 제후(諸侯) 등을 종향(從享)하는 향교(鄕校)의 대성전(大成殿)에 위패를 배향하는 형식을 참고하기 위한 지침의 성격이 강하다. 이 그림에서는 위패의 공간적 배열 역시 유교의례의 행위규범과 별개가 아니라는 점, 또 그 기준으로서 양영의 의미와 3칸 구성의 적합성을 보여 준다. 따라서 초기의 대성전 형식 역시 3칸 구성을 기본으로 발달했을 것이라 짐작할 수 있다.

3) 측면칸수의 조정

(1) 측면4칸의 특성

정면3칸이 전각 규모의 전반적인 축소과정 속에서 그 사용범위를 넓혀 간 것에 비해, 측면칸수에서는 여전히 4칸과 3칸의 경합 양상을 보이고 있었다(표 3-1). 고려시대 이전의 전각에서 측면4칸의 사례수는 조선시대의 규모분포와 비교해 상당한 비율로 나타난다. 특히 측면4칸은 정면5칸 등 중규모 이상의 전각에서 선호도가 뚜렷한 것으로 보이며, 규모가 축소되었을 때에도 측면3칸과의 장단점이 비교되었을 것이라 추측된다. 조선 중기 이후 빈도가 증가하는 측면2칸의 사례가 예외적으로 나타나는 점도 주목할 만하다.

---

13. 지금 보관되어 있는 것은 1513년(중종 8)의 화기(畵記)가 있는 모사본이다.

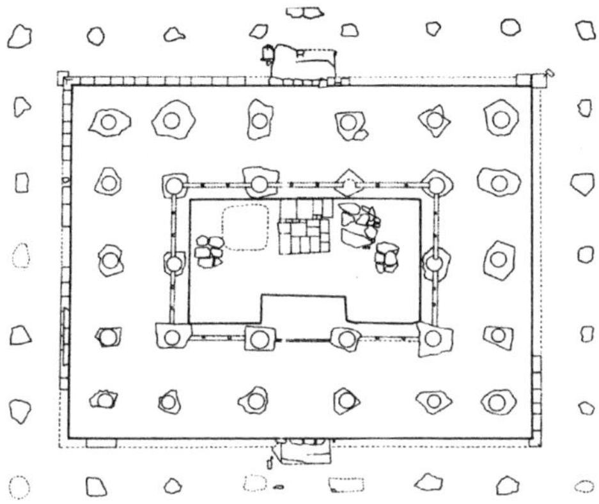

그림 3-5. 발해 상경용천부 제9사찰터

측면4칸은 정면5칸의 규모에서 보편적으로 사용되었던 평면으로 추정되며 미륵사지(彌勒寺址)의 경우를 제외하면 모두 그림 3-5와 같이 내부 중앙의 두 기둥을 생략한 동일한 형식으로 나타난다. 내부의 3칸2칸의 주위에는 'ㄷ'자로 벽을 둔 흔적이 있다. 특히 이와 같은 유형의 평면이 정림사지(定林寺址) 이후 상경용천부(上京龍泉府) 대부분의 절터와 고려시기의 절터에까지 지속적으로 등장하는 점은 이것이 하나의 유형으로 정형화되어 있었음을 짐작하게 한다. 더구나 이러한 평면유형은 일본의 고대 사찰인 비조사(飛鳥寺, 아스카데라) 등의 금당 형식에도 똑같이 나타나 고대 건축의 교섭과정에서 광범위하게 전파되었던 것으로 보인다. 상경용천부의 절터들에서는 내부의 3칸2칸 부분을 단을 높이고 말발굽형〔馬蹄形〕[14] 불단을 두었으며, 이러한 형태의 불단은 중국 당대(唐代)에 유행하던 방식이었다.[15] 이와 같은 '回'자형 공간구조를 북한 사학계에서는 속칸과 겉칸으로 일컬으며[16] 혹은 내진

14. 앞으로 열린 'ㄷ'자형을 지칭한다.
15. 이병건, 『발해건축의 이해』, p. 115.
16. 이화선, 『조선건축사』, 과학백과사전종합출판사, 1989, p. 168.

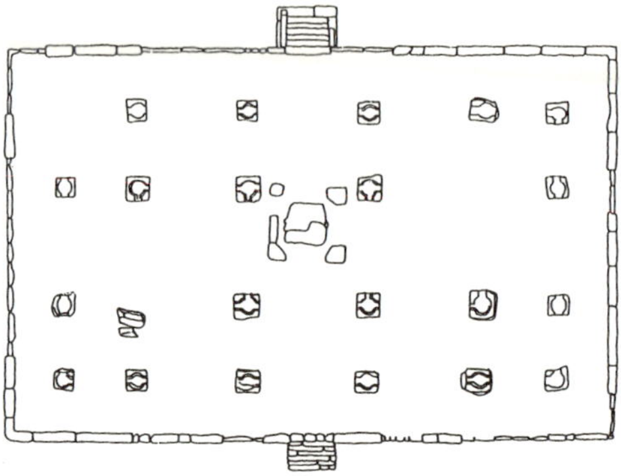

그림 3-6. 거돈사지 금당 발굴도

(內陣)과 외진(外陣)으로 구분하기도 하는데,[17] 8세기에서 9세기에 이르는 시기의 매우 특징적인 건축현상으로 인식된다.[18]

두 겹의 구심적 공간 켜를 갖는 '回'자형 공간구조의 최소형은 3칸3칸이다. 이것이 규모가 증가하면서 전후 · 좌우방향으로 확대된다. 따라서 가장 기본적인 확장의 모습은 5칸5칸의 형태를 가질 것이다. 그러나 전술한 것과 같이 목구조의 확장은 좌우방향에서 비교적 자유로운 반면, 전후방향에서는 구조적 제약이 따른다. 전후방향의 폭 증가는 곧 지붕의 규모와 직결되기 때문이다. 이 과정에서 용마루 부분의 지지를 고려한 측면4칸 정도의 규모가 일반적인 전각에서의 일차적 한계였던 것으로 보인다. 그러나 용마루선을 지나는 기둥렬의 존재는 어느 경우에도 거추장스러운 요소였다. 3칸2칸의 속칸을 갖는 5칸4칸 전각은 항상 제일 중앙의 두 기둥을 감주한 형태로 건축되었다. 내진의 'ㄷ'자 벽의 측벽과 외진의 측벽에 있는 기둥은 공간활용에 영향을 주지 않는

17. 李康根,「韓國 古代佛殿建築의 莊嚴法式에 관한 硏究」,『미술사학』 제12호, 한국미술사교육연구회, 1988.
18. 金東旭,「한국 목조건축에 內陣 · 外陣은 존재했는가?」,『건축역사연구』 31, 한국건축역사연구회, 2002.

요소이기 때문에 그대로 살아남았다. 그러나 감주기법의 발달은 이들 기둥조차 생략하는 방식을 모색했는데, 동일한 공간구조를 갖는 원주 거돈사지(居頓寺址) 금당의 경우 측면은 간결하게 3칸으로 처리했다 (그림 3-6). 이전 시대의 측면1칸의 간격이 대개 3m 이하로 정해졌던 것에 비해 원주 거돈사지 금당의 측면 중심칸은 5.76m로 늘어났기 때문에 규모상의 차이는 크지 않다.

(2) 감주법과 이주법의 적용

고려시대 이후 많은 전각들에서 측면3칸이 적극적으로 실험되어 사례수가 증가했다. 내진의 'ㄷ'자 벽의 소멸과 함께 공간이용의 효율성을 위한 내부기둥의 감주, 동일한 구조의 반복사용이라는 계획상의 효율성의 추구, 불전의 소형화 경향 등의 이유를 가정할 수 있지만 어떠한 경우에도 구조기술의 발달이라는 측면을 배제하고는 설명하기가 어렵다. 측면4칸을 사용하는 앞의 사례들에서도 이미 평면 한가운데의 두 기둥에 대한 감주를 적용하고 있었다. 따라서 이미 감주의 기법과 이를 건너지르는 두터운 보로 이루어진 복잡한 결구의 시스템이 자리를 잡고 있었다고 보인다. 공주 구룡사지(九龍寺址) 본당, 강화 선원사지(仙源寺址) 금당 등에서보다 적극적인 감주의 기법을 발견할 수 있다 (그림 3-7). 또 성불사 응진전(成佛寺 應眞殿, 14C)에서는 감주 · 이주의 기법이 매우 자유롭게 응용되어 있다. 3칸과 2칸의 기본구성을 용도에 맞게 배분하여 조합하는 기술의 발달과정이 성숙된 모습으로 나타난다.

이처럼 이미 감주의 기법이 자리잡고 있는 시기라고 한다면 신라 하대나 고려시대의 측면4칸 사용은 어쩌면 다른 계열의 구조방식으로 구분할 수 있을 것이다. 물론 일차적인 목적이 안정된 구조의 확보라는 역할에 있겠지만, 한편으로 중층건물의 구조법으로 사용되었을 가능성이 있다. 이러한 차원에서 정림사지 금당의 연구,[19] 상경용천부 절터의

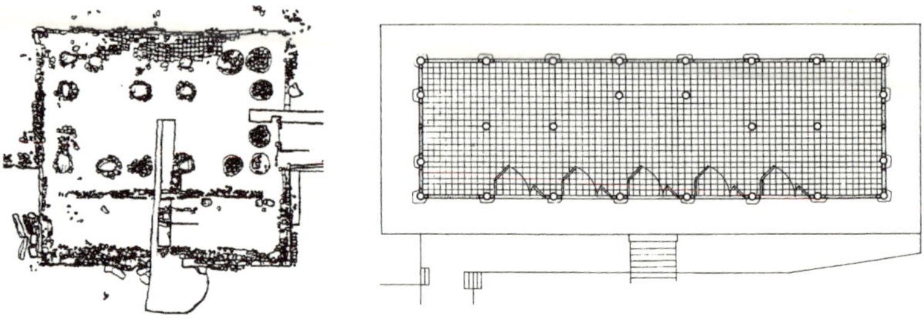

(A) 구룡사지　　　　　　　　　　(B) 성불사 응진전

그림 3-7. 고려시대 감주 · 이주의 사례

연구[20]에서는 이들을 중층전각으로 복원한 예가 있다. 또한 현존하는 법주사 대웅보전(7칸4칸), 금산사 미륵전, 마곡사 대웅보전, 무량사 극락전, 창덕궁 인정전 등이 모두 5칸4칸의 유사한 평면을 갖는 중층전각이며, 대형의 공공 문루나 누각에서 종종 볼 수 있는 구성이라는 점을 감안하면 일종의 가설로 성립할 수 있는 명제이다.[21]

(3) 측면3칸의 선택

단층의 정면3칸 전각에서 역시 초기의 사례에서는 측면3칸과 측면4칸의 갈등요소가 보인다. 조선시대 단층불전으로서 정면3칸 측면4칸의 규모를 가지는 불전은 18세기 이후 건립된 청룡사 대웅전(靑龍寺 大雄殿)을 제외하면 찾아보기 힘들어서 보편적으로 사용된 형식이라 할 수 없다. 그러나 몇 안 되는 고려시대의 유물로 대표적인 봉정사 극락전(鳳停寺 極樂殿)과 수덕사 대웅전(修德寺 大雄殿)이 모두 정면3칸 측

---

19. 장경호, 『百濟寺刹建築』, 예경산업사, 1991.
20. 이화선, 『조선건축사』, 과학백과사전종합출판사, 1989; 이병건, 『발해건축의 이해』, 백산자료원, 2003.
21. 김봉건, 이강근 등이 박사학위논문에서 유사한 의문을 제기한 바 있다. 金奉建, 「傳統 重層木造建築에 關한 硏究」, 서울대학교 박사학위논문, 1994; 李康根, 「17世紀 佛殿의 莊嚴에 관한 硏究」, 동국대학교 박사학위논문, 1994.

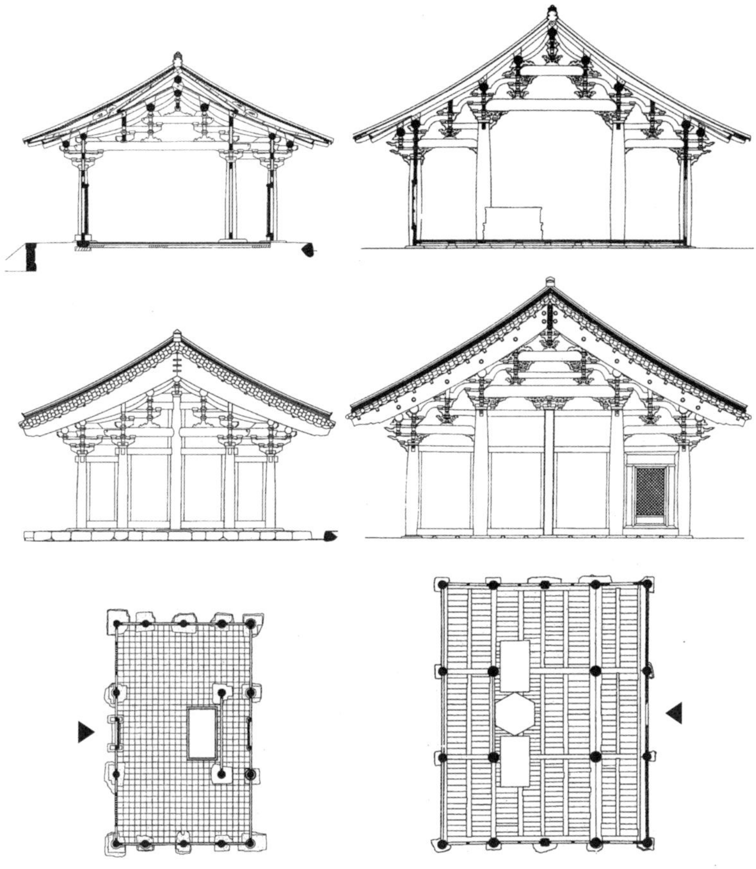

그림 3-8. 봉정사 극락전과 수덕사 대웅전의 측벽구조 비교도

면4칸의 규모를 가지고 있어서, 측면3칸 정립기의 갈등상황을 잘 설명해 주는 사례가 된다. 같은 칸수의 두 전각은 지붕형식도 맞배지붕으로 동일하지만 측벽을 구성하는 방식에서 차이를 보인다(그림 3-8).

봉정사 극락전의 경우 정면 약 11.7m, 측면 약 7m의 규모로 내부공간에는 불벽을 지지하기 위한 기둥 2개를 제외한 모든 기둥이 감주되었다. 측면에서 중간의 2칸은 폭이 각각 2m씩이고, 전후의 퇴칸은 각각 1.515m씩으로 협소한 칸치수를 가진다. 컴퓨터 모델링에 의한 구조해석의 결과[22]를 보면 측벽에서 압축력은 기둥을 따라 흐를 뿐 대들보의 하중전달 역할은 거의 없다. 반면 내부에서는 하중이 보〔樑〕와 탁각(托脚: 사선의 도리결구재)을 따라 외곽기둥 쪽으로 흐르게 되어 보가 부담하는 역할이 매우 크다. 따라서 봉정사 극락전의 측면구조는 내부단면은 대량식(臺梁式)의 원칙을 따르고, 측면벽부의 단면은 오히려 천두식(穿斗式)에 가깝다. 천두식 구조는 하중에 견디는 힘이 강력하여 측벽구조에 매우 유리하다. 내부단면에서 트러스 구조를 형성해 대들보의 처짐을 2배 이상 방지하는 탁각 부재가 이미 안정된 측벽구조에서는 별다른 역할을 하지 못하는 것을 보아도 알 수 있다. 봉정사 극락전에서 내부 감주를 과감히 할 수 있었던 것은 이와 같은 측벽구조의 안정성에 기댄 결과이다(그림 3-9).

한편 유사한 측벽의 모습을 갖는 수덕사 대웅전은 정면 약 14.2m, 측면 약 10.8m로 봉정사 극락전보다 좀더 큰 규모인데, 측벽이 다른 구조법으로 조직되어 있다. 봉정사 대웅전이 측벽과 내부의 구조단위를 다르게 사용한 것과는 달리 수덕사 대웅전은 동일한 구조단위가 내부와 측벽에 동시에 사용되었다. 차이점은 측벽 중심에 대들보를 받치는 보조기둥이 첨가된 것뿐이다. 나머지 기둥들은 모두 배흘림이 강한 굵은 원기둥으로 높이가 높아지면 지름도 증가해서 안정적인 구조틀을 이루고 있으나, 측벽 중심의 기둥은 짧고 각진 모양으로 보조적인 부재임을 시각적으로 분명히 했다.[23] 여기서 단면의 구조체는 내부와 측벽

22. 이 모의실험에서는 측벽의 단면과 내부의 단면에서 각각 변형, 축력의 흐름, 전단력, 휨력에 대한 분포 등을 측정했다. 윤재신 · 윤용집 · 강선혜, 「鳳停寺 極樂殿의 構造解釋을 통한 架構分析에 관한 硏究 I — 縱斷面 構造 解釋 모델의 구축을 기반으로 —」, 『大韓建築學會論文集 計劃系』 20-9, 2004, pp. 13-20 참조.

23. 이처럼 보조기둥을 사용하여 시각적으로나 구조적으로 위계를 가지고 부재를 구성하는 방식은 후대에도 간혹 발견되는데, 예를 들어 장수향교 대성전의 경우가 수덕

그림 3-9. 봉정사 극락전 측면

그림 3-10. 수덕사 대웅전 측면

사 대웅전과 유사하다.

을 가리지 않고 통일적인 시스템을 구현하고 있으며, 실제 구조적 기능도 그것으로 충분하지만, 측면 중심기둥이 갖는 심리적 안정 효과를 위해 실제 건축에서는 다분히 의장적 요소로 덧대어졌다고 평가할 수 있다(그림 3-10).

이후 목구조 구법의 발달은 측벽 중심고주(中心高柱)나 보조기둥을 사용하지 않고 측벽을 3칸으로 구성하는 방식을 일반화시켰다. 봉정사 극락전의 중간 2칸의 폭이 4m였던 것을 감안하면 현존하는 3칸3칸 전각들 중 청도 운문사 비로전, 양산 신흥사 대광전, 부산 범어사 대웅전, 안성 석남사 대웅전, 진안 천황사 대웅전 등의 많은 불전들이 측면 중간 1칸의 폭이 4m를 넘는 규모로 건축되었다. 더 나아가 팔작지붕에서는 측면에도 경사지붕이 설치되기 때문에 봉정사 대웅전과 같은 측벽 중심고주의 방식은 자체로 불가능했다. 따라서 이후 측면4칸의 평면은 일반적인 단층불전의 건축에서 채용되지 않았던 것으로 판단된다.

2. 조선시대의 3칸3칸 전각

1) 3칸3칸 전각의 유행

조선시대 이후 3칸3칸 전각의 급증은 문화재 통계상 절반 이상의 불전이 3칸3칸 구조인 데서도 확인할 수 있다. 억불정책에 의해 국가의 재정지원으로부터 소외되고, 천한 지위에 무리한 부역과 공물납부의 의무가 부과되는 사찰경제 전체의 축소경향 속에서 사찰은 재량이 되는 대로 작은 전각을 지어 나가는 것으로 세를 불려 나갔다. 이러한 상황에서 불전으로서의 지위를 지키고 시각적으로나 공간적으로나 제 역할을 하기 위한 양보하기 어려운 규모로서 3칸3칸 전각이 유형화되는 결과를 낳았다.

고려시대의 영화가 쇠퇴되는 과정에서 지속적으로 등장했던 적절히

표 3-3. 조선시대 단층불전의 규모분포

측면 \ 정면	1	2	3	4	5	6	7
1	2		5				
2	2		37				
3			79	1	22		1
4			3		3		1

작은 규모의 전각으로서의 3칸3칸이 결정적으로 통계적 우위를 점하게 되는 과정은 아마도 임진왜란 당시 규모 있는 사찰들이 폐허가 된 것에도 일정 정도 연유하는 것으로 생각된다. 17세기에 재건 혹은 창건되는 대표적인 불전건축으로 잘 알려진 것으로 화암사 극락전(花巖寺 極樂殿), 전등사 대웅전(傳燈寺 大雄殿), 개암사 대웅보전(開巖寺 大雄寶殿), 운문사 대웅보전(雲門寺 大雄寶殿), 범어사 대웅전(梵魚寺 大雄殿), 홍국사 대웅전(興國寺 大雄殿) 등이 모두 3칸3칸 전각으로 새로 건축되었다(표 3-3).

한편, 예학의 발달과 고례의 고증, 특히 주자의 『가례(家禮)』나 『의례석궁(儀禮釋宮)』 등의 문헌을 통한 건축의 규범화는 사묘건축에서 3칸3칸 전각이 자리잡는 과정에 큰 작용을 했을 것으로 판단된다. 사묘에서의 3칸3칸 전각의 발달과정은 예를 들어 전면을 퇴칸으로 할 것인가 내부화할 것인가의 문제, 바닥에 전돌을 깔 것인가 마루를 설치할 것인가의 문제, 측면벽을 퇴칸까지 연장시킬 것인가 말 것인가의 문제 등을 두고 불전에서와는 다른 양상으로 실험되었다. 이때 평면과 기초가구의 구성을 계획하는 것은 장인집단보다는 사대부(士大夫)들의 몫이었는데, 사묘건축이 갖는 예학적 중요성은 지식인들의 건축참여를 독려하는 원동력이 되었다.

조선시대 향교의 숫자는 중종 25년(1530) 간행의 『신증동국여지승람(新增東國輿地勝覽)』에서는 329개소, 영조 41년(1765) 간행의 『여지

표 3-4. 조선시대 향교 대성전의 규모분포

측면 \ 정면	1	2	3	4	5	6	7
1		1					
2			22		3		
3			**142**		34		
4			14		10		

도서(輿地圖書)』에서는 327개소, 1918년의 통계에서는 335개소[24]로 전 시기에 걸쳐 지역중심시설로서 역할을 수행해 왔음을 짐작할 수 있다. 이들 향교의 중심시설인 대성전 역시 한국 전각건축의 대표적 유형인데, 62.8%의 비율로 3칸3칸의 평면형을 취하고 있다(표 3-4).

조선시대 이후 호남지방에 건축되었던 정자(亭子)는 중앙에 방을 들이는 것이 다른 지역과 구분된다. 송순(宋純, 1493~1583)이 면앙정(俛仰亭)을 짓자, 기대승(奇大升, 1527~1572)이 '삼간사허(三間四虛)'로 건물의 모습을 설명했다.[25] 즉, 정면3칸 건물로서 가운데 1칸에 온돌방을 들이고 사방이 개방되어 '3칸 건물에 사방이 빈' 모습을 보여주고 있다. 이는 한국의 국문학사에 유명한 시조인 〈면앙정가〉에도 잘 나타나 있다.

> 十年을 經營하여 草廬 三間을 지여내니
> 나 한간 달 한간에 淸風 한간 맛겨두고
> 江山은 들일 데 없으니 둘러두고 보리라

이처럼 중심의 개인공간과 사방으로 자연과 교감하는 공간이 만나는 이상적인 계획에는 3칸3칸이 내재되어 있다.

---

24. 박왕희, 『한국의 향교 건축』, p. 21.
25. 『高峯集』 第2卷, 俛仰亭記.

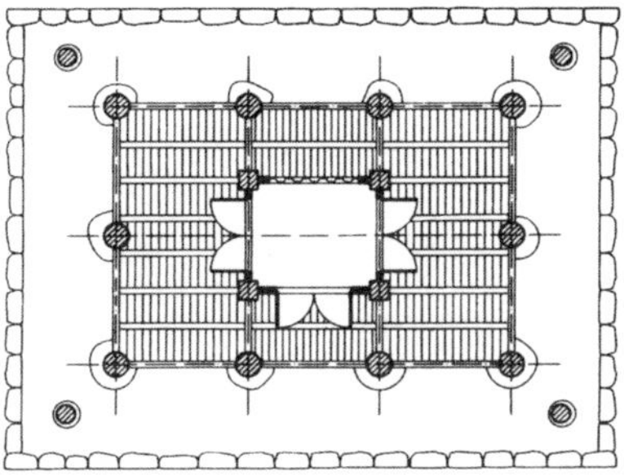

그림 3-11. 담양 면앙정

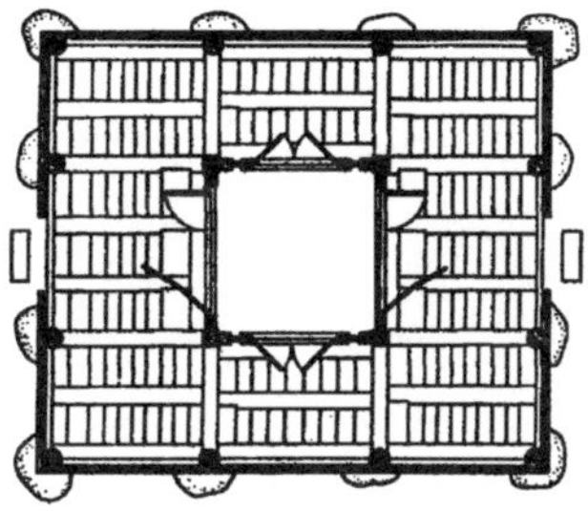

그림 3-12. 고창 취석정

그러나 초기의 호남 정자의 형태는 면앙정 평면도에서 보이는 것처럼 측면2칸의 형태였던 것 같다(그림 3-11). 가까운 곳의 담양 명옥헌(潭陽 鳴玉軒)과 장흥 사인정(長興 舍人亭)에서도 동일한 평면이 나타난다. 그러나 정면3칸 측면2칸의 평면은 중앙에 방을 들이기 어렵고 동서남북 전방위의 방향성을 가지지 않는다는 단점을 가지고 있다. 따라서 17세기 이후에는 보다 합리적인 3칸3칸의 평면이 보편화되기 시작했다.[26] 호남지방의 담양 광풍각(潭陽 光風閣), 화순 물염정(和順 勿染亭), 고창 취석정(高敞 醉石亭), 정읍 송정(井邑 松亭) 등의 정자는 3칸3칸의 정방형 평면에 중앙에는 방을 들이고 사방을 개방한, 진정한 의미의 '삼간사허'를 구현한 사례들이다(그림 3-12).

조선시대에 접어들어 정책적으로 실시된 숭유배불정책(崇儒排佛政策)은 태종대에 들어 궁중에서 불사를 폐지하고 전토(田土)와 노비를 몰수하며 가속화되었다. 세조대에 잠시 완화되었던 것을 제외하면 지속적인 폐사(廢寺)와 훼불(毁佛)의 과정은 사찰경제를 더없이 피폐하게 만들어 갔다. 이러한 실정으로 조선전기 이래 사찰의 전각이 지속적

26. 金東旭, 「담양 면앙정의 건축형태」, 『건축역사연구』 24, 한국건축역사학회, 2000.

으로 축소되는 경향은 임진왜란을 겪으면서 더욱 심해졌다. 승병활동과 관련한 승영사찰 등의 조영과 원당사찰의 부흥, 정조대의 공명첩(空名帖) 발행 등이 일부의 사찰건축에 긍정적 역할을 했으나, 역제(役制)의 변동을 통한 승려의 부역 강화, 대동법 실시 이후의 공물 부가의 부담 등은 사찰건축의 열악함을 더해 갔다. 전후 재건되는 사찰에서는 특별히 지원을 받은 경우를 제외하고는 그 규모를 최대한 압축할 수밖에 없는 상황이었다. 소요태능(逍遙太能)이 용추사(龍湫寺) 법당의 중창기에 적어 놓은 "그러므로 여러 스님네의 분상(分上)에서는 법계가 한 절이요 천지가 한 부처이며 고금이 한 꿈일 뿐이다"[27]라는 구절은 이처럼 안타까운 실정에 대한 자조적인 심경을 극명하게 드러내고 있다.

한편 교리체계에 따른 다양한 불교의 종파는 태종이 11개 종파를 7개 종파로 통합하고(1407), 세종에 의한 선교양종(禪教兩宗)의 체제구축(1424)을 통해 점차 통불교(通佛教)로서의 성격을 얻어 갔다. 물론 통불교의 대의는 원효 이래 의천과 지눌로 이어지는 오랜 전통을 가지며, 조선 중기 이후에도 휴정의 승단을 중심으로 한 선교불이(禪教不二)의 강령으로 이어지고 있으나, 실제적인 통합과정은 배불정책의 일환으로 강압적으로 이루어진 것이었다. 따라서 임진왜란 이후에 건축되는 사찰불전에서는 아직 합의되지 않은 상이한 종파적 전통이 서로 혼재되면서 물리적 양식 역시 뒤섞이게 되었다. 종파적 정체성을 기반으로 했던 신앙의 대상은, 통불교의 체제 속에서 특히 전쟁 이후의 혼동상황에 이르러서는 기복신앙과 큰 관련성을 가지며 체계 없이 증폭되었다. 이것은 사찰건축에 있어서의 다불전화의 방향을 인도한 것으로 추정된다.

이처럼 사찰경제의 악화에 따른 전각단위의 축소경향은 기복신앙과의 결속이라는 돌파구로 다불전(多佛殿)화의 경향으로 나아갔다. 배불

---

27. 「龍湫寺法堂重創記」, 『한글대장경』 164권, 동국역경원, 1978(李康根, 「17世紀 佛殿의 莊嚴에 관한 研究」, 동국대학교 박사학위논문, 1994, p. 22에서 재인용).

정책에 의한 경제악화와 강제적 통불교 체계의 혼돈은 승려들을 산중으로 숨어들게 했고, 그 명맥을 유지하는 데 민간의 지지가 절대적인 상황이었다. 즉, 불교 수행교리체계의 정통성조차 지키기 어려운 상황에서 어떠한 방식으로든 민간의 요구를 적극적으로 수용할 필요성이 있었던 것이다. 그 결과 민간의 신들이 불교 속으로 적극 포용되었으며, 건축적으로는 전각의 독립화라는 형태로 표현되었다. 삼성신앙(三聖信仰)의 세 전각인 칠성각(七星閣), 산신각(山神閣), 독성각(獨聖閣)이 모두 조선 중기 이후 단독전각으로 독립되었으며 모든 사찰건축의 필수요소가 되었는데, 이것은 우리나라에서만 나타나는 독특한 현상이라는 것은 이러한 상황을 반영하고 있다. 또한 이 밖에도 정책적 대의에 위배되지 않는 전각은 파급효과가 컸다. 효(孝)사상과 연계되어 유교이념에 부합하는 명부전(冥府殿) 건립이 크게 유행하는 사례 등이 그것이다.[28] 이처럼 대규모의 불사(佛事)가 불가능한 상황에서 불교는 다불전의 형태로 명맥을 유지해 나갔으며, 시기가 갈수록 그 경향은 증폭되었다. 만해 한용운이 『조선불교유신론』에서 "조선 불가에서 숭배하는 소회(塑繪)가 매우 많아서 아마 백 가지도 넘을 것"이라며 비판한 점은 이러한 실상이 계속 심화되어 마침내 포화상태에 이른 상황을 잘 표현하고 있다.[29]

이와 같은 시기에도 주불전에는 3칸3칸 형식을 채용하는 방식이 유행한 것으로 보인다. 19세기 이후의 수도권 원당사찰을 대상으로 한 연구를 참조하면 역시 다수의 주불전이 3칸3칸 형식으로 지어졌던 사실을 알 수 있다.[30] 한편 다른 연구에서 조선시대 말과 20세기 전반기

---

28. 지장신앙은 유교의 효사상과 결합하여 '사십구재'와 같은 의례를 만들었으며, 따라서 억불정책 속에서도 살아남을 수 있었다. 김현준, 『사찰, 그 속에 깃든 의미』, 효림, 1997 참조.
29. 서재영, 「조선불교유신론의 소회(塑繪) 폐지론과 선종의 정체성」, 『불교평론』 제16호, 2003 참조.
30. 19세기 동안 건축된 남양주 흥국사, 파주 보광사, 서울 성북구 흥천사, 서울 도

의 서울 · 경기 일원의 불전을 조사한 결과를 보면, 총 28동[31] 중 12동이 3칸2칸의 전각이며, 단칸사방의 전각이 8동, 3칸3칸 전각이 4동의 순으로 나타난다. 그러나 이것은 명부전, 영산전, 칠성각 등의 부불전을 포함했기 때문이다. 신앙적 내용을 중심으로 하던 염불결사가 18세기 중엽을 거치면서 점차 사찰의 유지와 보수 등 이른바 '보사(補寺)'를 중심 내용으로 하는 경향이 짙어 가는[32] 상황에서 기복신앙(祈福信仰)에 관련된 전각이 유행한 결과이다. 또한 점차 줄어든 불전의 규모는 3칸3칸 전각을 주불전에만 채용하고 기타 부불전은 그 이하로 정리해 갔다. 때맞추어 대방(大房)이라는 염불당(念佛堂)으로서 요사(寮舍)형식을 채용한 불전[33]이 등장했다. 대방은 중앙에 큰 방을 두어 불단을 마련하고 법회와 강율(講律), 제법요(諸法要), 염불(念佛) 등을 행하며, 그 좌우에 부엌, 작은 승방, 누고(樓庫) 등을 갖춘 다기능 복합건축이다. 따라서 축소의 과정을 지속해 오던 불전은 일부 기능이 대방 속으로 용해되는 경향까지 나타나게 된다. 이후 일제강점기 동안은 사찰령(寺刹令)의 규제 아래로 귀속된다.

2) 3칸2칸 전각의 대두

이와 같은 과정에서 새롭게 3칸2칸의 평면이 등장하는 모습을 볼 수 있

봉구 화계사, 서울 서대문구 봉원사 등의 원당사찰 주불전이 3칸3칸 규모를 가진다. 金奉烈, 「近世期 佛教寺刹의 建築計劃과 構成要素 研究 — 首都圈 願堂寺刹을 중심으로—」, 『건축역사연구』 8, 한국건축역사학회, 1995, p. 10 참조.

31. 金成都의 「朝鮮時代末과 20世紀 前半期의 寺刹建築 特性에 關한 研究 — 서울 · 경기 일원의 佛殿을 중심으로」(고려대학교 박사학위논문, 1999, pp. 64-67)의 도면을 참고하였다.

32. 서재영, 「조선불교유신론의 소회(塑繪) 폐지론과 선종의 정체성」, 『불교평론』 제16호.

33. 金成都, 「朝鮮時代末과 20世紀 前半期의 寺刹建築 特性에 關한 研究—서울 · 경기 일원의 佛殿을 중심으로」, p. 86.

다. 전체 숫자에 있어서는 3칸3칸 전각에 비해 상당수가 부족하지만 임진왜란 이후 급속도로 보급되어 3칸3칸 전각에 이어 두 번째로 많은 수적 비율을 갖게 된다. 보물로 지정된 14건의 3칸2칸 전각을 살펴보면 개목사 원통전(開目寺 圓通殿)을 제외하면 모두 17세기 이후의 건축이다. 또한 부불전인 경우가 대부분이다(표 3-5).

3칸2칸의 평면형은 15세기 건축으로 추정되는 개목사 원통전을 특수사례로 제외하면[34] 내부기둥이 존재하지 않아서 내부공간은 항상 분절 없는 단일한 통합공간을 이룬다. 주지하다시피 측면2칸의 규모에서 내부기둥은 공간이용상 매우 불합리하다. 게다가 이처럼 작은 규모의 전각에서 중앙의 두 기둥이라면 더욱 곤란하다. 이처럼 3칸2칸의 평면은 사정에 맞게 융통성을 발휘하기 힘들어서 결과적으로 하나의 유형만이 존재하게 된다. 또한 감주의 기법은 필연적으로 2칸 길이의 큰 보를 요구하기에 그 규모는 수급되는 목재의 종류를 반드시 고려해야 하는데, 따라서 위의 전각들 중 규모가 가장 큰 숭림사 보광전(崇林寺 普光殿)이 예외적으로 6.8m의 측면 길이를 갖는 것을 제외하면 5m를 넘지 못하는 것이 대부분이다. 3칸3칸 전각으로 대전의 고산사 대웅전이 5.9m의 측면 길이를 가지나, 측면3칸의 길이는 대부분이 7m 이상이며, 운문사 비로전이나 홍국사 대웅전의 경우처럼 12m에 달하는 것들이 존재하는 것과 비교하면 주전으로 이용되기에는 작은 치수이다. 가장 작은 석남사 영산전은 정면 폭 5.6m, 측면 길이 3.7m까지 축소되어 있다. 이렇듯 작은 공간이라도 불전의 기능을 하기 위해서는 불상의 안치와 후불벽의 설치가 필수적인데, 협소한 공간에 불벽을 설치할 여유가 없기 때문에, 건물의 후면벽이 곧바로 불벽이 되어 그 앞으로 불상이 놓인다(그림 3-13). 실내공간에 별도로 불벽을 설치한 사례는 정혜

34. 개목사 원통전은 퇴칸을 개방하고 그 뒤에 벽을 설치한 특수한 사례이다. 게다가 개목사 원통전의 정확한 현황 조성시기에 대해서는 앞으로의 연구에 맡겨 두어야 할 것이다.

표 3-5. 보물로 지정된 3칸2칸 불전

명칭	연대	종류	지붕	포작	측면길이
개목사 원통전	1475	주불전	맞배	주심포	5.5
정혜사 대웅전	1617	주불전	팔작	다포	5.9
전등사 약사전	1621	부불전	팔작	다포	4.1
송광사 영산전	1640	부불전	팔작	다포	-
미황사 응진당	1660	부불전	팔작	다포	4.3
장곡사 하대웅전	임란 이후	주불전	맞배	다포	5.5
숭림사 보광전	임란 이후	부불전	맞배	다포	6.8
봉정사 고금당	1616 중수	부불전	맞배	주심포	3.8
안심사 대웅전	17C	주불전	맞배	다포	5.2
불영사 응진전	17C	부불전	맞배	다포	4.4
장곡사 상대웅전	1777	주불전	맞배	주심포 + 다포	-
석남사 영산전	18C	부불전	팔작	다포	3.7
대적사 극락전	18C	주불전	맞배	다포	4.6
용문사 대장전	18C 6차 중수	부불전	맞배	다포	4.9

사 대웅전(定慧寺 大雄殿)뿐인데 측면이 5.9m로 비교적 여유가 있었기 때문이다(그림 3-14). 마찬가지 이유로 숭림사 보광전에서도 불단을 후면벽에서 떨어뜨릴 여유를 가질 수 있었다.

3칸2칸 전각의 유행 역시 3칸3칸 전각의 보급과 유사한 연원을 추정할 수 있다. 조선 건국 이래 정책적으로 추진되었던 배불정책은 전쟁 이후에도 변함이 없어서, 산성을 축조하고 공물을 바치며,[35] 잡역에 종사하는 역할이 모두 승려에게 부과되었다. 또한 현종은 양민이 출가해

35. 대표적으로 남한산성과 북한산성의 축조를 들 수 있으며, 관아와 유생들에게 종이, 기름, 신 등의 공물을 바치도록 했다.

(A) 평면도　　　(B) 종단면도

그림 3-13. 석남사 영산전

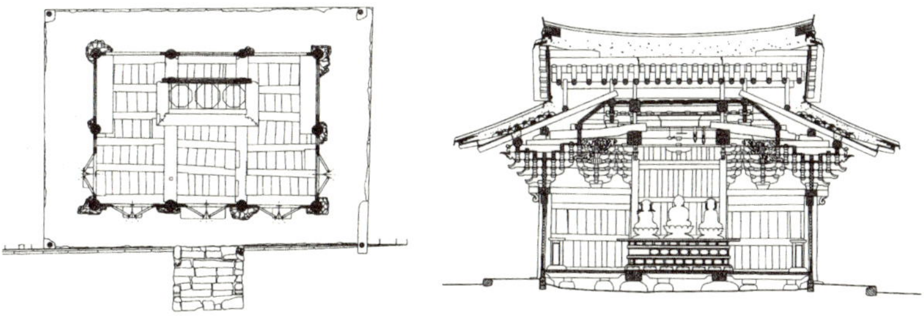

(A) 평면도　　　(B) 횡단면도

그림 3-14. 정혜사 대웅전

승니(僧尼)가 되는 것을 금했으며, 영조는 승려의 도성출입을 금했다. 따라서 사찰은 불전의 건축에 있어서 그 장엄(莊嚴)과 정성을 논하기 이전에 경제적인 문제를 고민해야 하는 상황이었다. 이 시기 3칸2칸 전각은 3칸3칸 전각의 축소형으로 보급되기 시작했으며, 건축의 경제성 획득의 문제와 동시에 진행된다. 숭림사 보광전은 맞배집으로 측면을 제외한 전후면에만 공포를 두었는데, 전면의 공포를 화려하게 장식한 반면 후면의 공포는 투박한 목부재가 그대로 조립되어 있다. 근처의 개암사 대웅보전과 출목첨차와 하엽주두, 천장의 구성수법 등이 흡사하여 같은 목수의 기법으로까지의 가능성을 추정할 정도[36]로 수려한 장식을 가지는 경우인데도 목재와 시공 경비를 절약하기 위한 극도의 방법이 쓰이고 있다. 유사한 경우로 전등사 약사전(傳燈寺 藥師殿)의 공포는 측면과 배면에서 주간 상에 공간포를 두지 않고 화반을 얹는 등의 모습이 보이는데 모두 17세기 이후의 기법이라는 점이 주목할 만하다. 그러나 장식기법에서만은 더욱 화려해지는데 예를 들어 용(龍) 문양의 초각이나 단청의 과도한 사용이 그것이다. 이는 개성 없는 단순한 구조에서 더 이상 심미적 의미를 찾지 못하는 데 대한 보상으로 생각된다.

임진왜란 이후 건축에서 엄격한 규제미나 순수한 구조미보다는 치장효과에 주목하게 되는 까닭에는 건축의 공업화 및 구조기법의 간략화라는 시대적 흐름 역시 연관된다. 특히 내주를 두지 않을 경우 건물의 축조과정은 대단히 단순해진다. 측면2칸이 널리 보급되는 데는 이렇게 시공의 단순함이 역할을 했을 것으로 보인다. 즉, 3칸2칸의 건물이라면 주위를 둘러 같은 높이의 기둥 8개를 세우고 널찍한 평방을 얹은 뒤 이미 준비되어 있는 공포를 차례로 둘러얹고 그 위에 지붕을 구성하는 방식이 점차 보편화되었다. 이제 건축물의 칸살잡기는 포작의 개수와 밀접한 연관을 가지게 되었는데, 칸의 치수의 일반적인 용례를 만드는 데 기여했으며 경험이 부족한 인부들로써 건축하는 것이 가능해지는 결과를 낳았다.

공간구성이라는 측면에서 3칸2칸 전각은 3칸3칸 전각에서 후불벽 뒷공간을 제거한 구성으로 볼 수 있다. 기본형의 평면에서 더욱 축소가 진행되어야 할 경우, 칸의 치수를 줄이는 방법과 칸 자체를 제거하는 방법을 생각할 수 있는데, 위의 사례를 통해 볼 수 있듯이 후면의 1칸을 생략함으로써 해법을 마련하고 있는 점은 이 공간이 상대적으로 핵심적인 공간의미를 지니고 있지 못하다는 의미이다. 3칸3칸 전각에서 후내주열(後內柱列)에 위치하던 불벽이 곧바로 후면벽에 가서 붙었다

36. 『文化財大觀 寶物篇』(木造, 改訂版), 문화재청, 2004, p. 702.

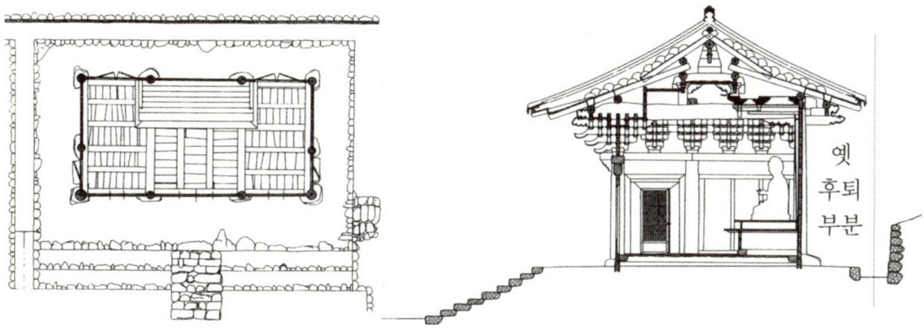

(A) 평면도 (B) 종단면도

그림 3-15. 안심사 대웅전

는 점이 이를 증명한다. 이와 같은 뒤쪽 공간의 축소현상은 같은 시기 3칸3칸 전각에도 동시에 발생하는데, 즉 후열내주의 이주(移柱)를 통한 후퇴공간의 축소경향이다. 따라서 3칸3칸 전각에서도 후불벽 이면의 공간이 점차 줄어들어 요잡례(繞匝禮) 등을 하기에는 부족하게 되었고 수장용 공간으로 변질되었다. 다만 무위사 극락전(無爲寺 極樂殿)에서처럼 예불용 백의관음보살도(白衣觀音菩薩圖)를 그리는 전통 정도가 조선 후기까지 이어져 후불벽의 후퇴현상을 일면 늦추는 역할을 하기도 했다.[37]

일례로 청원 안심사 대웅전(安心寺 大雄殿)은 조선 인조대의 건물로 추정되는데, 3칸2칸의 건물로서 측면 전후칸의 치수가 다르다는 점, 맞배지붕임에도 불구하고 공포가 사면에 둘러 있다는 점, 지붕 전면은 부연이 있는 겹처마이고, 후면은 홑처마로 구성된다는 점, 후면벽의 중앙 두 기둥이 공포 없이 도리를 직접 받치는 고주(高柱)라는 점 등이 대단히 특별하다(그림 3-15). 해체보수과정에서 이 전각은 원래 팔작지붕이었으며, 측면3칸이었던 것이 도중에 2칸으로 줄어들었던 사실을 발견했다.[38] 이렇게 되면 여타의 3칸2칸 전각과 공간적 차이를 갖지 않게

37. 李康根, 「17世紀 佛殿의 莊嚴에 관한 硏究」, p. 34.

된다. 즉, 3칸3칸 전각에서 후면칸의 생략이라는 방식으로 3칸2칸 전각이 소용되었던 것을 분명하게 보여 주는 사례이다.

한편 부불전의 다변화 경향은 실내공간을 보다 단순하게 만들었다. 예를 들어 나한전의 경우 좁은 폭의 불단을 좌우와 후면에 'ㄷ'자로 배치하면 그뿐이다. 나한은 깨달음의 정도가 낮기 때문에 별도의 장식이나 장엄이 필요없으며, 위치도 대웅전과는 거리를 두고 자리한다. 부불전에서는 불상대신 탱화(幀畵)로 대신하는 경우도 많다. 더구나 민간신앙과의 습합으로 탄생한 칠성각(七星閣)이나 산신각(山神閣) 등은 모두 상을 두지 않고 탱화만을 설치하기 때문에 공간구성이 더욱 단순해진다. 이 경우 3칸2칸의 평면으로도 그 구성을 충분히 만족시킬 수 있었다.

3. 동아시아의 3칸3칸 전각

3칸3칸 전각이 특히 우리나라에서 크게 성행했던 것은 사실이지만 그 원리적 구성은 전각의 보편적 가치를 함축하고 있는 것으로서 중국과 일본의 전각건축에서 역시 그 자취를 추적하는 것이 가능하다. 그러나 그 적용에 있어서는 특수한 역사적 환경이나 고유의 건축태도가 반영되어 서로 다른 모습으로 전개된다. 여기서는 특히 중세 이전의 유적에 주목하는데, 그 이유는 우리나라에 유적이 부족하고 동아시아 세 나라간의 문화적 교류가 왕성했던 시기를 다룸으로써 3칸3칸 전각 형성과정의 보편적 논리를 확인하고 우리의 예(例)에 참고하기 위함이다.

---

38. 그 이유로서 첫째, 기단부 발굴조사에서 후측 기단이 축소되어 옮겨졌다는 것, 둘째, 후불벽을 이룬 재료가 원래 건물 해체 중수 때 남은 재료를 사용한 것 같다는 것, 셋째, 후측의 긴 서까래와 짧은 서까래의 걸침이 너무 길게 겹쳐져 걸려 있다는 점, 넷째, 현재의 박공판이나 풍판이 원래의 것이 아니고 변형된 것이라는 점을 들 수 있다. 『文化財大觀 寶物篇』(木造, 改訂版), p. 544 참조.

1) 중국의 3칸3칸 전각

전각으로서 의도된 3칸이 아닌 규모로서의 3칸 구성은 더욱 시기를 거슬러 올라갈 수 있다. 신석기 앙소(仰韶) 문화에 속하는 중국 서안(西安)의 반파(半坡) 유적에서 원시적인 정면3칸 측면2칸의 유지가 발굴되었다(그림 3-16). 전면에서 중앙 입구와 좌우 흙벽의 구성은 곧바로 3칸의 입면이 되며, 측면에서 경사지붕의 마룻대를 받치는 기둥이 서면서 측면2칸이 되었다. 사각형 평면은 공간의 분할과 부가의 측면에서 원형 평면보다 유리하다. 따라서 초기 원시오두막의 원형공간에 비해 건축기술이 발달한 정도를 반영한다. 또한 땅을 파서 거주공간을 만들고 지면에서 바로 경사지붕을 엮는 움집과는 달리 수직으로 세운 벽이 등장했다. 이것은 입면의 발생이라는 점에서 건축사적 대사건인데, 이를 통해 전면과 후면, 좌측면과 우측면의 구별이 생겨났고, 중앙과 주변이라는 위계관계를 발생시킬 수 있었다. 반파 유적에서는 정면3칸

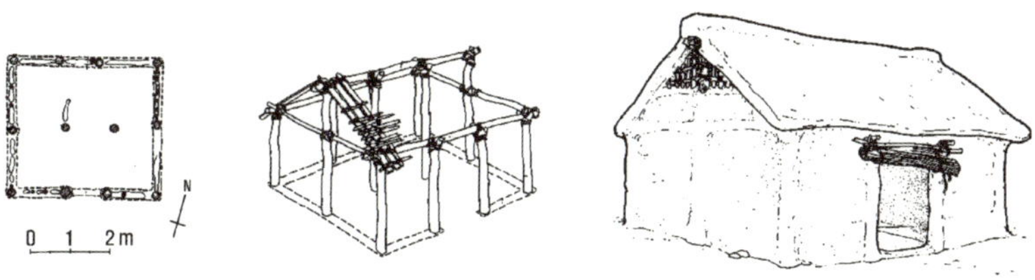

(A) F24(3칸2칸)

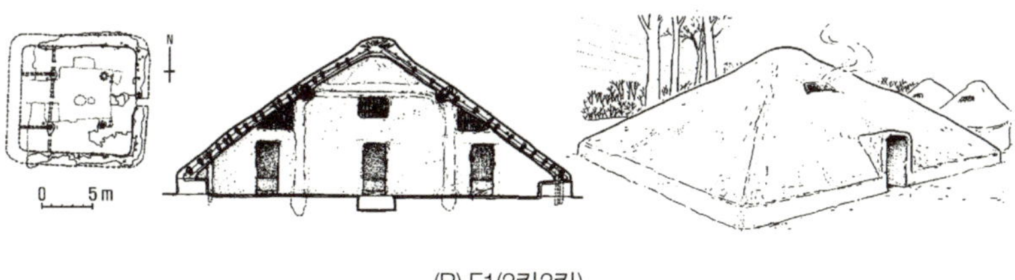

(B) F1(3칸3칸)

그림 3-16. 반파 유적 중 정면3칸 건물 복원도

그림 3-17. 돈황 제445굴 벽화(부분)(蕭墨, 1989)

측면3칸의 유지도 발굴되었는데, 다른 유적들이 대개 4m 전후의 폭을 갖는 것에 비해 10m 정도로 규모가 확장되었고, 내부 구획이 발생한 것을 볼 수 있다. 이 유지는 단순주거의 목적으로는 보이지 않는데, 전후 · 좌우 · 중심의 위계적 개념이 명확히 드러나며, 이를 기하학적 공간계획으로 표현하고 있기 때문이다. 즉, 그 선후관계를 논외로 하더라도, 초기의 3칸 형식 역시 중심과 주변을 표현하고, 위계가 구분되는 형태로서 존재하고 있다. 중심을 강조하는 공간구성방식은 원시공동체사회가 계급사회로 이행하는 과정에서 보다 공고화되었으며, 특히 권위나 위계가 중요시되는 공공건물, 또는 의례상의 절차가 평면에 반영되어야 하는 건물을 중심으로 발달하게 된다.

한편 불교의 전래와 함께 3칸 평면이 불전에 도입되었다. 실례가 거의 남아 있지 않은 당대 이전의 불전은 석굴의 벽화에서 그 형상을 파악할 수 있다. 돈황석굴(敦煌石窟)의 벽화에서 발견되는 불전은 다수가 어칸과 협칸으로 구성되어 전체 칸수가 홀수가 되는 모습을 하고 있다. 이 가운데 3칸 구성을 갖는 사례도 많이 발견된다. 불전의 평면뿐

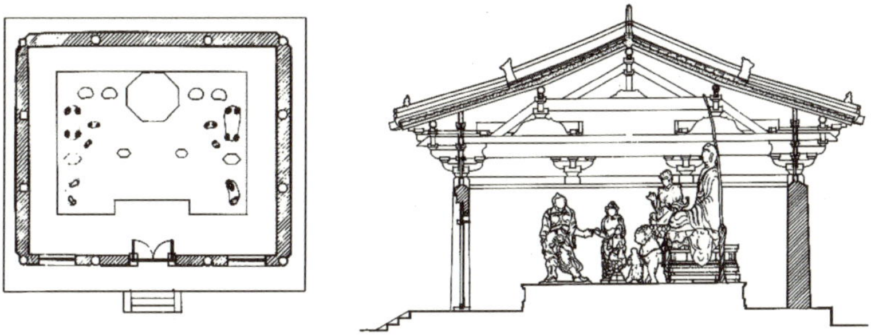

(A) 평면도 (B) 단면도

그림 3-18. 남선사 대전

만 아니라 전체 배치에서도 중심건물의 좌우에 보조건물을 두어 3개의 건물이 한 조를 이루는 배치를 하고 있다. 정면3칸을 갖는 주불전은 상당수가 어칸을 크게 하여 불상을 봉안하고 있고 좌우 협칸을 개방한 것과 창을 설치한 것이 있다. 3칸3칸 전각은 소규모의 누대(樓臺) 건축에서 특히 많이 나타난다. 성당(盛唐) 시기에 조성된 제445굴의 벽화에서는 3칸3칸의 중층전각을 시공하는 모습이 그려져 있어서 그 구체적인 모습을 살피는 데 중요한 자료가 되고 있다(그림 3-17).

현전하는 중국 고대 목조건축물 중 가장 오래된 것으로 판명된 중국 산서성(山西省) 남선사 대전(南禪寺 大殿)은 8세기 말 당대에 건축된 것으로 3칸3칸의 전형적인 평면구성을 취하고 있다(그림 3-18). 대규모의 불상군을 안치하기 위해 내부의 기둥 4개는 모두 제거되었다. 정면 중앙의 판장문과 좌우의 살창을 제외한 나머지 3면을 모두 두꺼운 벽으로 처리하여 대단히 폐쇄적인 구성을 하고 있다. 단을 높여 불상들을 안치한 주변으로는 전석을 깔아 내부를 돌아볼 수 있도록 구성되어 있다. 이와 같은 말발굽형〔馬蹄形〕의 불단구성은 고대 사회의 건축교섭사의 주요한 자료가 되고 있다. 이처럼 초기의 전각구성이 이미 '무내주형(無內柱型)'으로 나타난다고 하는 점은 3칸3칸 전각이 고도의 기술적 자신감을 통해 발현된 건축의 정수라는 점을 뚜렷이 보여 준다.

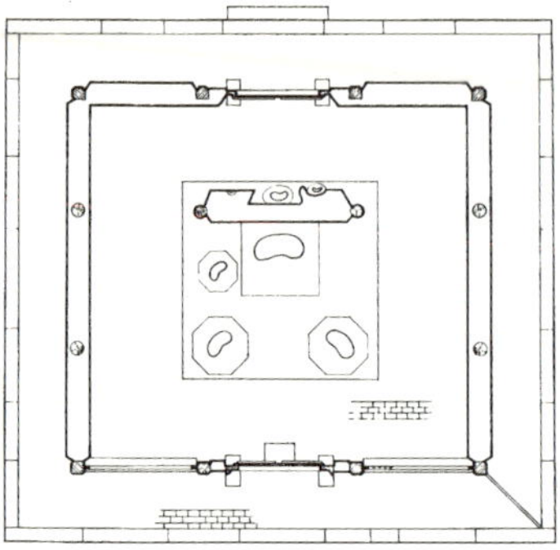

(A) 산서 진성 청연사 대전

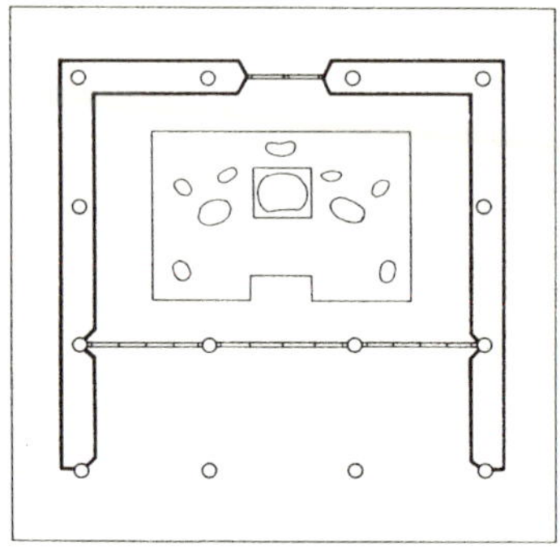

(B) 산서 유차 영수사 우화궁

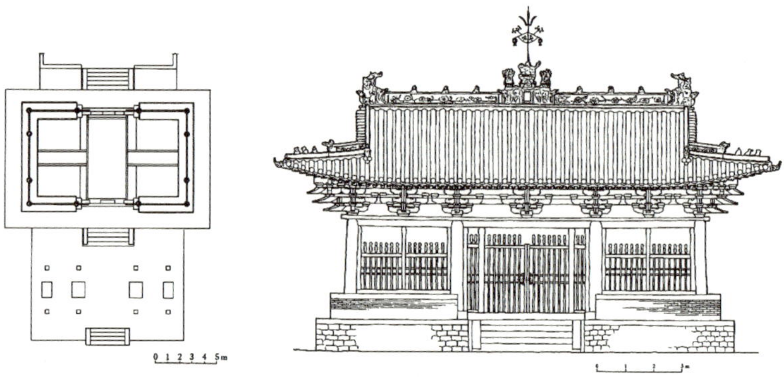

(C) 태원 진사 헌전

그림 3-19. 중국의 3칸3칸 전각과 감주법

송대(宋代)의 건축유물을 보면 작은 건물은 정사각형의 평면인 반면, 큰 건물은 직사각형의 평면을 가지고 있다. 현전하는 송대 건물의 과반수가 3칸3칸의 평면구성을 취하고 있어서, 작은 건물의 전형적인 평면으로서 3칸3칸이 보편화되고 있음을 알 수 있다. 이들 건축물 중 내주가 모두 제자리에 위치하는 사례는 없으며, 내주를 생략하거나 위치를 이동시키는 경우로 나누어 볼 수 있다. 대부분의 경우는 건물 정면 쪽의 내주를 생략했다. 따라서 결과적으로 내부에서 사용할 수 있는

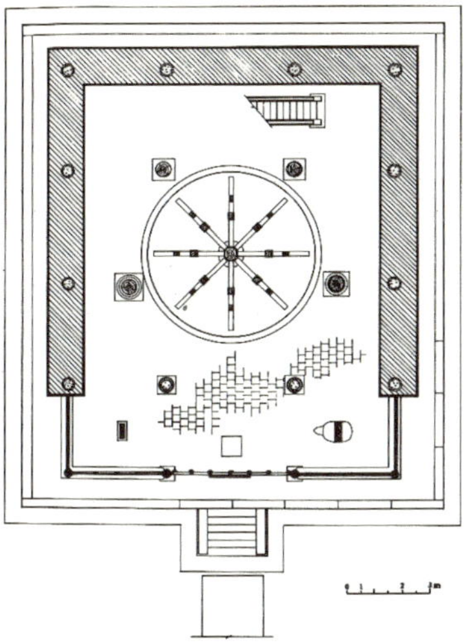

(A) 하북 정정 융흥사 전륜장전

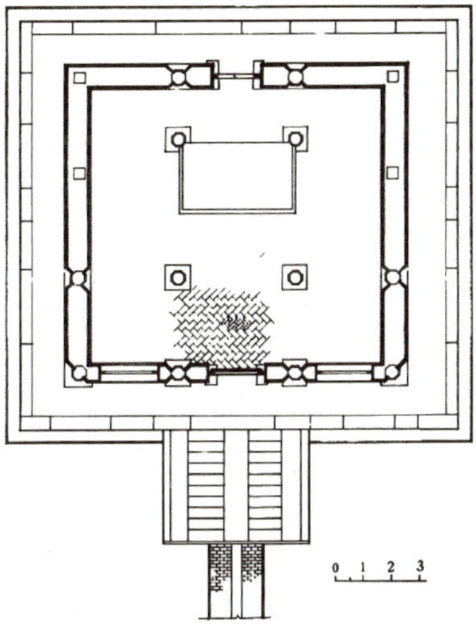

(B) 하남 등봉현 소림사 초조암 대전

그림 3-20. 중국의 3칸3칸 전각과 이주법

공간이 넓어지게 되었다. 전형적인 사례로 산서(山西) 진성(晉城)의 청연사 대전(青蓮寺 大殿, 1089)이 있다. 산서 유차(楡次)의 영수사 우화궁(永壽寺 雨花宮, 1008)은 후열의 내부기둥을 생략한 특이한 사례로 우리나라의 사묘건축과 유사하다. 이는 반외부공간으로서의 퇴칸〔前廊〕을 구성하기 위해 사용한 대안이다. 송의 영향을 받은 금대(金代) 태원(太原)의 진사 헌전(晉祠 獻殿)도 과감한 내주의 생략과 주망의 조절을 보여 준다(그림 3-19).

다른 한편으로 내주의 위치를 이동하여 내부공간을 조절하는 평면들이 발견되는데, 초기의 사례가 하북(河北) 정정(正定)의 융흥사 전륜장전(隆興寺 轉輪藏殿)에서 보인다. 북송기의 중엽에 세워진 것으로 2층의 3칸3칸 형태를 취하고 있다. 전륜장(轉輪藏)의 중심을 평면의 중앙에 놓는 것이 전통이었으므로 지름이 거의 7m나 되는 전륜장을 수용하기 위해서는 내주의 이주가 불가피했다. 다른 사례로 하남(河南)

등봉현(登封縣)의 소림사 초조암 대전(少林寺 初祖庵 大殿, 1125)이 있다. 3칸3칸의 평면구성에 팔작지붕의 건물로 불상 앞으로 더 많은 공간을 제공하기 위해 후열의 두 내주가 뒤로 124cm만큼 이동했다(그림 3-20).

2) 일본의 3칸3칸 전각

비교적 강한 비대칭의 전통을 가졌던 일본의 경우에도 정면규모로서의 3칸은 일반적이었던 것으로 보인다. 일본 건축사에는 '3칸4면'이라는 용어가 있다. 이것은 고대에 널리 사용되었던 '삼간재사면비(三間在四面庇)'의 약어로서 건물의 평면규모를 나타내는 말이다. 도리방향 3칸의 본채〔母屋, 모야〕에 사방으로 퇴칸〔庇, 히사시〕이 달린 건물을 의미한다. 이러한 용어는 나라(奈良)시대 말기부터 사용되어 왔다. 그 시작은 당시의 주택이 맞배지붕을 한 본채에 점차 벽이 없는 차양을 부가하여 발달해 온 것을 반영하는 것으로 보인다.[39] 단, 이 용어에는 보방향의 칸수(측면칸수)에 관한 언급이 없다. 그것은 보방향(차양이 달린 경우, 차양을 제외한)의 기둥간격이 2칸으로 고정되어 있었기 때문이다. 일본의 건축사학자 오오타 히로타로(太田博太郎)는 이처럼 보방향의 기둥 간격이 2칸으로 정해진 것은 일본 건축공간에 깊이에 관한 개념이 결핍되어 있었음을 의미하는 것이라 비판했고 이를 일본 건축의 약점으로 보았지만,[40] 정작 정면에서 3칸이라는 규모가 가지는 의미를 논하지는 않았다.

이처럼 상대적으로 자유로운 평면구성의 전통을 갖는 일본의 건축사에서도 3칸 구성의 전각이 나타난다. 일본 건축의장의 대표로 생각

39. 太田博太郎, 박언곤 역, 『일본건축사』, 발언, 1994, p. 40.
40. 太田博太郎, 박언곤 역, 『일본건축사』, p. 40.

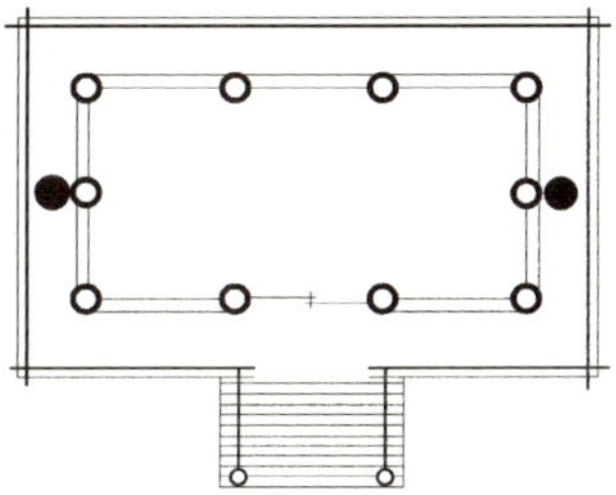

(A) 평면도

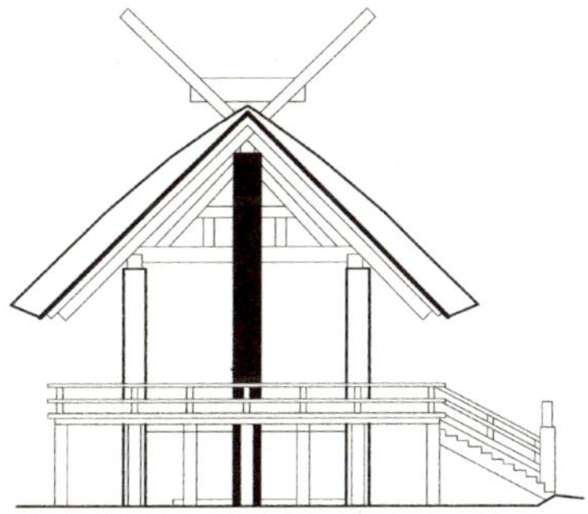

(B) 측면도

그림 3-21. 코오다이 신궁

되는 당파풍(唐破風, 가라하후)의 기법 또한 이러한 의도와 관련되어 있다. 일본에서의 3칸 전각은 크게 신사(神社)와 불전(佛殿)의 계열로 나누어서 살펴볼 수 있다. 일본 전각 평면에서 흥미를 끄는 부분은 공간의 분할과 확장의 다양한 가능성들이다. 이 가운데 보다 고유한 형식을 갖는 신사에서는 3칸2칸의 평면을 기본으로 하여 공간을 조직했던 것 같고, 불전에서는 새로운 종파의 유입과 관련해 3칸3칸의 평면이 도입된 것으로 추측된다.

3칸2칸의 기본평면은 일본에서 가장 오래된 신사건축인 이세 신궁(伊勢神宮)의 내궁(內宮)인 코오다이 신궁(皇大神宮, 7C)에서 발견된다. 이후 전각건축에서 측면2칸 건축의 전범이 되었으리라 추측되는 이 건축은 특히 측면 바깥으로 중앙에서 마룻대를 직접 받는 동지주(棟持柱, 무나모찌바시라)가 눈에 띈다(그림 3-21). 목가구조의 원시단계에서 기초적인 구조로서 마룻대를 직접 받았던 측벽 중심기둥은 어느 사이엔가 그 상징성이 부각되어 의장요소로 발달해 갔으며, 결과적으로 벽면에서 떨어져 나와 독립적 요소가 되기에 이른 것으로 추정된다. 이렇게 형성된 3칸2칸의 평면은 평면발달의 한 계통을 이루는데, 소위 3칸4면비의 평면에서 본칸〔母屋〕이 된다. 키타노 천만궁(北野天滿宮)

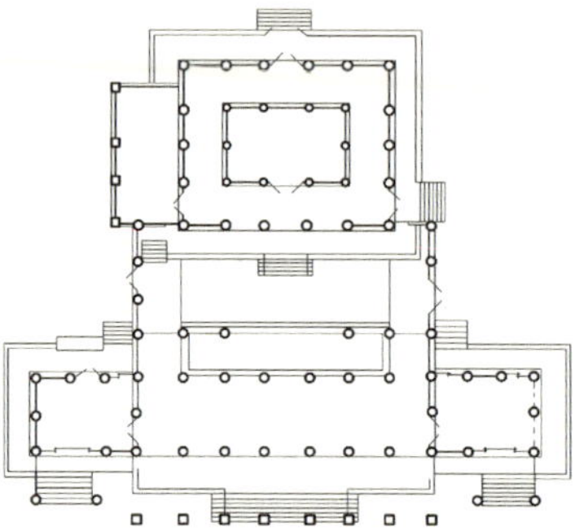

(A) 기타노 천만궁(947)

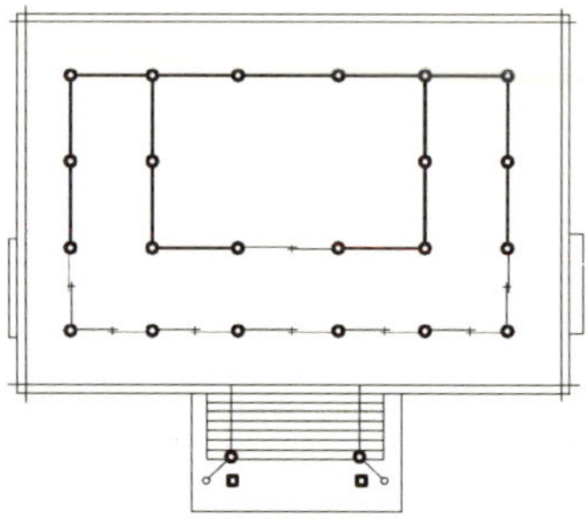

(B) 히에 신사(1586)

그림 3-22. 일본의 3칸전각의 확장

의 본전은 원래 본체를 3칸3칸으로 건축했다가 1607년 재건하면서 3칸2칸으로 축소되었는데[41] 그 선호도를 알 수 있는 사례이다. 3칸2칸을 중심공간으로 하고 외부를 두르는 방식은 이미 우리나라 고대의 중층 사찰건축에 일반적인 현상이었다. 그러나 일본 건축에서는 이와 같은 평면의 확장방식이 2중, 3중으로 공간을 둘러싸는 경우로까지 발전하며, 경우에 따라서는 히에 신사(日吉大社, 1586)와 같이 일부면을 생략하는 방식의 변례도 나타난다(그림 3-22).

신사건축에서 공간의 분할은 대개 배전(拜殿)과 본전을 나누기 위해서 적용되었다. 히에 신사에서 후면의 퇴칸(히사시)이 생략될 수 있는 것도 이 때문이다. 3칸2칸의 본전에 1칸규모의 배전이 결합될 때 3칸3칸 전각이 된다. 이때 3칸2칸의 본칸을 유지하면서 지붕만 앞으로 빼서 반외부공간을 구성하는 니시코리 신사(錦織神社)의 본전(1363)과 같은 방식이나, 배전을 적극적으로 내부공간화한 오시타테 신사(押立神社)의 본전(1373)과 같은 형태로 발달하게 된다(그림 3-23). 그러

41. 기타노 천만궁은 957년에 처음 건축될 당시에는 정면3칸 측면3칸의 본칸〔母屋〕에 차양〔庇〕을 두른 형태로 건축되었다. 윤장섭, 『일본의 건축』, p. 196.

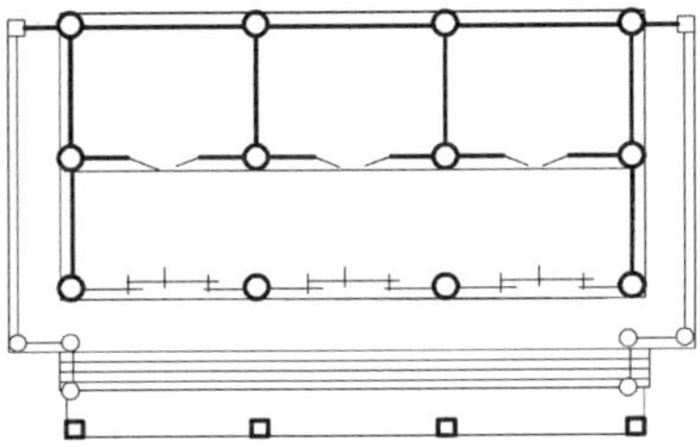

(A) 니시코리 신사(1363)

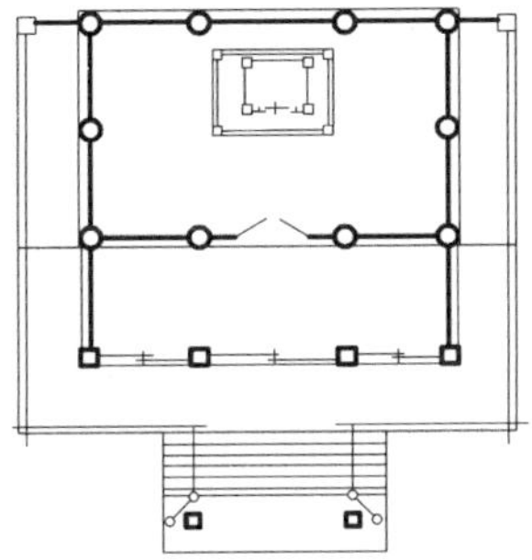

(B) 오시타테 신사(1373)

그림 3-23. 일본의 3칸3칸 신사

나 오시타테 신사의 경우에 있어서도 본칸을 3칸2칸으로 구성하고 배전은 단을 낮추어 부속시키면서 지붕을 연장한 유조(流造, 나가레즈쿠리)의 양식으로 지어져 중심공간이 3칸2칸으로 구성되어 있음을 명확히 하고 있다. 따라서 이러한 경우의 3칸3칸 전각은 우리나라의 3칸3칸 전각과는 조직원리가 근본적으로 다르다.

일본의 불전건축은 새로운 종파의 유입과 관계가 깊은데, 신종파의 교리와 함께 수입된 건축양식이 건축사의 큰 시대구분의 기준이 될 정도로 영향력이 크다. 일본 건축의 대표적인 양식으로 꼽히는 선종양(禪宗樣), 대불양(大佛樣) 등이 이러한 사례들이다.[42] 가마쿠라(鎌倉)시대에는 미륵신앙을 바탕으로 하는 정토교(淨土敎)가 크게 번창하게 된다. 일본 건축사에서 이 시대 정토교 건축을 크게 '1칸4면당(一間四

42. 화양(和樣, 와요 혹은 立川流)은 나라, 헤이안시대에 사용되었던 재래 양식을 지칭하며, 대불양(大仏樣, 다이부츠요 혹은 天竺樣)은 헤이안시대 말기 治承 4年(1180) 동대사 대불전과 남대문 등을 재건할 때, 승려 초오겐(重源)에 의해 채택된 당시 남중국(복건성, 광동성 부근)의 양식으로 천두식(穿斗式) 구조와 유사성이 있다. 선종양(禅宗樣, 젠슈요 혹은 唐樣)은 선종의 전래와 함께 수입되어 선종의 융성과 함께 전국적으로 보급된 양식으로 우리나라의 다포식 기법과 유사점이 있다. 이 밖에 절충양(折衷樣)을 따로 구분하기도 한다.

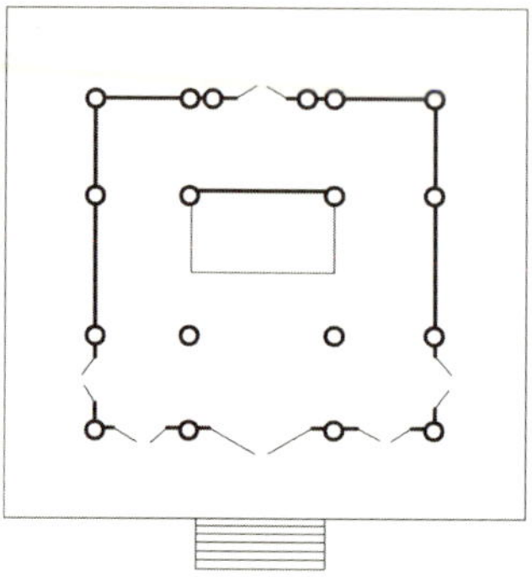
(A) 원성사 아미타당(1160)

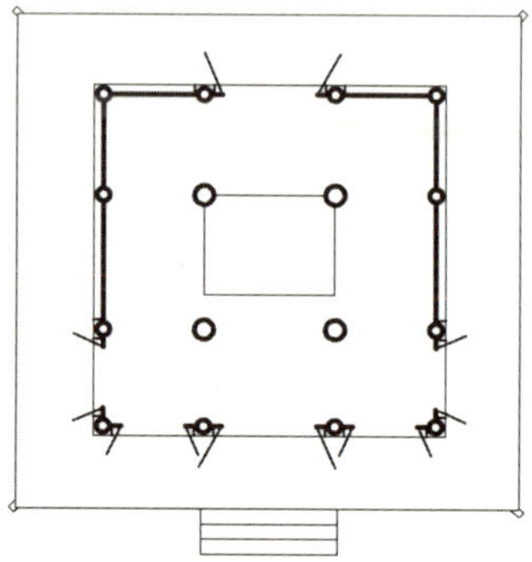
(B) 중존사 금색당(1124)

그림 3-24. 일본의 1칸4면당형 불전

面堂)형', '봉황당(鳳凰堂)형', '구체당(九體堂)형'으로 구분하는데,[43] 이 가운데 '1칸4면당형'이 3칸3칸의 평면을 하고 있다(그림 3-24). 중존사 금색당(中尊寺 金色堂, 주손지 곤지키도, 1124), 원성사 아미타당(願成寺 阿弥陀堂, 간조지 아미다도, 1160)으로 대표되는 이러한 유형의 불전은 전국 각지에 세워졌으며, 예를 들어 왕생극락원 아미타당(往生極樂院 阿弥陀堂, 오죠고쿠라쿠인 아미다도, 1148), 부귀사 본당(富貴寺 本堂, 후키지 혼도, 헤이안 후기) 등이 있다. 또한 법계사 아미타당(法界寺 阿弥陀堂, 호카이지 아미다도, 가마쿠라 후기)처럼 5칸형으로 평면형이 확장되는 사례도 발견된다. 그러나 1칸4면당형은 모임지붕을 갖는 정사각형의 건축물로서 우리나라의 3칸3칸 전각과는 계통이 다르며 유형적으로도 탑의 평면과 유사하다.

또 하나의 형식인 봉황당형 역시 3칸 평면을 기본으로 하고 있다. 봉황이 날개를 펼친 모양을 한 평등원 봉황당(平等院 鳳凰堂, 뵤도인 호오도, 1053)의 중당(中堂)은 우리나라 조선시대 불전의 일반적인 모습

43. 藤田勝也 · 古賀秀策, 『日本建築史』, 昭和堂, 1999, p. 60.

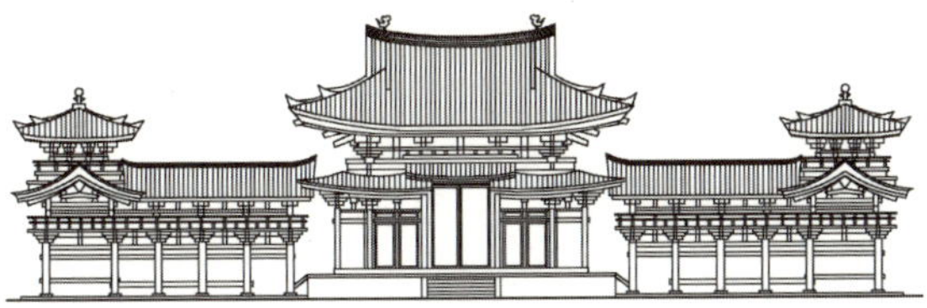

(A) 정면도

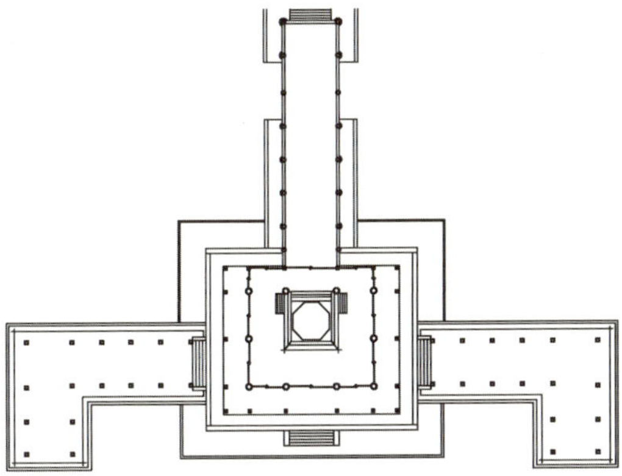

(B) 평면도

그림 3-25. 평등원 봉황당

과 유사하게 전열의 내주를 감주(減柱)한 3칸3칸 평면으로 보인다(그림 3-25). 그러나 조금 더 세밀히 평면을 들여다보면, 이 전각의 기본구조는 3칸2칸의 평면을 차양칸〔裳階, 모코시〕으로 두른 전형적인 '3칸4면비'의 평면이다. 다만 후면벽을 한칸 뒤로 밀어 3칸3칸 평면을 흉내내고 있는 것이다. 이와 같은 사례는 일본 건축의 구법에서 3칸2칸 평면의 선호에 대한 강력한 전통을 드러내고 있다. 또한 봉황당은 중당을 기준으로 3면에 익랑(翼廊)과 미랑(尾廊)을 위치시키고 있는데,[44] 이것

44. 이와 같은 배치를 갖는 봉황당형 불전으로 승광명원 어당(勝光明院 御堂, 쇼코묘인 미도), 무량광원(無量光院, 오료코인) 등이 있었다고 한다. 한편 구체당(九體堂)형은 아미타불 9체를 안치하는 유형으로 11칸 이상의 커다란 규모로 건립된 유형이다. 藤

은 앞에서 살펴보았던 발해 상경용천부의 제4궁궐지, 제1사찰지, 회암사지 정청지 등에 나타나는 구성과 유사하다. 이를 일본에서는 침전조(寢殿造, 신덴즈쿠리)라고 하며, 이때 중심공간을 침전(寢殿, 신덴), 부속공간을 대옥(對の屋, 다이노야)이라 하여 구분한다.

이와 같이 3칸을 기본으로 하는 불전평면의 전국적인 유행은 이후 불전건축에 많은 영향을 미치게 된다. 일본에서는 신사건축과 마찬가지로 불전건축에서도 평면의 확장이 주로 둘러싸는 공간을 부가해 나가는 방식으로 실현되는데, 우리나라의 불전이 조선시대 이후 점차 소형화되고 실분화보다는 채나눔을 통해서 조직되는 것과는 대조적이다. 예를 들어 대보은사 본당(大報恩寺 本堂, 다이호온지 혼도, 1127) 같은 건축물이 대표적인데, 사방을 둘러 퇴칸〔庇〕을 부가하는 방식으로 공간을 확장시키고 있다. 정면은 배전(拜殿)으로 2칸이 부가되었고, 또 정면 어칸의 앞으로만 1칸이 더 돌출되어 정면성이 강조된다. 일본에서 이러한 방식을 근간으로 하는 근세 이후의 대불전 건립 경향은 일본의 불전건축이 우리와는 다른 발달과정을 거치게 되는 큰 요인으로 작용했다.

田勝也 · 古賀秀策, 『日本建築史』, 04淨土教建築 참조.

IV. 3칸3칸 전각의 유형과 적용

1. 3칸3칸 전각의 유형

1) 분류기준과 용어정리

3칸3칸의 평면은 내부공간의 구성방식과 구조의 변경을 통해 다양한 기능에 적응했다. 이들의 적응모습을 살펴보면 몇 가지 유형으로 대별하는 것이 가능하다.

우선 공간이용의 행태에 따라 3칸3칸의 평면 전체를 내부공간으로 사용하는 유형과 일부를 개방하여 반외부화하는 유형으로 나눌 수 있다. 서술의 편의상 전자를 '통칸형(通間型)', 후자를 '퇴칸형(退間型)'이라 칭하기로 한다. '퇴칸형'이라 한 것은 외부로 개방되는 부분이 대부분 퇴칸이기 때문이다.[1]

---

1. 이러한 방법으로 구분하기 어려운 유형이 존재하는데, 사방으로 개방되는 누정(樓亭)이 그것이다. 누정은 상대적으로 의례공간의 의미가 축소되고 자연에 안일하고 유유자적하는 자연스러움이 강조되어 형태면에서 보다 자유롭다. 그러나 그 초기의 조직원리는 3칸3칸의 평면을 기본으로 하며, 적어도 전라도 지방의 누정건축에서는 이러한 의미가 뚜렷이 드러나고 있다. 이때 누정건축에서 외곽부는 전체를 들문으

표 4-1. 3칸3칸 전각의 구성유형

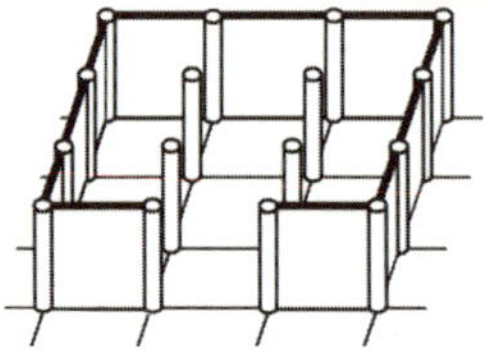	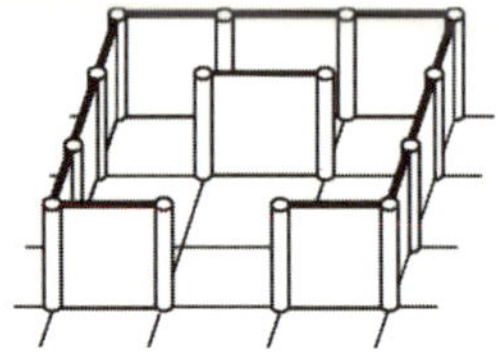	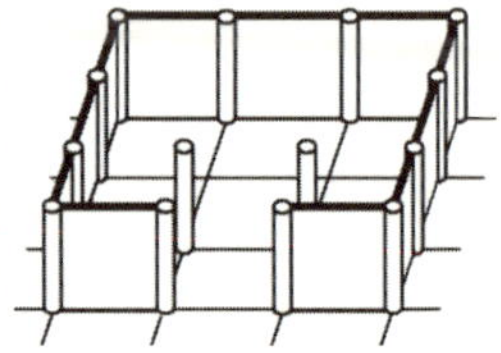
통칸정치형 벽이 건물의 최외곽에 둘러 있고 모든 기둥이 빠짐없이 제자리에 위치함	전열감주형 벽이 건물의 최외곽에 둘러 있고 전열 내부기둥이 생략됨	후열감주형 벽이 건물의 최외곽에 둘러 있고 후열 내부기둥이 생략됨
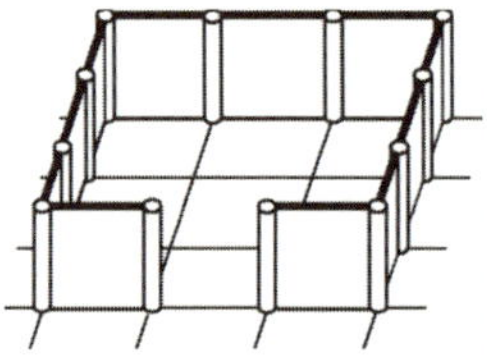	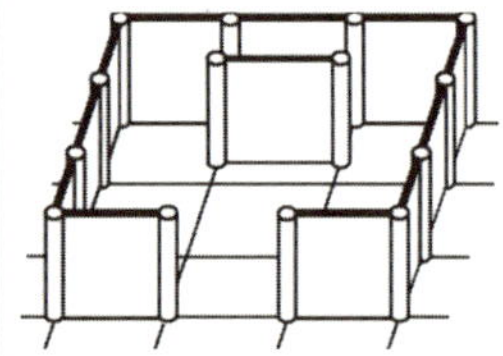	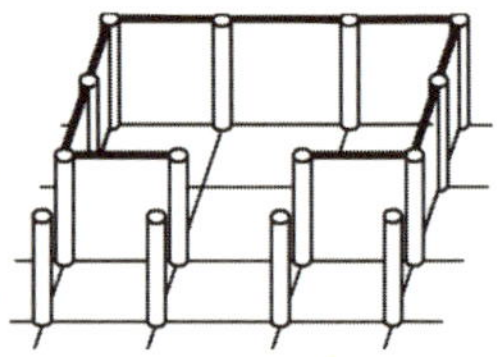
무내주형 벽이 건물의 최외곽에 둘러 있고 내부기둥이 모두 생략됨	통칸이주형 벽이 건물의 최외곽에 둘러 있고 전열 내부기둥이 생략되고 후열 내부기둥이 뒤로 이동함	퇴칸감주형 벽이 건물의 전면퇴칸을 제외하고 둘러 있고 내부기둥이 생략됨

다음으로 기능에 알맞은 공간을 만들기 위해 내부기둥을 조절하는 모습이 특징적이다. 전술한 것처럼 기둥을 제거하는 수법을 '감주(減柱)'라 하고 기둥을 이동시키는 수법을 '이주(移柱)'라 한다. 따라서 이를 유형화하면 '감주형'과 '이주형'으로 분류된다. 그런데 3칸3칸의 평면에서 내주는 전열과 후열의 두 열이 존재하므로 각각 전열감주형(前列減柱型)과 후열감주형(後列減柱型), 전열이주형(前列移柱型)과 후열이주형(後列移柱型)으로 나눌 수 있다. 한편 기둥의 조절이 없는 유형은 정치형(定置型)이라 했다.

로 개방할 수 있게 되어 있거나 아예 창문을 두지 않는 경우도 있는데, 그럼에도 불구하고 난간 등이 둘러져 있고 지면으로부터 높게 위치하기 때문에 외부에서 직접 접근이 가능한 퇴칸형 공간구조와는 건축적인 의미에서 차이가 있다.

이렇듯 통칸형과 퇴칸형, 감주법과 이주법의 적용 여부 등을 기준으로 3칸3칸 전각의 평면형식을 구분하면 이론적으로 10여 개의 변형이 가능하나, 실제 건축물을 조사하면 다음과 같은 여섯 가지가 발견된다. 즉, 통칸정치형, 통칸후열감주형, 통칸전열감주형, 통칸전후열감주형, 통칸전열감주후열이주형, 퇴칸후열감주형 등이다. 이를 편의상 줄여서 각각 통칸정치형, 전열감주형, 후열감주형, 무내주형(無內柱型), 통칸이주형, 퇴칸감주형으로 칭하기로 한다(표 4-1).

2) 유형과 기능의 분포

흥미로운 점은 이와 같은 3칸3칸 전각의 내부구성 유형이 각 전각의 용도에 따라 일정한 관련성을 보인다는 점이다. 3칸3칸 평면형을 가지는 전각의 용도와 공간형식의 관계를 도식화하면 표 4-2와 같다. 감주법과 이주법은 현존하는 사례들에서 선후관계가 명확하지 않으며 동시에 사용되고 있다. 즉, 둘 다 공간문제를 해결하는 방안의 하나로서 선택이 가능한 사안이었던 것으로 추측된다. 한편 무내주형의 평면은 기능에 관계없이 여러 전각에 통용되는 평면으로 선호되었다. 이에 비해 퇴칸감주형은 사묘의 경우에 특징적으로 등장하며, 후열감주형 역시 궁전건축에서만 발견되는 특성을 보인다. 이로써 구조유형에는 기능에 대한 적응력이 높은 것과 낮은 것이 있다는 사실을 알 수 있다.

이들 평면유형의 시간적 선후관계를 파악하는 것은 어려운 작업이다. 게다가 각 전각의 용도별 유형에 따라 서로 다른 발달과정을 거쳐왔을 것으로 생각된다. 따라서 시기적인 선후관계를 따지는 것보다는 계통적인 발달과정을 고찰하는 것이 보다 유용한 방법이 될 것이다. 지금 확인할 수 있는 바로는, 내주구성의 유형에서 정치형이 먼저이고 가구법의 발달에 따라 감주법과 이주법이 차례로 도입되었다고 볼 수 있다. 그 이유는 이주 없이 감주한 사례는 많지만 감주 없이 이주법만으

표 4-2. 3칸3칸 전각의 유형분포

평면유형		전각의 종류			
		사묘	불전	궁전	누정
후열 감주	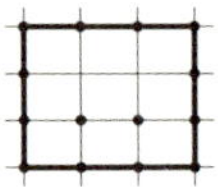				
통칸 정치	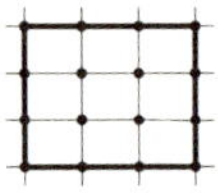				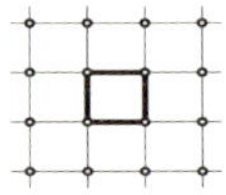
전열 감주	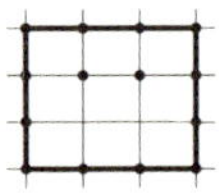				
무내주	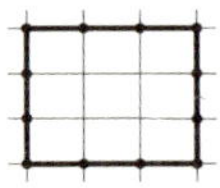				
통칸 이주	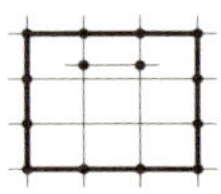				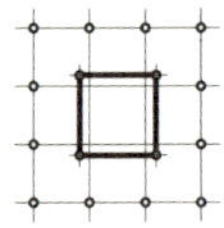
퇴칸 감주	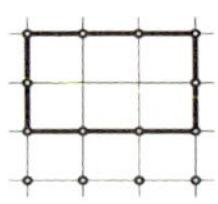				

로 구성된 건물은 찾기 힘들기 때문이다. 고대의 건물지들은 대부분 내주를 세웠던 초석을 가지고 있다. 그러나 현존하는 조선시대 이후의 건축물들에서는 내주가 모두 있는 사례를 발견하기 어렵다. 중국의 사례를 통해 볼 때, 현존하는 최고의 목조건물인 남선사 대전(南禪寺 大殿)에서 이미 감주법을 사용하고 있는 것으로 보아 8세기 이전에 감주법

이 정착된 것으로 추정된다. 이는 한국 건축의 정림사지, 상경용천부의 궁궐 및 사찰지 등에서도 발견되는 현상이며, 고대 동아시아 사회에서 보편적인 법식으로 운용되었음을 알 수 있다.

가장 많은 평면유형을 가지는 것은 단연 사묘건축이다. 단 하나의 사례를 갖는 유형도 포함하긴 했지만 이처럼 다양한 평면유형을 사용했다는 사실은 그만큼 사묘건축의 형식에 대한 논의가 다양했음을 짐작케 한다. 사당 3칸이라는 고례(古禮)의 해석은 이미 규모를 결정지었음에도 불구하고 실제 세부적인 공간형식에 대해서는 합의에 이르지 못했던 것으로 보인다. 대체적으로는 전면에서 보이는 독립기둥 2개를 남기는 문제에 일정한 공감대를 이루었으며, 이에 따라 결과적으로 전면에 퇴칸을 구성하는 방식인 퇴칸감주형이 선호되었던 것으로 추정된다. 퇴칸감주형은 다른 용도의 건축에서는 사용되지 않으므로, 사묘건축을 다른 건축과 구별하여 정체성을 부여하는 지표가 되고 있다. 다음으로 사례가 많은 유형은 무내주형이다. 무내주형은 내부공간 전체를 중성적으로 만들어 어떠한 기능에도 적용이 쉬운 보편적 공간구조를 가지고 있기 때문으로 보인다. 기타 유형은 소수의 사례에서만 발견된다.

불전건축에서는 전열감주형과 무내주형, 통칸이주형이 주로 사용되었다. 이들 유형은 어느 것이 보다 우월한 비율을 차지하지 않고 통계상 거의 같은 숫자로 분포한다. 이것이 지역전통에 기반한 특성인지 시대상황을 반영한 특성인지에 관해서는 후속 연구가 필요하다. 한편 고대 불전에서 불단의 주위를 도는 요잡례(繞匝禮)를 위한 공간구성의 기본을 이루었던 통칸정치형은 조선시대 이후에는 사례가 드물어졌다. 대신 전반적으로 불상 앞쪽으로 좀더 넓은 공간을 예불공간에 부여하는 방향으로 공간형식이 바뀌어 온 모습을 살필 수 있다. 후열의 내부기둥은 구조적 역할뿐만 아니라 불벽을 지지하고 그 틀이 되는 역할을 하므로 나름대로의 이유를 가지고 불전 내부공간에 남을 수 있었다.

궁궐의 편전에서는 특별한 이유로 후열감주형이 나타나고 있다. 공간적인 제약요소로 작용할 것 같았던 내부기둥이 오히려 사용자의 자리배치에 기여하고 있는 모습을 보여 준다. 궁궐 전각에서 내부기둥은 여러 계급의 사람이 모이는 공간에서 뚜렷한 지표로서 공간의 위계를 부여하고 좌석을 배분해 주는 역할을 하며, 한편으로 기타의 행례시에도 같은 역할을 수행하고 있다. 이 평면형은 큰 갈등 없이 적용되었던 것으로 추정된다. 광해군대 창경궁 문정전의 중건은 좌향과 기둥의 격식문제로 조정에 커다란 논란을 불러일으켰음에도 불구하고, 평면형에 관한 언급은 없다. 따라서 3칸3칸의 평면을 사용하여 후열을 감주하고 전열을 정치시키는 형태는 유교 행례를 위한 건축의 모범으로 받아들여졌던 것으로 생각된다.

누정건축은 상대적으로 의례에서 자유롭기 때문에, 다른 전각과는 다른 독특한 평면형식이 나타난다. 특히 호남지방에서 가운데 방을 들이는 정자들에서는 평면의 중앙에 온돌방을 두는 경우가 일반적이므로 감주의 기법은 사용되지 않았다. 그러나 17세기 이후 넓은 온돌방에 대한 수요가 증가하면서 모든 내주를 바깥으로 일정하게 이동하여, 외피의 모습은 균등한 3칸으로 유지하면서 넓은 방을 가져 실용적인 기능을 충족시키는 평면형이 등장했다.

이처럼 3칸3칸의 평면은 각 시대의 역량과 각 전각의 요구에 맞추어 발달해 왔다. 시대적 상황이 변화하고 전각에서의 행동 패턴이 바뀌면 그에 따라 평면유형을 조정하면서 새로운 요구에 적응했다. 이때 지역적 특색과 조영자의 취향도 일부 반영되었다고 추정할 수 있다. 형식의 종류가 많다는 것은 3칸3칸 평면형의 높은 적응력을 의미한다. 3칸3칸 평면형은 이미 조선사회에 중소 규모 전각의 전형으로 자리잡았다. 이후 전형으로서의 3칸3칸 평면은 다양한 문제를 그 안에서 수용하고 해결하는 방식을 개발해 나가게 된다.

2. 사묘건축

1) 사묘건축의 사례

(1) 통칸형

가. 문의향교 대성전(文義鄕校 大成殿): 전열감주형

충청북도 청원군 문의면 미천리에 위치한 문의향교는 유형문화재 제94호로 지정되어 있다. 임진왜란 이전에 창건된 것으로 생각되지만 여러 차례 이전되었고 현재의 건물은 1915년에 재건된 것이다. 대성전은 면적이 17.04평으로 정면3칸 측면3칸의 맞배지붕이다. 장대석기단 위 원형초석을 놓고 원주를 세웠으며, 평면의 모습은 정면에서 보는 어칸이 2.75m인 것을 제외하면 모두 2.45m로 거의 정방형에 가깝다. 즉, 다른 전각건물들에 비해 측면이 상당히 확장된 사례이다(그림 4-2).

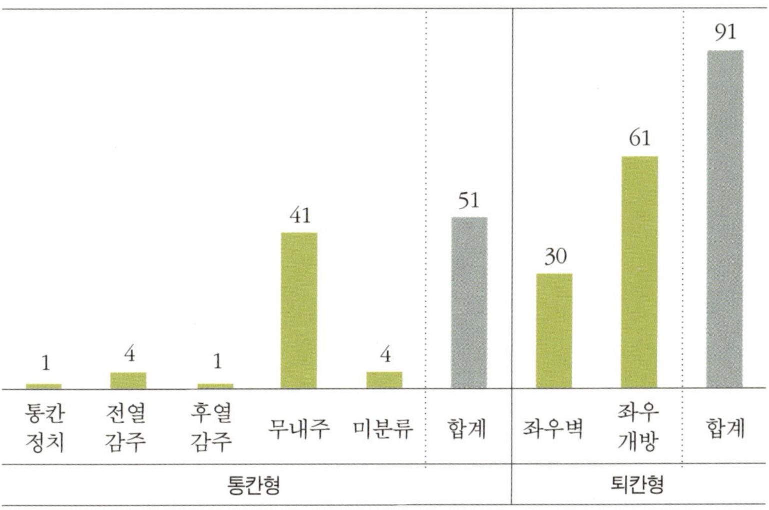

그림 4-1. 3칸3칸 향교 대성전의 유형분포

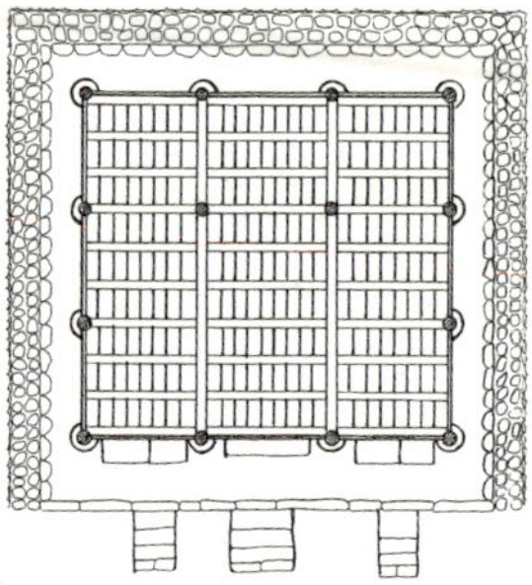

(A) 평단면도

(B) 정면도

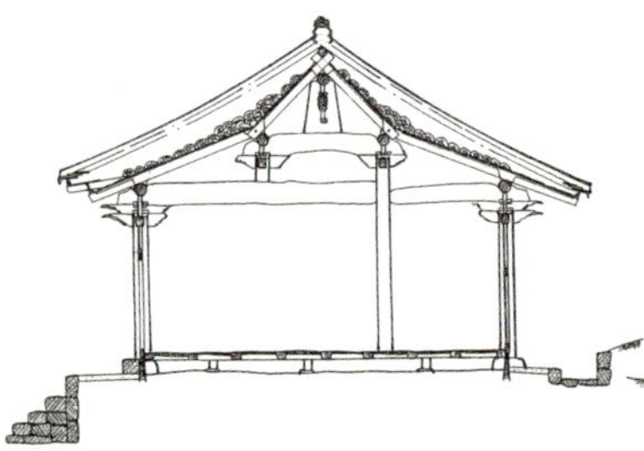

(C) 종단면도

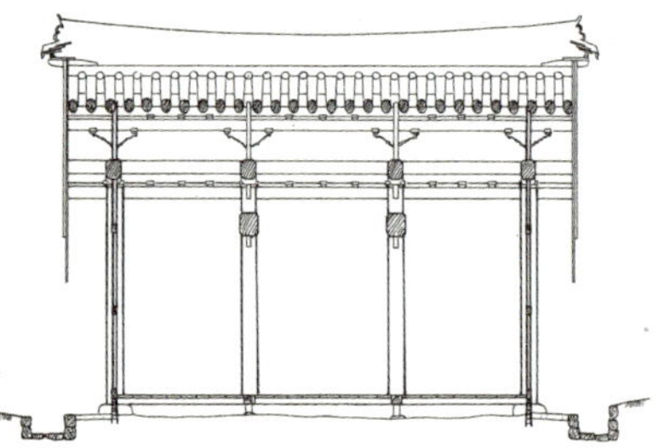

(D) 횡단면도

그림 4-2. 문의향교 대성전(『한국의 향교건축』, 1998)

평면 외곽으로 벽을 설치하여 3칸3칸을 모두 내부공간으로 사용하는데, 단면구조는 1고주 5량의 구성으로 전열의 내주를 생략한 것이 특징적이다. 전열의 내주를 생략하는 방식은 불전에서 일반적으로 사용되며 사당의 평면에서는 사례가 적다. 일반적인 사당의 평면에서는 내주 전체를 감주하여 통칸으로 사용하는 무내주형이거나 전열내주열에 맞추어 벽을 구성하는 퇴칸감주형이 선호되었다.

유사한 평면을 갖는 사례들로 무주향교 대성전(茂朱鄕校 大成殿), 영암향교 대성전(靈巖鄕校 大成殿), 경주향교 대성전(慶州鄕校 大成殿)이 있지만, 향교 대성전의 전체 사례수로 보면 극소수에 해당한다. 이들 사당이 이전과정이나 복원 당시 미흡한 이해를 바탕으로 오용되

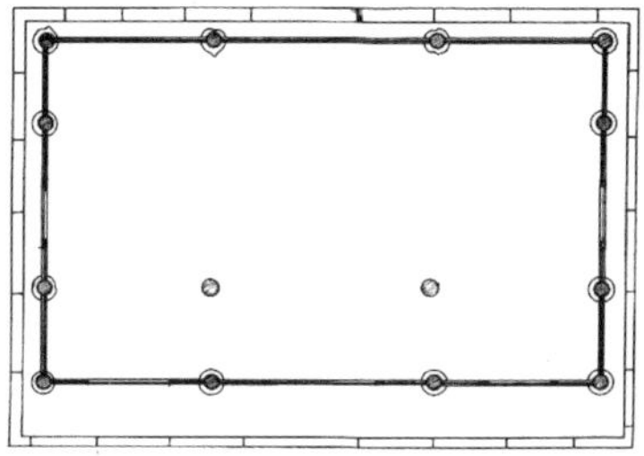

(A) 평면도

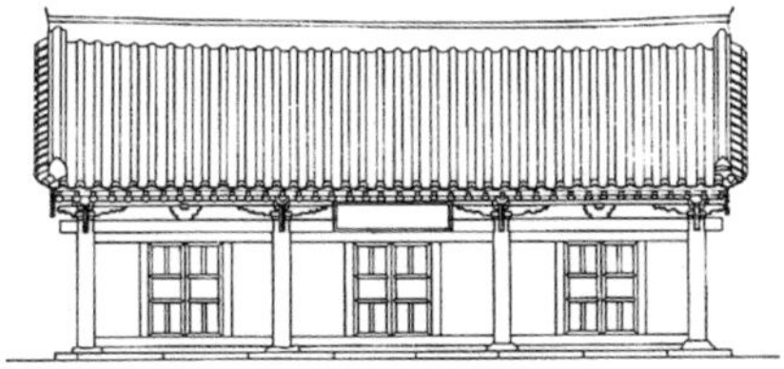

(B) 입면도

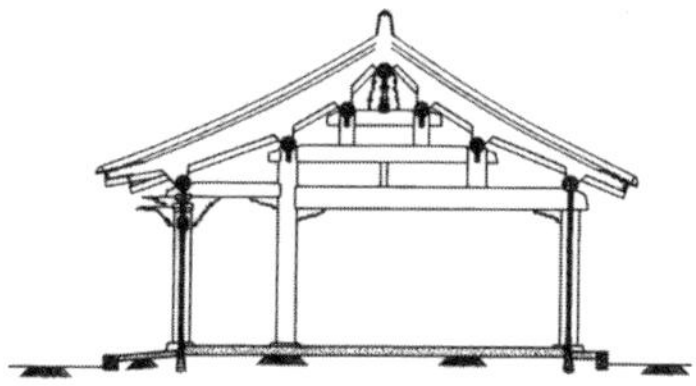

(C) 단면도

그림 4-3. 여주향교 대성전

었을 가능성도 배제할 수 없다.

나. 여주향교 대성전(驪州鄕校 大成殿): 후열감주형

익공계 맞배지붕을 한 여주향교 대성전은 1고주 7량가의 가구에 면적이 73.14m^2(22.16평) 정도 되는 사묘이다(그림 4-3). 전열의 내부기둥은 그냥 두고, 후열의 내주를 제거한 독특한 형식은 유교건축의 지표로 보아도 무방할 것이다. 불전건축에서 선호된 평면에서는 이처럼 출입구와 가까운 전면에 내부기둥을 남기는 사례를 발견할 수 없기 때문이다. 공간적으로도 입구부분의 내부기둥은 동선과 시야에 상당한 제약을 준다. 따라서 전열 내부기둥의 존재는 구조적인 측면이나 일상적인 행위에서의 실용성보다는 의식적이고 상징적인 의미와 결부시켜 이해하는 것이 옳을 것이다.

그러나 이와 같은 형식의 평면은 조사대상의 대성전 중 여주향교가 유일하다. 일반적인 향교의 대성전에서는 전열내주에 벽체를 설치하고 그 앞으로 퇴칸을 만드는 방식을 사용한다. 오히려 창덕궁 선정전(昌德宮 宣政殿), 창경궁 문정전(昌慶宮 文政殿) 등의 궁궐 편전(便殿) 및 관영건축에서 나타나는 평면이다. 또한 아산향교 명륜당(牙山鄕校 明倫堂)에도 발견되기 때문에 어떤 경우든 유교건축의 의례와 관련해서 해석될 여지는 있다.

다. 칠곡향교 대성전(漆谷鄕校 大成殿): 무내주형

대구에 있는 칠곡향교 대성전는 1907년에 중수했다는 현판의 기록과 건축양식으로 보아 20세기에 중건했음을 알 수 있다. 측면3칸을 통보가 가로질러 내부 전체가 단일한 공간이 되는 방식으로 건축되었다(그림 4-4). 이렇게 내부공간에 기둥을 전혀 두지 않는 방식은 그 사용목적과 무관하게 다양한 기능에 대응할 수 있다. 따라서 불전과 대성전, 서원의 사당 등 모든 전각건축에서 상당한 비율을 보인다. 사묘에서도 역시 외부의 기둥구성과 공포의장, 지붕형식에 관계없이 내부의 시설을 설치할 수 있으며, 이후에 변경하는 것도 자유롭기 때문에 애용되었던 평면유형 가운데 하나이다. 현전하는 건축물의 통계로 볼 때 3칸3칸 규모의 향교 대성전 중 약 30%에 달하는 건축물이 이러한 유형으로 계획되어 있다.

사묘의 공간이 가변성을 필요로 하는 경우는 봉안할 신위의 수가 바뀌는 경우이다. 그러나 그 경우는 서원(書院)의 사당과 일부의 영당(影堂) 정도에 그치고 향교 대성전에는 해당되지 않는다. 따라서 무내주형이 전체의 30%에 이르는 높은 비율로 사용된 것을 굳이 공간 적응력에 의한 것으로 해석하기는 어렵다. 한편 무내주형에서는 퇴칸감주형의 독립기둥과 같이 행례에 필요한 상징공간들을 만들기 힘들다는 단점도 있다. 따라서 무내주형 평면은 각각의 기능에 꼭 들어맞는 맞춤형

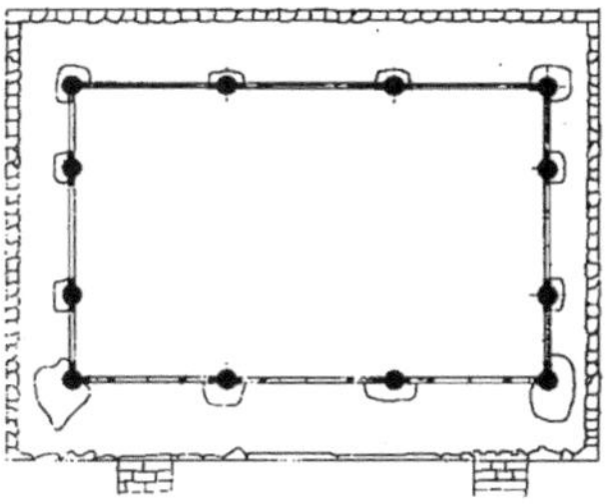

(A) 평면도

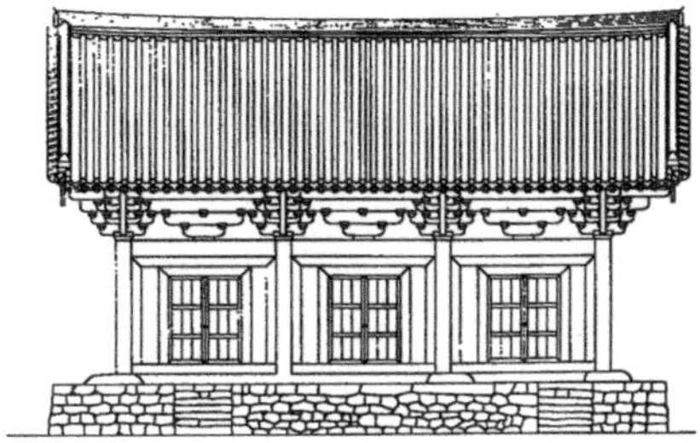

(B) 정면도

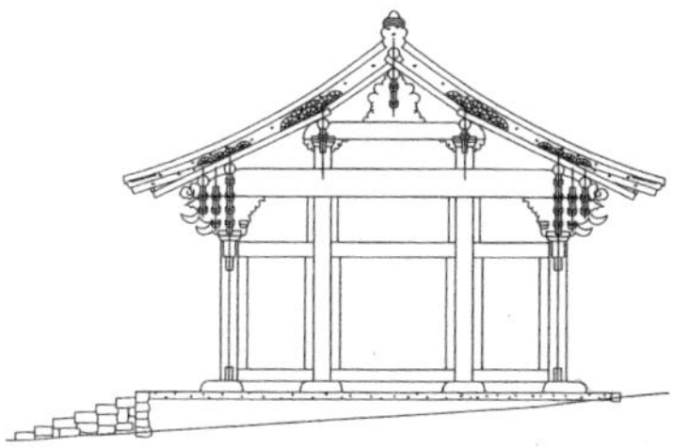

(C) 종단면도

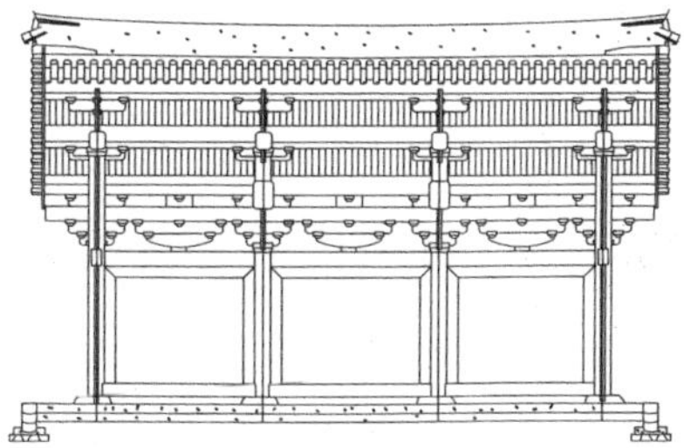

(D) 횡단면도

그림 4-4. 칠곡향교 대성전

건축보다는 관성화된 생산방식과 관련되었을 가능성이 높다. 즉, 적응성이 강한 중성적인 공간구조가 다양한 용도의 건축에 두루 관행적으로 건설되었을 것으로 추측할 수 있다.

라. 창덕궁 의로전(昌德宮 懿老殿): 후열이주형

의로전은 창덕궁의 신선원전(新璿源殿)의 삼문(三門) 밖에서 남동쪽에 위치하고 있는 초익공 겹처마 팔작지붕의 건물이다. 사료에 등장하지 않고 연혁을 파악하는 것이 불가능해 막연히 신위를 봉안했던 건물로 추정해 왔었다. 그러나 최근의 연구결과에 따르면 원래 1868년 경복궁 문경전(文慶殿)으로 건립되었던 것이 1904년 경운궁으로 이건되면서

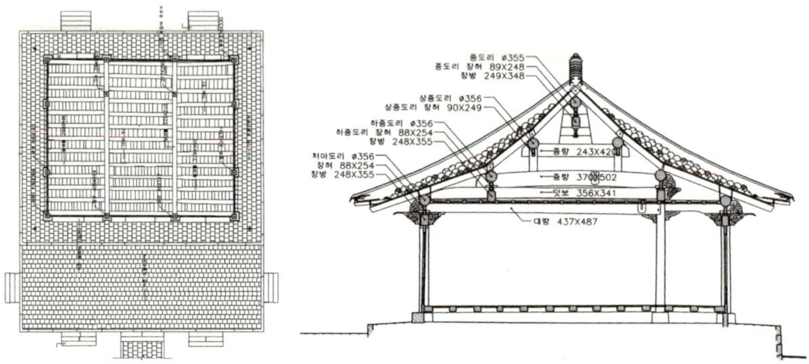

(A) 평면도 (B) 단면도

그림 4-5. 창덕궁 의로전

순명황후(純明皇后)의 혼전인 의효전(懿孝殿)으로 사용되다가 1920년 현재의 자리로 다시 이건되었는데,[2] 어느 사이엔가 현판을 오독(誤讀)하는 사건이 발생하여 엉뚱한 이름으로 불리게 되었다고 한다.[2]

상부가구는 7량 구조로 측면이 확장되어 정방형에 가까운 평면형태가 되었다. 창덕궁 의로전의 특징은 사묘건축에서 발견하기 힘든 이주법(移柱法)을 적용하여 내부기둥렬과 외측벽의 가구가 일치하지 않는다는 점이다(그림 4-5). 내부단면은 내주가 하중도리 아래에서 직접 중보를 받치고 중보와 대들보의 사이에는 덧보를 대어 보강한 형식이다. 측벽의 두 기둥은 하중도리와 상중도리의 중간 부분에 각각 위치하며 머리에 충량을 걸어 대들보에 걸치고 있다. 내부기둥은 공간이용의 효율을 우선하고, 측벽기둥은 충량이라는 구조적 기능을 우선한 결과이다. 이주법은 팔작지붕의 불전에서 자주 발견되는 기법이지만, 의로전과 같이 이동한 내주에 고주를 사용한 형식은 불전건축에서도 봉정사 대웅전(鳳停寺 大雄殿) 이후로는 발견하기 어려운 사례이다.

---

2. 李康根, 「의로전(懿老殿)의 연혁」, 『昌德宮 懿老殿 實測 · 修理報告書』, 문화재청, 2004, pp. 65-94.

불전에서는 전면의 예불공간을 확장하기 위해서 이주법을 즐겨 사용한다. 한편 사묘건축에서도 의례공간의 확장을 위해 퇴칸의 치수를 줄이는 모습이 보인다. 퇴계 이황(退溪 李滉)은 사당에서의 감실과 건축공간의 관계에 대해, 감실이 신탁(神卓)을 수용할 수만 있다면 너무 넓을 필요는 없으며, 그렇다면 후퇴의 척수는 전퇴 규모에 비해 적절하게 축소시켜도 상관없을 것이라는 의견을 낸 적이 있다.[3] 그러나 이처럼 후퇴의 치수만을 축소시키게 되면 지붕가구가 비대칭이 되어 구조적으로나 시각적으로 안정감을 상실할 가능성이 크다. 따라서 사당건축에서는 전후퇴의 깊이를 동시에 줄이고 중심칸을 넓게 하는 대신, 대들보 위에 중보와 종보를 추가하여 7량가로 구성하는 경우가 있다. 그러나 창덕궁 의로전과 같이 측벽구조를 달리하여 이주법의 모습을 갖는 경우는 매우 예외적이라서 조선 후기 승장(僧匠)들이 관영공사에 유입되면서 기법이 혼용되었을 경우도 참작해 볼 필요가 있다.

(2) 퇴칸형

가. 익산향교 대성전(益山鄕校 大成殿): 퇴칸좌우개방형

태조 7년(1398)에 지어진 후 임진왜란(1592) 때 불에 타 없어진 것을 17세기에 재건한 것으로 알려진 익산향교 대성전은 사묘건축의 가장 전형적인 평면형을 갖는 건축물이다(그림 4-6). 전면의 퇴를 외부로 개방시키고 후면의 2칸을 내부공간으로 이용하고 있다. 퇴를 두는 것은 위패를 모신 내부공간과 구별되는 전이공간 혹은 의례공간을 만들기 위한 의도이다. 전면 처마 밑에 있는 2개의 원기둥은 행례의 기준이 되며, 전면 퇴칸의 지붕 덮힌 반외부공간은 그대로 깊은 처마를 만들어 내부의 신성공간을 보호한다. 또 익산향교 대성전의 실내에는 기둥이 없는데 이는 퇴칸형의 사당건축물에 공통되는 현상이다. 더 나아가 3칸

3. 且龕之爲制, 亦無可據, 恐只當如藏之狀. 令可容神卓, 似不須太寬闊. 然則後退尺數, 比前退量宜裁縮, 可矣. 『龜巖先生文集』 卷之一, 上退溪先生.

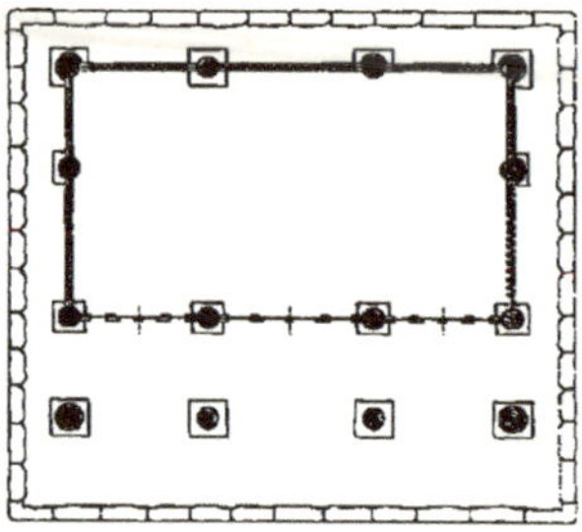

(A) 평면도

(B) 입면도

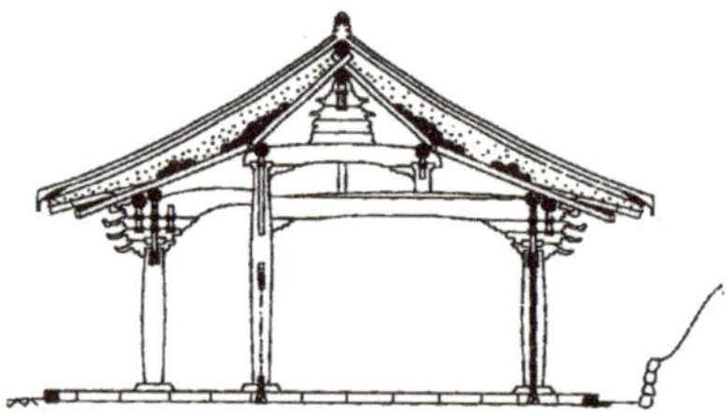

(C) 단면도

(D) 측면도

그림 4-6. 익산향교 대성전

2칸의 평면을 가지는 어떤 전각에서도 내부기둥은 존재하지 않는다.

한편으로 익산향교 대성전은 사묘건축이면서 다포가 사용된 매우 드문 사례이다.[4] 전면에는 공간포를 사용하여 화려하게 장식하고 후면은 주심포로 처리한 것은 조선 후기의 장식화 경향과 맥을 같이하며 보통은 불전건축에서 발견되는 특징이다. 기법의 통용을 살필 수 있는 사례로 주목된다.

나. 아산향교 대성전(牙山鄕校 大成殿): 퇴칸좌우측벽형

아산향교 대성전은 조선 중기 이전에 창건되었고 임진왜란 이후 현위치로 이건된 것으로 생각되며, 1647년 아산 현감 유흡(柳洽)이 수리한

4. 서울 성균관 대성전에 사용된 사례가 있다.

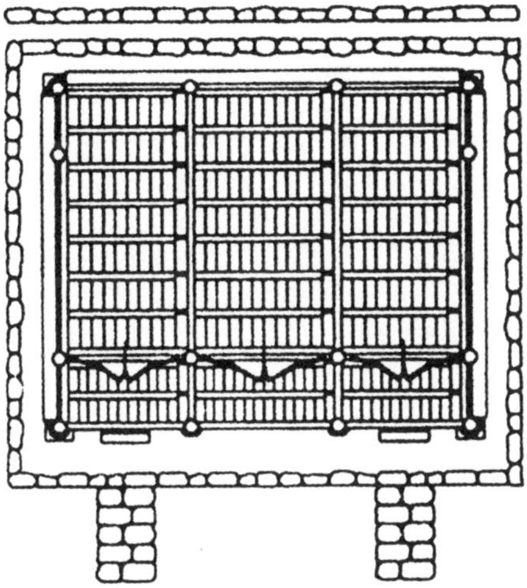

그림 4-7. 아산향교 대성전 평면도(이왕기, 1999)

것과 1864년 중수 기록이 남아 있다.[5] 겹처마 맞배지붕을 했으며, 전퇴를 개방하고 전열내주의 위치에 문을 달았다. 건물의 좌우로 조계(阼階)와 빈계(賓階)의 양쪽계단을 두었으며, 툇마루로 오르는 섬돌도 중앙에는 두지 않아서 고례에 의거한 유교건축의 형식을 갖추고 있다(그림 4-7).

측면 중심칸이 전후 퇴칸폭의 약 3배에 달하는 모습으로 전체적으로 정방형에 가까운 평면비례를 가지고 있다. 이처럼 중심칸을 넓게 잡고 퇴의 폭을 줄이는 모습은 내부공간의 크기를 키우기 위해서인데, 결과적으로 대들보의 길이가 길어지기 때문에 구조적으로 부담이 되는 부분이다. 그럼에도 불구하고 개방된 전퇴공간을 생략하지 않은 것은 의례건축의 상징성이 작용한 결과이다.

아산향교 대성전에서 특징적인 점은 좌우 측벽을 전면 기둥렬까지 연장해 퇴칸의 좌우를 막고 있는 점이다. 또한 각 벽체는 중방(中枋)의

5. 이왕기, 『한국의 건축문화재 5.충남편』, 기문당, 1999, p. 235.

위치까지 두터운 화방벽(火防壁)을 덧대어 안정감을 더했다. 측벽을 퇴칸까지 연장하는 방식은 전면의 두 독립기둥, 즉 양영(兩楹)을 시각적으로 강조하기 위해서이다. 전퇴의 내부에 툇마루를 가설해 신을 벗고 올라설 수 있도록 구성한 점도 특이한 사례이다. 이렇게 툇마루를 가설하여 전퇴를 내부화하는 방식은 충남지방의 향교 대성전에서 종종 발견된다.

2) 예제와 사당의 건축형식

(1) 예제의 평면형식

조선시대 사묘건립에 큰 영향을 미쳤던 이론은 고대 하(夏)·상(商)·주(周) 3대의 궁실제도(宮室制度)이다. 크게 천자(天子)의 건축제도로서 명당(明堂)형식이 따로 있고, 그 이하는 문(門)과 묘(廟), 침(寢)으로 구성되는 대단히 정형화된 법식을 갖는다. 이들의 구성은 크게 배치계획으로서 전묘후침(前廟後寢), 평면형식으로서 전당후실(前堂後室), 신분별 구조형식으로서 전옥(殿屋)과 하옥(廈屋), 집합형식으로서 도궁(都宮)이라는 특징을 갖는다.[6]

여기서 '묘(廟)'란 공식적인 의례가 일어나는 공간이며, '침(寢)'이란 일상적인 생활, 즉 연거(燕居)가 이루어지는 공간이다. 이러한 묘침은 그 배치와 평면의 원칙이 산 자와 죽은 자의 공간에 동일하게 적용되는 특징을 갖는다. 따라서 사묘건축 일곽에서 묘는 신주를 봉안하고 제례를 벌이는 행례공간이 되며, 침은 죽은 자의 유물을 안치하는 장소가 된다.[7] 용도에 따른 논란이 있지만 대개 우리나라의 서원건축에서 강당과 사우의 관계, 향교건축에서 명륜당과 대성전의 관계에 대응한다.

---

6. 정기철, 「17세기 사림의 '묘침제' 인식과 서원영건」, 서울대학교 박사학위논문, 1999, pp. 116-128 참조.
7. 정기철, 「17세기 사림의 '묘침제' 인식과 서원영건」, p. 116.

세부적인 요소들을 논외로 하고서라도 유교건축의 기본적인 평면은 그 공통적인 특징을 추출하는 것이 가능하다. 우선 당(堂)의 공간이 독립된 원기둥〔楹〕 2개와 함께 전면으로 개방되어 있다. 그 뒤로는 3칸의 개실이 위치하며 그 좌우로는 벽을 막고 협실을 둔다. 이렇게 하여 전면5칸에 측면3칸인 평면이 완성된다. 이것은 '묘'에 해당하는 건축이고 그 뒤에 위치하는 '침'에 대해서는 『이아(爾雅)』의 「석궁(釋宮)」편에서 상(廂)의 유무로 구분하고 있다. 상은 협실의 앞 공간으로서, 상이 있으면 묘(廟), 없으면 침(寢)이라 했다.[8] 따라서 3칸3칸 사당건축은 묘침제의 관점에서 볼 때 침에 해당하는 부분으로서 묘건축에서 좌우의 협칸이 1칸씩 빠진 형태라고 볼 수 있다. 그림 4-8은 사계 김장생(沙溪 金長生)이 『가례집람(家禮輯覽)』에 실은 '침묘변명도(寢廟辨名圖)'로 문과 묘와 침으로 구성된 예제건축의 기본구성을 보여 준다. 제일 위에 간략히 묘사된 침은 중앙의 묘에서 좌우 상(廂)을 제거한 평면과 동일한 형식을 갖는 것으로 간주되었다.

그러나 이러한 모습들은 역사적으로 항상 해석의 대상일 뿐이었으며, 주자(朱子) 역시 많은 이론가들 중 하나일 뿐이다. 주자는 『가례(家禮)』에서 사당(祠堂)이라는 용어를 사용함으로써 대부(大夫) 이하의 계층에게도 묘건축을 확산시키려 한다는 의지를 밝혔다.[9] 이때 이천 정이(伊川 程頤, 1033~1107)의 귀천을 막론한 4대봉사(四代奉祀) 이론을 받아들여[10] 제후의 묘제가 일반에 전파되도록 했다. 따라서 주자

---

8. 室有東西廂曰廟. 無東西廂室有曰寢, 夾室前堂謂之廂. 『爾雅注疏』 卷5, 釋宮, 곽박(郭璞)의 注. 또 이여규는 동당 · 서당이라는 명칭을 사용하기도 했다: 夾室之前曰廂, 亦曰東西堂. 『儀禮釋宮』.

9. 古之廟制不見于經, 且今士, 庶人之賤, 亦有不得爲者, 故特以祠堂名之. 『家禮』 祠堂條의 註.

10. 古命士得立家廟. 家廟之制, 內立寢廟, 中立正廟, 外立門, 四面墻圍之. 非命士止祭於堂上, 只祭考妣. 伊川謂, 無貴賤皆祭自高祖而下, 但祭有豊殺疏數不同. 『朱子語類』 卷90, 禮7, 祭.

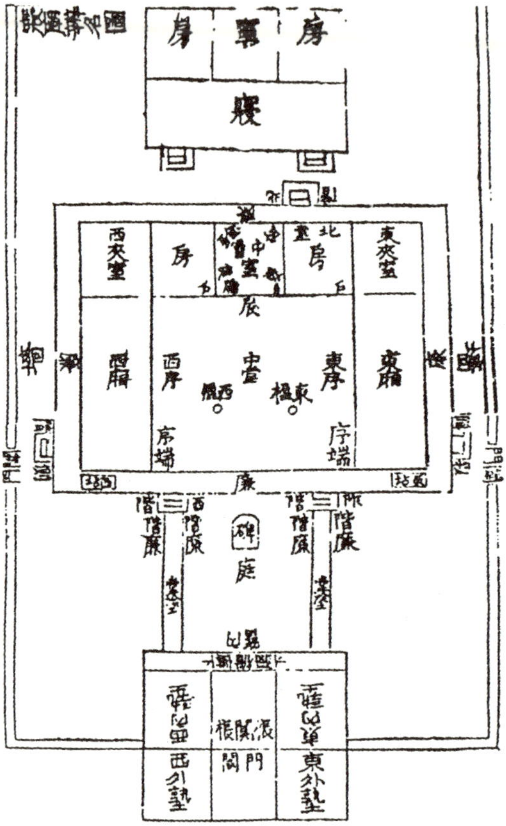

그림 4-8. 김장생의 침묘변명도, 『가례집람』

학(朱子學)의 사당이론은 본류유학(本流儒學)과 대비되는 특징으로,[11] 왕 이하 모두 4대봉사를 하고, 그 건축에 있어서는 종묘를 제외하고는 모두 사당제도를 따르며, 소목제를 폐지하고 서쪽부터 위계를 두어 4대까지의 신주를 안치하며, 그 위의 조상에 대해서는 조주(祧主)를 없애고 묘역에 묻는 것을 원칙으로 하기 때문에, 협실을 제거한 당만으로

11. 張哲秀, 「祠堂의 歷史와 位置에 관한 研究」, 文化財研究所, 1990, p. 23 참조.

구성된다. 한편, 고례의 신분별 건축형식인 전옥(殿屋: 天子 · 諸侯의 궁실)과 하옥(廈屋: 卿 · 大夫 · 士의 궁실)은 지붕형식만 다를 뿐 5개의 도리를 가지는 5량가(五樑架)로서 측면3칸이 될 가능성이 매우 높다. 그러므로 사당의 평면은 정면3칸 측면3칸을 기준으로 하는 것이 당연하게 받아들여졌다.

『가례』의 사당이론은 가묘(家廟)는 물론 서원 사당이나 향교 대성전에 동일하게 적용되었다. 다만 해석상의 차이와 궁실제의 오해, 예제를 실제건축에 적용하는 문제에 있어서 여러 가지 변례를 낳았다. 이미 주자 역시 자신의 사당론이 기존의 속례(俗禮)를 다수 적용한 구성이라는 점을 밝히고 있으며,[12] 우리나라에 도입된 이후에도 독특한 건축전통과 민간신앙의 제 요소가 습합되어 발달해 왔다. 따라서 초기의 사당건축은 보다 많은 변례를 낳았을 것이다. 주자가례는 1632년 용졸재 신식(用拙齋 申湜, 1551~1623)이 언해(諺解)하면서 확고하게 자리잡았을 것으로 추측되며,[13] 이후 예서(禮書)들에서나 비로소 통일된 이론의 맥이 보이기 시작하는데, 따라서 임진왜란 이후로 가례에 의한 사당건축이 전형화되었을 것으로 추정된다.

(2) 퇴칸의 구획과 양영

퇴칸형 사묘건축은 전체 사례의 약 65%에 달해서 사묘건축의 두드러진 특징이라 할 만하다. 이 가운데 1/3 정도는 퇴칸의 좌우를 벽으로 막았으며, 그 나머지는 좌우가 개방되어 있다. 또한 바닥재료에 따라 기단의 연장으로 돌을 깐 것, 전석으로 마감한 것, 툇마루를 가설하여 올라서게 한 것으로 구분할 수 있다. 이처럼 퇴칸의 모습이 다양하게 나타나는 것은 행례의 절차와 건축공간의 구성에 관한 다수의 논쟁과

---

12. 而其制度亦多用俗禮云. 『家禮』 祠堂條의 註.
13. 張哲秀, 「祠堂의 歷史와 位置에 관한 硏究」, pp. 29-30.

실험을 예상하게 한다.

여러 변형들의 한 가지 공통된 사항은 항상 중앙에 2개의 독립 원기둥이 남아 있다는 점이다. 이것은 『의례석궁(儀禮釋宮)』에서 "당(堂) 위 동서쪽에 각각 영이 있으며,"[14] 다시 그 주(註)에 "오직 당 위에만 양영이 있을 뿐이며, 영의 설치는 대개 앞쪽 도리 밑이다"[15]라고 한 언급에 의거한다. 따라서 묘에서 좌우 협실을 생략한 당의 폭이 건물폭이 되어야만 하는 상황에서 양영이라는 벽이 붙지 않는 독립기둥을 남겨야 할 필요는 퇴칸형이라는 독특한 건축의 형태를 만들었던 것으로 생각된다. 그러나 향사례(鄉射禮)의 주석을 참고해 보면 이때 영의 위치는 5량가에서 전면 중도리 밑이 된다.[16] 따라서 고례에 의하면 퇴칸 전면 처마 밑의 기둥은 영이 될 수 없다.

그러나 고례에서 설명하는 건축물의 구조와 그것이 학문적으로 보편화되었을 무렵의 건축구조는 다르다. 고례는 선진(先秦)시대의 벽식(壁式) 혼합의 목구조를 설명하고 있으나, 한대(漢代) 이후는 내력벽을 사용하지 않는 목가구조가 정착되었다. 따라서 처마의 하중을 받는 건물 전면의 기둥을 생략하는 것은 불가능해진다. 그럼에도 불구하고 중도리 밑의 기둥이 양영이라고 한다면, 그 앞의 처마에도 2개의 기둥이 또 남게 되어, 양영이 두 번 반복되고 결과적으로 독점적인 기둥으로서의 영(楹)의 의미는 사라지게 된다. 그러므로 전용 목구조의 기술을 가지고 3칸3칸 평면에서 양영을 표현하기 위해서는 건물 전체를 둘러싸는 면을 만들고, 후열내주는 감주하며 전열내주를 남기는 방법을 생각할 수 있다. 이것은 궁궐의 편전에서 볼 수 있는 방식이다.

동시에 고례의 양영은 외부로 개방된 공간에 위치했다. 『의례석궁』

---

14. 堂之上東西有楹.
15. 惟堂上有兩楹而已. 楹之設蓋於前楣之下.
16. 정기철 · 심우갑, 「朱子大全 儀禮釋宮 硏究」, 『大韓建築學會論文集 計劃系』 14권 5호, 1998, p. 36.

에서도 당에서 행례의 기준이 되는 위치[17]로서 호유지간(戶牖之間), 방호지간(房戶之間), 방외(房外), 양영간(兩楹間), 중당(中堂), 당동(堂東), 당서(堂西), 당렴(堂廉) 등을 언급하고 있는데, 이것은 실제 행례 시 기단과 좌우 계단에서부터 이어지는 의례절차와 연관된다. 따라서 양영은 외부에서 잘보이는 위치에 놓여 기준이 되는 상징적 의미를 갖는다. 그러므로 양영의 존재를 부각시킬 수 있는 퇴칸형이 선호되었으며, 사당건축 사례 가운데서 수적 우위를 점할 수 있게 된 것이라 생각된다.

퇴칸형이 사당건축의 전형으로 발전할 수 있었던 또 하나의 이유는 중문(中門)의 존재이다. 『가례』에 사당 3칸의 밖에 중문을 두고 중문 밖에 두 계단을 둔다[18]는 조항이 있는데, 사계 김장생은 『가례집람(家禮輯覽)』에서 중문은 외문(外門)과 짝이 되는 말로서 외문은 남측담〔南墻〕에 위치하고 중문은 남측벽〔南壁〕에 위치한다고 해석했다.[19] 그러나 그 정확한 위치와 문의 형식에 대해서는 당시 목가구조로서는 설명하기가 힘든 부분이 있다. 한강 정구(寒岡 鄭逑, 1543~1620)의 물음에 퇴계 이황이 답하는 문장 중에 다음과 같은 구절이 있다.

> 문을 닫은 후에 혹 나가지 않고 앞에 엎드린다는 것이 무엇입니까?
>
> 가례에서 말하는 닫는 문〔闔門〕은 즉 중문(中門)입니다. 나가는 자는 이 문으로 나갑니다. 이미 이 문을 닫는다고 했으니, 어찌 나가지 않고 닫을 수 있겠습니까. 다만 지금 사람들의 가묘의 중문은 고례에서 말하는 중문과는 다른 것 같습니다. 만약 지금의 도리 아래 출입문을 중문이라고 한다면, 앞에 엎드린다고 한 것은 즉 (이미) 나간 것입니다.[20]

---

17. '당실제(堂室制)'의 당제(堂制)에 서술된다. 그 밖에 실제(室制), 방제(房制), 협제(夾制), 문제(門制), 정제(庭制) 등이 서술된다.
18. 祠堂之制三間. 外爲中門. 中門外爲兩階. 『家禮』, 通禮一, 君子將營宮室先立祠堂於正寢之東 條.
19. 中門對外門而言. 外門在南墻. 中門在堂之南壁. 『家禮輯覽』.
20. 闔門之後, 或有不出而俯伏於前者, 何如. 家禮所闔之門, 卽中門也. 出者, 出此門也.

이것은 당시 건축제도로 고례에 맞추기가 힘들었음을 보여 주는 사례이다. 더구나 정침(正寢) 바깥에 중문이 있고, 중문 바깥이 청사(廳事)가 되며, 청사 바깥이 대문(大門)이 되는 궁실의 배치구조에서도 중문의 용례가 있어서 더욱 혼란이 가중되었다. 이런 혼란은 조선 후기에도 마찬가지여서 관봉 현상벽(冠峯 玄尙壁, 영조시대)은 사당의 중문은 당의 문〔堂門〕이며, 정침의 중문과는 다르다는 점을 언급하고 있으며,[21] 다산 정약용 역시 우리나라에서는 방문을 중문으로 보아도 좋다는 의견을 내놓는다.[22]

이처럼 중문과 양영은 사당건축의 고민거리였다. 35%에 달하는 3칸 3칸 통칸형 사당은 이 둘의 존재를 정면입면에서 동시에 해결하려던 시도였다. 그러나 의례에는 절차와 순서가 있기 때문에 통칸형 사당들은 퇴칸형만큼 만족스러운 행례 공간을 제공해 주지는 못할 것으로 생각된다. 『도산서원의절(陶山書院儀節)』의 총칙(總則)에는 사당〔廟〕을 돌아 나오는 위치에 대한 규정이 있는데, 들어갈 때는 동쪽계단〔東階〕으로 올라가서 기둥 바깥을 따라 돌아 중문으로 들어가며, 나올 때는 동쪽협문〔東夾門〕으로 나와 기둥 안을 따라 기둥 바깥으로 꺾어 돌아〔折旋〕 동쪽계단으로 내려오도록 규정하고 있다.[23] 즉, 이와 같은 의절

既曰闔此門, 安得不出而闔耶. 但今人家廟中門, 與古所謂中門似異. 若以今楣下出入戶爲中門, 則所謂俯伏於前, 卽是出也. 『退溪集』, 答鄭道可問目.

21. 正寢外爲中門. 〔…〕 中門外爲廳事. 廳事外爲大門. 〔…〕 祠堂之中門. 指堂門而言. 與正寢中門. 不同矣. 『冠峯先生遺稿』 卷之四, 答沈信夫.

22. “예법(禮法)에, 사(士) 이상은 사당〔廟〕에서 제사를 지내고 서인(庶人)은 정침(正寢)에서 제사를 지낸다고 하였는데, 정침과 사당은 모두 방〔室〕이다. 대체로 방에는 유호(牖戶: 들창과 문)가 있는데, 제사를 지내려 할 적에는 유호를 열어놓고 제사를 마치면 유호를 닫는 것이 옛 제도이다. 후세의 예(禮)는 호(戶)를 닫기 전에 문을 닫는 절차가 하나 더 있는데, 『주자가례(朱子家禮)』에, “주인(主人) 이하 모두 문 밖으로 나가고 축관(祝官)이 합문(闔門)하며, 축관이 계문(啓門)하면 주인 이하 모두 들어간다”는 것이 바로 그것이다. 호(戶)는 방문〔室戶〕이고 문(門)은 중문(中門)인데, 우리나라에서는 방문을 닫는 것이 중문을 닫는 것에 해당한다. 이는 『주자가례』와는 부합하지는 않으나 옛 제도이다.” 『다산시문집』 제14권.

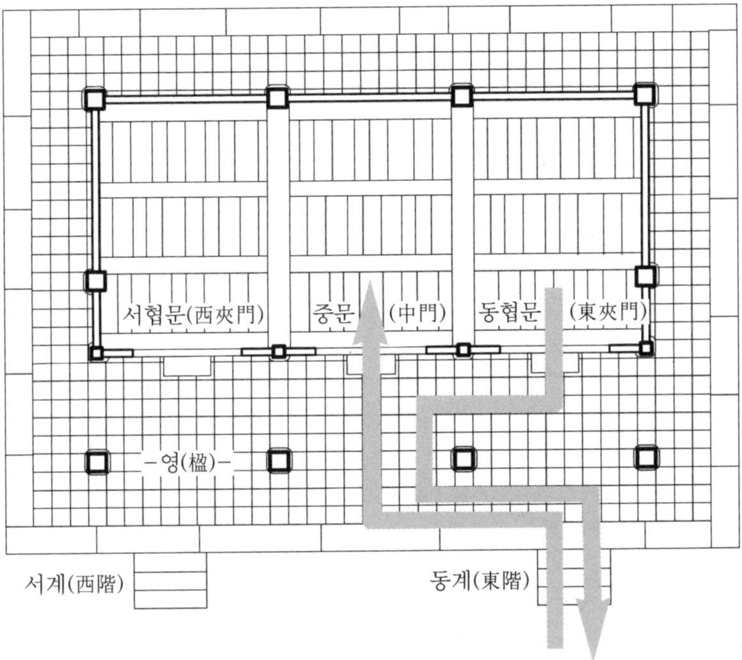

그림 4-9. 도산서원 상덕사 의례동선

은 개방된 퇴칸을 전제로 이루어진 것으로, 도산서원의 사당인 상덕사(尙德祠)의 평면에 들어맞는다(그림 4-9).

한편 퇴칸형 사당건축 가운데 1/3은 퇴칸의 좌우를 막아 양영의 존재를 더욱 드러나게 하고 있다(표 4-3). 이러한 유형은 좌우의 측벽을 연장해 퇴를 전면으로만 개방하기 때문에 측면에서는 개방된 퇴칸의 존재를 알아챌 수 없다. 좌우의 벽을 막음으로써 독립기둥은 2개만이 남게 되며, 공간적으로도 종축(縱軸)의 방향성을 명확히 하는 행위가 된다. 이것은 결코 의장상의 문제나 사용자의 편의 등에 관한 문제로 접근할 수 없다. 오히려 건축물을 통해 사용자를 강력하고 세밀하게 통

23. 廟內周旋: 凡入廟內, 升自東階, 循楹外入中門, 出自東夾門, 循楹內折旋楹外, 下東階. 『陶山書院儀節』 總則.

표 4-3. 대성전 중 퇴칸의 좌우에 벽을 막은 사례 (단위: mm)

지역	문화재명	툇마루	창건/중건시기	정면형식	정면길이	측면길이	비례
강원	洪川鄕校	×	1400?/1531	a:a:a			
	原州鄕校	×	고려 인종/1422	a:a:a			
	襄陽鄕校	×	고려 충숙왕/1632	a:a:a			
	旌善鄕校	×	1110/1682	a:a:a			
경기	竹山鄕校	×	1533	a:b:a	9740	7580	1.28
	振威鄕校	×	조선 초기	a:b:a	8720	6220	1.40
	通津鄕校	×	1127	a:b:a	8100	6515	1.24
	楊洲鄕校	×	1401	a:a:a	9630	8630	1.12
	陽城鄕校	×	1533	a:b:a	7519	6600	1.14
	交河鄕校	×	1407	a:b:a	8390	6240	1.34
	龍仁鄕校	×					
경북	軍威鄕校	×	1407/1607/1701	a:a:a			
	仁同鄕校	×	1634	a:b:a	10135	8570	1.18
전남	康津鄕校	×	1398/1858	a:a:a	12190	10230	1.19
전북	興德鄕校	×	1406	a:b:a	10600	8550	1.24
	金堤鄕校	×	1404/1635	a:a:a			
	龍潭鄕校	○	고려 말/1664	a:b:a	10350	8800	1.18
충남	庇仁鄕校	×	1398	a:a:a			
	公州鄕校	×					
	青陽鄕校	×					
	扶餘鄕校	×	조선/1700	a:a:a			
	洪州鄕校	×	1871	a:a:a			
	禮山鄕校	×	1413	a:b:a			
	藍浦鄕校	×	조선 태종/1530	a:a:a			
	定山鄕校	○	조선 중기/1847	a:b:a	8950	6250	1.43
	牙山鄕校	○	조선 초기/1575	a:a:a			
	韓山鄕校	×	1669/1850	a:a:a			
	結城鄕校	×	1010?/1623	a:a:a			
충북	延豊鄕校	×	1515	a:b:a			
	永同鄕校	○					

주: a:a:a는 세 칸의 치수가 동일한 경우이고, a:b:a는 중앙의 어칸 치수가 양 협칸의 치수보다 큰 경우이다.

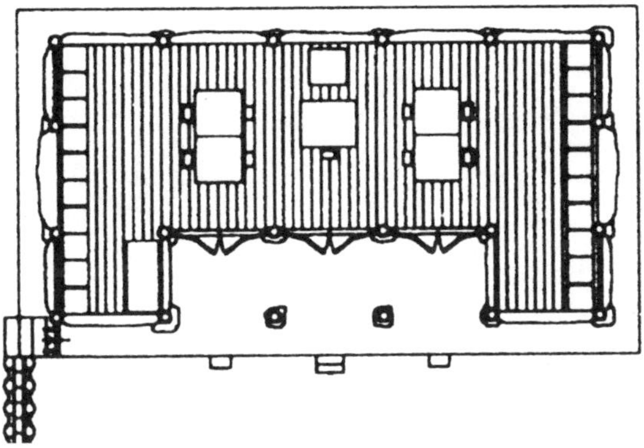

그림 4-10. 해미향교 대성전 평면도(이왕기, 1999)

제하겠다는 의지가 반영되어 있으며, 건축물 자체가 가지는 기념비적 상징을 극대화하려는 의도이다.

좌우를 벽으로 만든 퇴칸형 건축에서는, 당(堂)은 지붕 아래 있으나 외부로 개방된 공간이 되고, 좌우는 벽으로 막혀서 서(序)가 되며,[24] 행례의 축방향으로 방향성을 가진 만족스러운 공간이 된다. 우암 송시열(尤庵 宋時烈, 1607～1689)이 다음과 같이 설명한 건축의 모습이 이와 유사하다.

> 모든 당(堂)의 전후좌우에는 기둥〔楹〕이 있으나, 후면과 좌우면이라면 모두 벽이 있다. 그러므로 영(楹)은 볼 수 없으나 오직 전면에서라면 비어 있어서 벽이 없다. 그러므로 두 기둥만이 서로 대면하여 홀로 서 있을 뿐이다.[25]

이처럼 퇴칸을 이용해 양영을 구현하려고 했던 의도는 정면이 5칸으로 확장된 경우에도 사례를 발견할 수 있다. 정면이 5칸이 된다는 것은 3칸 당(堂)의 벽〔序〕 좌우로 협실이 붙게 됨을 의미하며, 바로 묘(廟)

24. 『의례석궁』에서 좌우의 벽〔牆〕은 서(序)라 했다: 堂之東西牆謂之序. 序之外謂夾室.
25. 宋時烈, 『朱子大全箚疑』 卷68 雜著. 번역문은 정기철, 「17세기 사림의 '묘침제' 인식과 서원영건」, p. 340에서 재인용.

건축의 평면이 된다. 그러나 이때에도 독립기둥 양영이 중도리 밑에 위치하는 것은 현실적으로 쉽지 않다. 그러므로 유사하게 퇴칸을 이용하여 양영지간을 만드는데, 공간에 기둥을 2개만 남긴다는 원칙을 지키고자 하는 의도는 해미향교 대성전과 같은 독특한 평면을 창조하게 된다(그림 4-10).

3) 건축형식과 공간이용의 갈등

(1) 사당 3칸과 4대봉사의 모순

조상의 신위는 조선 초까지만 해도 고례(古禮)에 따라 3대조까지를 봉향하는 것이 보통이었다. 『가례』의 4대봉사 이론이 보급되는 과정에서도 3대봉사와 4대봉사의 갈등구조는 지속되었다. 예를 들어 율곡 이이(栗谷 李珥, 1536~1584)의 『제의초(祭儀鈔)』에 수록된 사당도[26]에도 3대봉사를 기반으로 하는 사당평면이 도시되어 있다(그림 4-11).

그러나 사당 3칸은 주자가 4대봉사를 주장하며 제시한 건축유형이다(그림 4-12). 그러므로 3칸의 의미에 3대봉사가 전제되어 있는 것은 아니다. 따라서 3칸사당에 4대조의 신위를 봉안하는 문제는 칸수를 늘리는 것이 아니라 내부공간을 조절해 해결해야 하는 것이었다. 일례로, 청주목사를 지낸 구암 이정(龜巖 李楨)이 퇴계에게 사당제도와 관련한 몇 가지 질문을 했던 일화가 전해진다. 사당 건물은 3칸인데 모셔야 할 신위가 4대일 경우 실내에서 신위 배열을 어떻게 해야 할 것인지에 대해 묻자 퇴계는 다음과 같이 답변한다.

> 사당 3칸을 나누어 4개의 감실을 만든다는 것이 과연 그러한지 의심되지만 견주어 볼 곳이 없다고 하셨습니다. 『가례본주(家禮本注)』에서 말하는 '오가옥(五架屋)'은 즉 지금의 전후퇴집입니다. 지금 3칸을 넷으로 나누는데 균등해지기

26. 『栗谷先生全書』 卷27, 祭儀鈔.

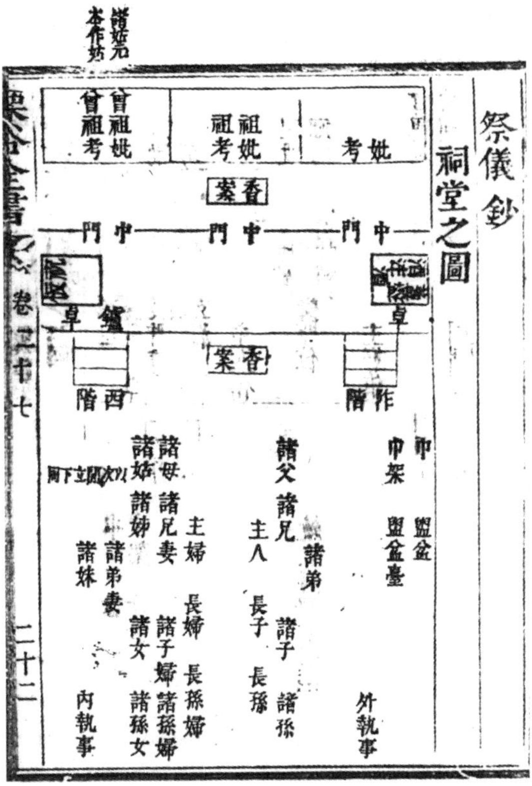

그림 4-11. 이이의 사당지도, 『제의초』

힘든 것을 면하려면, 그 후퇴 부분의 제2가(第二架) 위치에 내부기둥 2개를 세우지 마십시오. 그리고 두 대들보를 지나쳐 제3가(第三架) 위치의 기둥머리에 얹으십시오. 그러면 후퇴의 전면에는 기둥 2개로 나누어지는 3칸이 없어질 것입니다. 이에 위로는 대들보에 가로로 인방(楣枋)을 걸고, 아래로는 마루귀틀에 가로로 지방(地方)을 대서, 여기를 따라 넷으로 분할하여 그 하나씩을 하나의 감실로 합니다. 비로소 균등하다 할 수 있으니 크고 작은 것으로 치우치는 근심이 없을 것입니다. 〔…〕 만약 두 기둥을 세우지 않으면서 인방과 지방을 설치하는 게 어렵다면, 다른 방법을 시도하십시오. 3칸집을 세우되 매 칸을 8척으로 하면 모두 24척이 됩니다. 안쪽에서 서쪽 1칸의 바깥 4척과 동쪽 1칸의 바깥 4척을 제외하면, 16척이 됩니다. 장차 이 16척 길이를 4개의 감실로 나누면, 각각의 감실

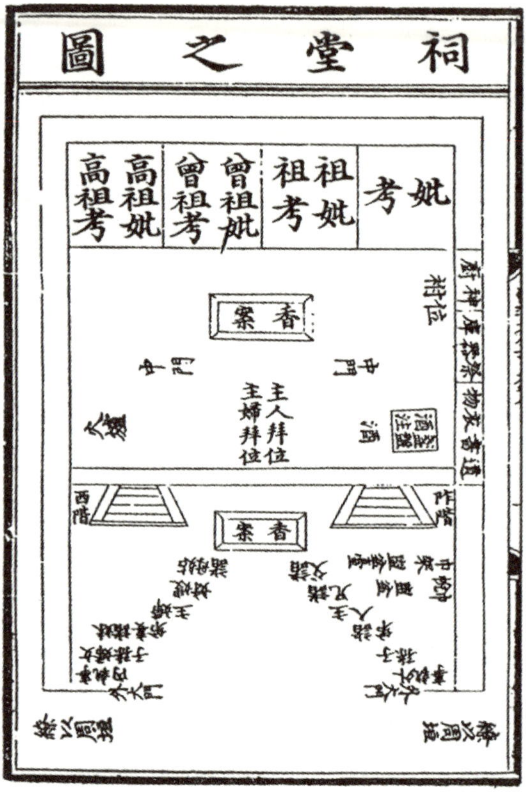

그림 4-12. 가례의 사당지도, 『성리대전서』 권18

은 모두 4척이 됩니다. 이에 균등하고 치우침이 없습니다. 단 이렇게 하면 건물의 전체 폭 중에서 1칸 만큼의 척수가 사라집니다. 단지 2칸의 폭만 이용하게 되니, 혹 감실 앞에 나가 제사지내는 행례시에 바닥이 좁아 불편할까 봐 걱정입니다.[27]

---

27. 祠堂三間, 分作四龕, 所疑果然, 此無可考, 以意言之. 家禮本註所謂五架屋者, 卽今所謂前後退屋也. 今欲免三間作四不均之礙, 其後退第二架之中間二柱勿立, 而其二樑過去施於第三架之柱頭, 則是後退前面, 無二柱之分截作三矣. 於是, 上就樑木施橫楣, 下就歸機(俗云귀틀)木施橫枋(俗云地方木), 因分爲四截, 每截爲一龕, 始可爲均適. 無偏大偏小之患矣. 〔…〕 若以不立二柱施楣枋爲難則依他. 立三間每間八尺. 共二十四尺. 內除西一間近西四尺, 東一間近東四尺則十六尺也. 將此十六尺之長, 分爲四龕,

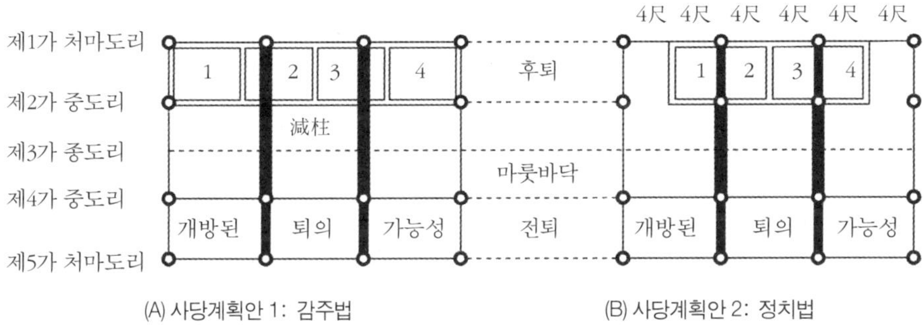

그림 4-13. 이황의 사당계획안

퇴계는 두 가지 안으로 신위봉안문제를 3칸 사당 내에서 해결하고자 했다(그림 4-13). 먼저 전후퇴를 갖는 5량가에서 후열고주를 생략하는 방식이다. 퇴계는 후퇴의 제2가(第二架) 위치에 기둥(후열내주)을 세우지 말고 건너뛰어 제3가(第三架)의 기둥 머리로 얹으라고 했으나 이대로 해석하면 감실의 문제는 해결되지만 내부공간의 정중앙에 2개의 기둥이 여전히 남게 된다. 제3가의 내부기둥은 문(門) 건축을 제외하고는 5량가의 전각구성에서 존재하지 않는 방식이다. 또한 측면3칸의 구조에 전퇴 기둥까지 있는 경우를 상정한다면 내부공간의 기둥은 사실상 필요없다. 따라서 이 표현을 서술상의 실수로 감안한다면 그 의도는 내부공간의 감실 앞을 가로막는 기둥을 없애 버리고 후열감주형 혹은 퇴칸형의 평면을 택하라는 의미로 받아들일 수 있다. 그 목적은 후퇴부분의 감실을 4등분하는 데 장애가 되는 후열기둥을 생략하는 데 있다.

다른 하나는 감주의 기법을 사용하지 않고 감실을 4개로 구획하는 방식이다. 매칸을 8자〔尺〕 너비로 할 때의 비례관계를 이용하여 4자씩 감실을 만들면 감실의 구획선이 기둥렬과 나란하게 되어 장애가 되지

每龕皆得四尺, 乃適均無偏矣. 但如此則東西通計, 除一間尺數, 只用二間之廣, 或就龕前行奠時地窄, 恐未便耳. 『龜巖先生文集』 卷1, 上退溪先生.

않는 점을 이용한 것이다. 이처럼 내부기둥이 감주되지 않은 사례는 안동향교 대성전에서 발견할 수 있는데, 이는 6 · 25전쟁 시기에 소실되어, 1986년 축소 재건된 것이며, 가묘(家廟)의 4대봉사에 해당하는 전각이 아니므로 관련성이 크지 않다.

정작 퇴계의 논의에 사당의 건축형식이 전퇴를 개방하는 유형이었는지 통칸형이었는지에 대한 언급이 없어서 더 이상의 모습을 알아내기는 어렵다. 다만 구암과 퇴계의 진지한 논의는 이미 3칸3칸의 형식이 사묘건축에 전형으로 자리잡고 있었으며, 따라서 문제해결의 사고 역시 3칸3칸의 틀을 벗어나지 않고 있는 것을 보여 준다. 이것은 3칸3칸 평면의 높은 적응력과 함께 이미 3칸3칸 전각이 보유하고 있었던 구조적, 의장적 완결성을 뒷받침하는 것이기도 하다.

(2) 실내공간의 확장과 퇴칸의 지속

중국 건축과는 달리 실내공간의 바닥을 마루를 깔아 마감하는 것을 선호했던 우리나라에서는 각종 의례건축의 내부를 마루로 바꾸게 된다. 조선 전기에서도 이미 성균관 대성전과 동서무(東西廡)에 벽전을 까는 중국의 예를 따르지 않는다는 기사가 보이는 것을 보면[28] 바닥에 벽전을 까는 것을 썩 달가와하지는 않았던 것으로 추정되며, 궁궐의 편전에서도 17세기 이후에는 온돌 및 마루로 바닥재가 바뀌는 모습이 보인다.[29] 이러한 경향은 의례공간의 실내화를 유도했고, 따라서 실내공간의 확장이 필요했으며, 경우에 따라 의례절차의 일부를 수정해 할 필요가 생기기도 했다. 『조선왕조실록』의 순조 4년 3월 21일(경술) 기사에서는 진강(進講) 중에 판부사 이시수(李時秀)가 향사의 절차에 대해 건

---

28. 윤효손이 아뢰기를, "성균관의 대성전 및 동서무에 중국 례를 따라서 벽전을 까는 일을 계하한 지가 이미 오래인데 등한히 여기고 거행하지 않으니 매우 불가합니다." 『국역 조선왕조실록』, 연산 3년 8월 9일.
29. 金東旭, 『한국건축의 역사』, 기문당, 1997, p. 203.

의하며 행례의 실내화에 대해 언급하는 구절이 보인다.[30]

사묘건축에서 실내공간의 확장경향은 먼저 퇴칸을 축소하는 모습으로 나타난다. 3칸3칸 퇴칸형 사묘로서 좌우를 벽으로 막은 유형 중에서 강진향교 대성전(康津鄕校 大成殿)과 비인향교 대성전(庇仁鄕校 大成殿)은 정상적인 주열보다 축소된 퇴칸을 설치한 특이한 사례이다(그림 4-14). 퇴칸으로서 기능할 수 있는 최소한의 폭만을 남기면서 전면벽을 앞으로 이동했다. 그러나 측면에서는 이렇게 이동된 기둥렬을 판독할 수가 없는데, 전면벽과 측벽은 기둥 없이 벽선(壁楦)으로 만나며 그나마 벽 속에 완전히 묻히기 때문이다.

다시 비인향교의 경우를 자세히 살펴보면, 전면벽은 중도리의 하부에 맞추어져 있음을 알 수 있다(그림 4-15). 이처럼 도리의 위치에 맞추어 내부기둥을 위치시키고 측벽의 기둥위치를 이동하는 기법은 충량을 두어야 하는 팔작지붕의 전각에서 발견되기도 한다. 그러나 맞배지붕의 전각에서 측벽 고주가 중보의 중간을 받치고 있는 경우는 극히 예외적이다. 조금 어색해 보이는 측벽 가구의 결구는 풍판 뒤에 가려 나타나지 않는다.

퇴칸을 줄이고 중심칸 전체의 치수를 넓혀 실내공간을 확장하는 모습은 사묘건축에서 흔히 볼 수 있다. 이때는 7량구조를 사용하고 하중도리 위치에 내주를 받쳐 퇴칸을 구성하게 된다. 그러나 이처럼 측벽구조를 달리하는 사례는 새로운 창안으로 판단된다. 이는 내부공간의 확장을 시도하면서 측벽에 시각적 안정성을 주고, 그러면서 여전히 개방된 퇴칸을 가져서 전면의 독립된 기둥을 유지하려는 시도로 해석된다.

---

30. "신관례(晨祼禮) 및 삼헌(三獻) 때 작(爵)을 올리느라 출입할 적에 기둥 밖에서 꺾어 도는 것 또한 기둥 안에서 하도록 고쳤으나, 그래도 각실(各室)의 출입이 너무 빈번함을 염려하여, 성의(聖意)는 언제나 천조관(薦俎官)의 예(例)에 의해 울창주를 붓고 작을 올리는 것을 모두 실내에서 일을 진행했으면 하셨고 신 등도 또한 전석(前席)에서 삼가 성교(聖敎)를 들었습니다." 『국역 조선왕조실록』, 순조 4년 3월 21일.

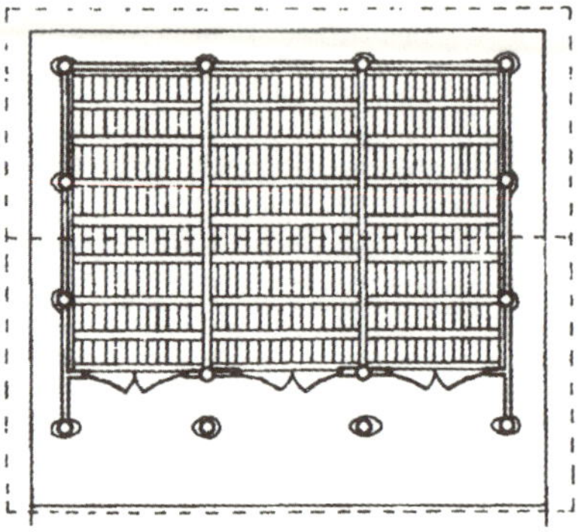

(A) 평면도

(B) 정면

(C) 측면

그림 4-14. 강진향교 대성전

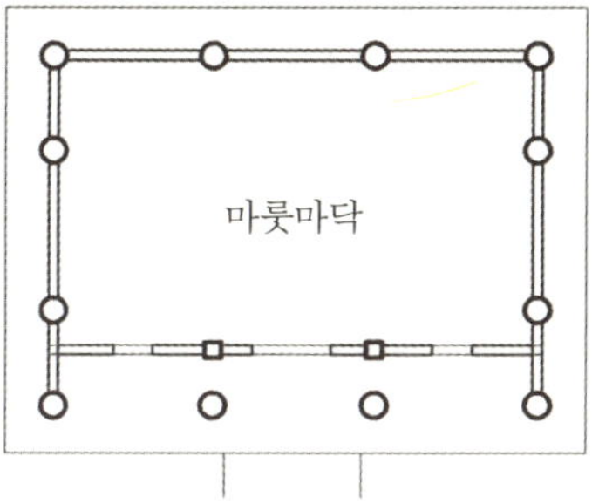

(A) 평면 모식도

(B) 전경

(C) 측벽

(D) 측벽가구 상세

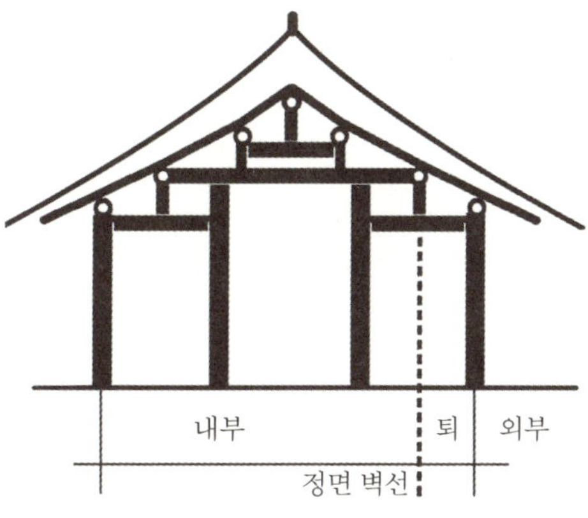

(E) 측벽가구 모식도

그림 4-15. 비인향교 대성전

이때의 퇴칸은 한 사람이 겨우 지나갈 수 있는 정도의 공간으로서 실제 행례하는 데 비좁은 규모이다. 이는 퇴칸의 공간이용보다는 퇴칸의 상징성을 더욱 중시한 결과이다.

내부공간의 확장경향은 퇴칸에도 마루를 가설하는 경향으로도 이어졌다. 회덕향교(懷德鄕校), 진산향교(珍山鄕校), 용담향교(龍潭鄕校), 정산향교(定山鄕校), 아산향교(牙山鄕校), 영동향교(永同鄕校) 등의 향교 대성전에서는 퇴칸에 마루를 설치한 사례들이 보인다. 물론 이들 향교들이 호서지방(湖西地方)을 중심으로 분포하고 있어서 다분히 지방색이 가미된 형식으로 봐야겠으나, 실내공간의 확장 혹은 마루공간의 전파라는 측면에서 조선 후기적 성향으로 볼 수 있다.

4) 묘궁건축: 칠궁

서울 궁정동(宮井洞)에 위치한 칠궁(七宮)은 조선시대 국왕의 후궁이면서 왕자를 생산한 일곱 여인의 신주를 모신 사당이다. 원래 육상궁(毓祥宮)만 자리하던 곳에 1908년 저경궁(儲慶宮), 대빈궁(大嬪宮), 연호궁(延祜宮),[31] 선희궁(宣禧宮), 경우궁(景祐宮)이 경내에 합사되었으며,

31. 연호궁(延祜宮)은 각종 문헌에서 연우궁(延祐宮)과 혼동하고 있는 실정이다. 『조선왕조실록』, 『고종순종실록』, 『일성록』을 비롯하여 규장각, 장서각 등의 원문 서비스 문서들에서 유사한 비율로 연호궁과 연우궁이 검색된다. 따라서 이를 기반으로 하는 연구문헌 및 안내문들에서도 동일한 혼동이 보이며, 그 이전에 간행된 서적들에서도 마찬가지여서 한글표기의 처음부터 혼란이 있었던 것으로 보인다. 이는 호(祜)자와 우(祐)자의 형태적 유사성에서 기인한 문제이며 용례가 압도적으로 많은 祐자에 대한 익숙함이 관행화된 결과이다. 필기체에서 右자와 유사하게 보이는 古자는 획순에서 차이가 나기 때문에 구별하는 것이 가능하다. 古자는 가로획을 먼저 긋고 세로획을 그으면서 口자로 이어진다. 그러나 사선의 삐침을 먼저 긋고 가로획을 긋는 右자는 삐침과 口자 사이에 연속관계가 없다. 따라서 삐침이 口자의 왼쪽으로 길게 내려오기 때문에 혼동할 실마리를 주지 않는다. 바로 곁에 있는 경우궁(景祐宮)의 祐자는 단 한번도 오독한 사례가 없다. 최근에 전면 어칸 서까래 밑으로 다시 설치한 현판에서도 "延祜宮"이라는 명칭을 뚜렷하게 볼 수 있다(2001년에 간행된 『한국의 건축문화재 1.서울편』에 수록된 사진에는 연호궁의 현판이 없이 전퇴칸 뒤편

그림 4-16. 덕안궁

그림 4-17. 저경궁

1929년에 덕안궁(德安宮)이 옮겨오면서 칠궁이 되었다.[32] 이 가운데 경우궁과 선희궁, 육상궁과 연호궁은 각각 하나의 전각에 두 분을 합사한

분합문 위로 "毓祥廟"라는 현판이 걸려 있어서, 최근 다시 연호궁의 현판으로 바꾸어 달은 것으로 보인다). 똑같은 이유로 효명세자(孝明世子)의 사당인 문호묘(文祜廟)도 문우묘(文祐廟)로 오독되고 있다.

32. 毓祥宮(淑嬪崔氏, 肅宗의 後宮, 英祖의 私親, 현위치), 延祜宮(靖嬪李氏, 英祖의 後宮, 眞宗의 私親, 景福宮 秋成門 바깥), 德安宮(淳嬪嚴氏, 高宗의 後宮, 垠王의 私親, 德壽宮 永福堂), 景祐宮(綏嬪朴氏, 正祖의 後宮, 純祖의 私親, 桂洞), 宣禧宮(暎嬪李氏, 英祖의 後宮, 莊祖의 私親, 白雲洞 義烈宮), 大嬪宮(禧嬪張氏, 肅宗의 後宮, 景宗의 私親, 校洞 大嬪宮), 儲慶宮(仁嬪金氏, 宣祖의 後宮, 元宗의 私親, 松峴宮). 千惠鳳 · 尹炳泰, 『藏書閣의 歷史와 資料的 特性』, 韓國精神文化硏究院, 1996, pp. 81-83 참조.

그림 4-18. 육상궁

그림 4-19. 경우궁

그림 4-20. 대빈궁

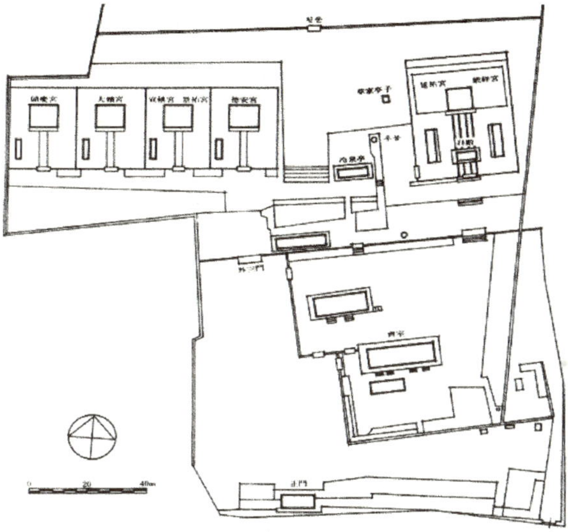

(A) 1970년대 이전

(B) 현재

그림 4-21. 칠궁 배치의 변화

경우로서, 현재 정면 어칸에는 각각 경우궁과 연호궁의 현판이 걸려 있다.[33] 한편 선희궁의 옛 건물(宣禧宮址)은 종로구 신교동 서울선희학교 구내에 아직 남아 보존되고 있다. 이들 여섯 개의 건물은 동일한 공간 구조를 가지고 있으나 세부기법이 각각 조금씩 차이가 있어서 공간의 형태와 구현기법 사이의 관계를 살펴보는 데 매우 좋은 사례가 된다.

1970년대에 출판된 자료의 배치도[34]에는 중앙의 냉천정(冷泉亭)을 기준으로 좌우 묘궁영역이 나뉘어 있는데, 좌측영역의 왼쪽부터 저경궁, 대빈궁, 경우궁, 덕안궁이 있다(그림 4-21). 각각의 영역은 담으로 둘러싸여 있고, 문에서 시작하는 신도(神道)가 기단의 중앙계단으로 이어지며, 신도 왼편에 이안청(移安廳)이 위치하는 독립적인 구성을 하고 있다. 그러나 이것은 1967년과 1976년의 도시계획에 따른 공사 때로 추정되는[35] 철거 · 이전 · 변형의 과정에서 현재와 같은 모습으로 변했다.

칠궁의 사당들은 공간구성과 의장의 표현방식이 대단히 유사하고 형식화되어 있어 전형화된 사당건축의 정수를 보는 것 같다. 이들은 모두 맞배지붕 익공집에 전퇴를 개방하는 퇴칸형의 평면을 하였고, 전퇴까지 마루를 이어 가설했으며, 3칸 모두에 분합문을 설치해 행례시 들어올릴 수 있게 되어 있다. 또한 측면과 배면은 전축벽(磚築壁)으로 둘러싸여 있는데, 측벽이 전퇴의 좌우면까지 연장되어 정면성을 강조하면서 건축물의 방향성을 주는 효과를 가진다.

(1) 묘궁의 평면유형

의식의 공간과 그 건축적 표현이 견고한 수준으로 정형화된 가운데서도 구현하는 기법상의 다양성이 발견되는 것은 대단히 중요한 사항이

---

33. 이하 서술의 편의를 위해 건축물을 가리킬 때는 육상궁(毓祥宮), 경우궁(景祐宮)으로 대표하여 서술한다.
34. 金洹 · 林應植, 『韓國의 古建築 4. 七宮』, 廣場, 1977.
35. 홍대형, 『한국의 건축문화재 1.서울편』, 기문당, 2001, p. 290.

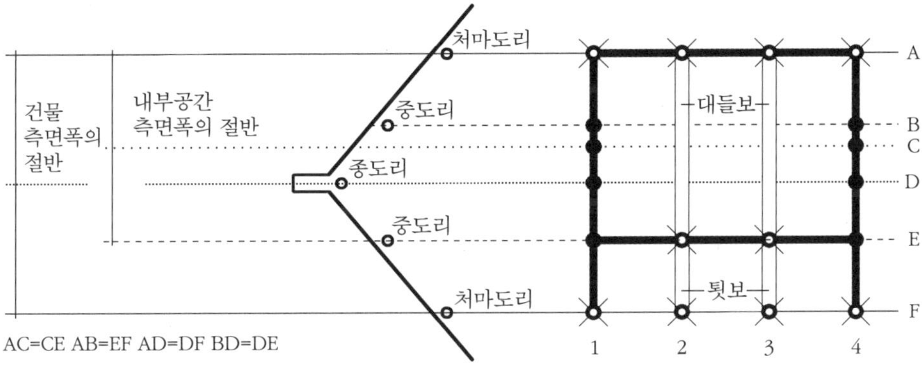

그림 4-22. 칠궁 사당 평면 분석도

다. 즉, 전형화된 것은 공간이지만 그 공간에 다다르기 위한 수많은 해법들이 동시에 강구되고 있었음을 보여 주기 때문이다. 이는 우물반자의 형상, 익공의 형태, 처마의 형식, 단청의 문양 등 장식의 요소를 일단 배제하고서 기둥의 배치형태만으로도 충분히 인식할 수 있다. 칠궁의 사당들에서 다양한 주열(柱列)의 변이는 쉽게 파악하기 힘들다. 가구의 방식이 가장 잘 드러나는 측면벽을 벽돌로 처리했고, 맞배지붕의 박공면에는 모두 커다란 곡선형 풍판(風板)을 대어 외부에서 구조가 노출되지 않기 때문이다.

그림 4-22의 칠궁 사당 평면 분석도에서 B와 E는 중도리의 위치이다. D는 건물 전체 폭을 반분한 위치이며, C는 전면의 퇴칸을 제외한 나머지 부분(대들보가 위치하는 범위)을 반분한 위치이다. 기둥의 위치는 속이 빈 원과 속이 찬 원으로 표시했는데, 속이 빈 원으로 표시된 것은 칠궁 사당 모두에서 변함 없이 나타나는 기둥이다. 특히 앞부분의 기둥들은 사당건축의 정체성을 표현하는 데 필수불가결한 존재들이다. 속이 찬 원으로 표시된 기둥은 전각에 따라 다양한 변화를 보이는데, 모두 측벽에서 나타나는 점이 특징이다. 공간형태에 영향을 주지 않으면서 비교적 자유롭게 이동이 가능하기 때문이다.

표 4-4. 칠궁 사당 평면 유형

평면 유형	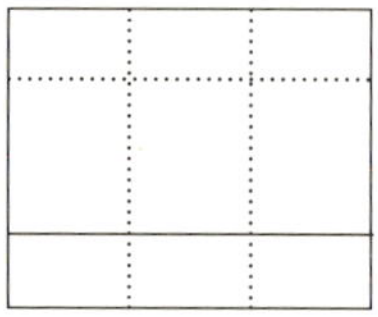 3칸 前後退形	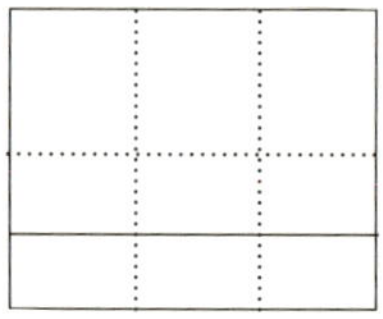 2칸 幷退形	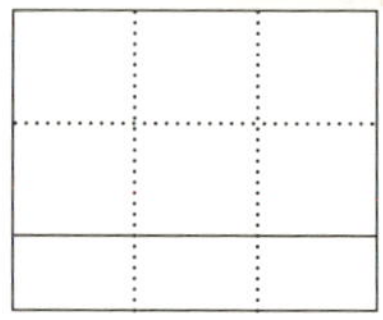 2칸 附退形
사례	덕안궁	경우궁, 대빈궁, 구 선희궁지, 육상궁(*)	저경궁

첫 번째 유형은 5량가의 전후퇴집의 기본단면을 곧바로 측벽에 투영시킨 유형이다. 가장 후대에 이건된 덕안궁의 모습인데, 따라서 B-1과 B-4의 위치에 기둥이 자리한다. 전후퇴집의 간편한 구조을 측벽에 연장하여 건물을 조영하는 방식은 맞배지붕의 사묘건축에서 일반적으로 볼 수 있는 방식이다(표 4-4).

두 번째 유형은 측벽에 종도리를 받치는 중심기둥을 세운 경우이다. 경우궁, 대빈궁, 육상궁, 구 선희궁지가 이러한 평면을 하고 있으며, D-1과 D-4의 위치에 기둥이 자리한다. 이 유형은 다시 분합문이 달리는 전면 중도리 밑의 측벽기둥(E-1과 E-4)의 존재유무에 따라 세분할 수 있다. 육상궁만이 이 위치에 기둥이 있을 뿐, 경우궁과 대빈궁, 구 선희궁지는 벽선이 서로 만나는 것으로 그만이다(그림 4-23). 이것은 종도리를 직접 받치는 측벽 중심기둥의 안정성과 전축벽 기반이라는 구조적 의미에 대칭의 선호라는 의장적 표현이 조우한 결과로 분석된다.

세 번째 유형은 대들보의 중심을 지지하는 기둥을 세운 유형이다. 저경궁의 평면에서 보이며, C-1과 C-4의 위치에 기둥이 자리하는데, 이는 측벽의 이주법으로 볼 수 있다. C열은 중도리와 종도리 사이의 위치로 상부의 가구와 기둥의 위치는 아무런 관계가 없다. 따라서 측벽에도 대들보를 사용하며, 이를 받치는 평주가 사용되어야 한다.

이상의 여러 가지 측벽기둥 배열방식은 전체적으로는 상부의 지붕

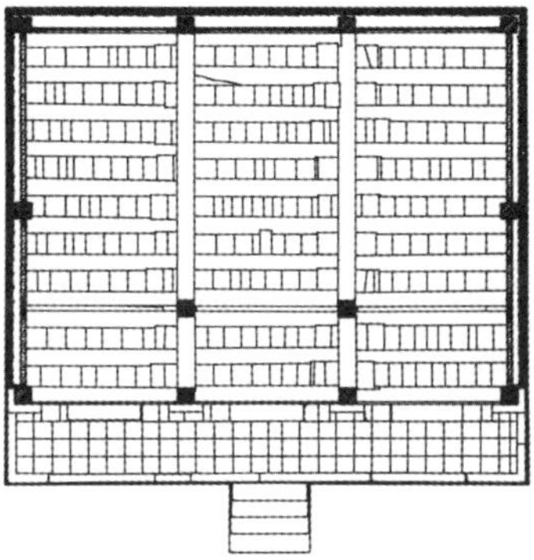

(A) 평면도

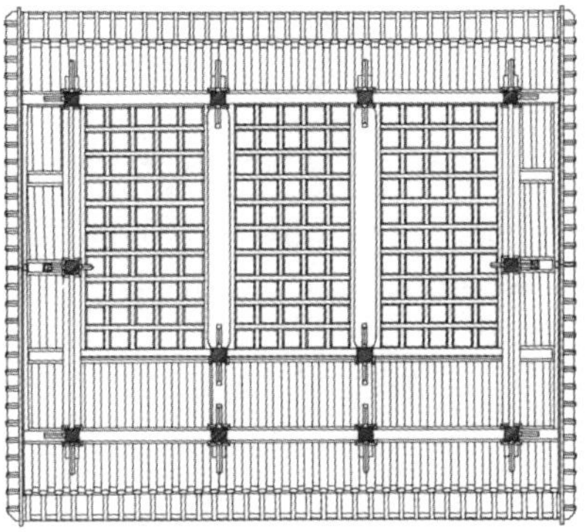

(B) 앙시도

그림 4-23. 구 선희궁지

가구와 관계없이 전면 퇴칸을 갖는 사묘건축공간을 만들어 내는 유연한 구조방식을 보여 준다. 즉, 건축의 물리적 구조와 공간적 구성 사이에 긴밀성이 완화되었다는 것을 의미하고, 구조적 형식으로부터 자유로워지려는 공간적 의지의 표현으로 해석할 수 있다.

(2) 전축벽의 도입과 의장의 변화

칠궁의 두드러진 의장효과는 전축벽을 사용함으로써 생긴다. 이때 벽돌은 진정한 의미로서의 내력벽이 되는 것은 아니며 목골조(木骨組)를 둘러싸거나 그 사이를 메우는 방식으로 보강하는 재료이기 때문에 외부로 돌출된다. 칠궁에서는 기둥 옆으로 옆막음판을 대어 벽돌벽의 단부가 노출되는 것을 가리고 있으며 줄눈은 백토로 치장했다. 전면을 제외한 3면을 둘러싸고 있지만 돌아가는 모퉁이의 기둥(A-1과 A-4)은 노출시켜 의장효과를 가중시켰다. 전축벽의 높이는 창방을 직접 받는 높이까지 올려 구조적 안정성을 보장함과 동시에, 곡선형의 방풍판이 상부가구를 가려, 외관적으로 기단과 일체화된 조형감을 준다. 뒷면으로는 전축벽이 모두 창방까지 올라가는 데 비해,[36] 덕안궁과 저경궁에서는 의도적으로 측벽의 중인방까지만 전축벽을 쌓아 목구조의 조형효과를 일부 드러나게 하는 방식을 쓰고 있다. 이 두 전각은 평면형에서도 다른 사당들과는 달라서, 비록 이것이 시대적 유행일 수도 있고 장인의 개성일 수도 있지만, 측벽구성이 평면구성과 연관되어 있을 가능성을 배제할 수 없다.

정면을 제외한 3면에 전축벽을 도입한 것은 조선 후기의 건축경향을 반영한 결과로 해석된다. 정면을 제외한 3면을 벽전으로 축조한 중요한 사례는 가까운 종묘(宗廟)의 영녕전(永寧殿), 칠사당(七祀堂), 공신당(功臣堂) 등이 있다. 공신당과 칠사당이 정조 2년(1778)에, 영녕전은 그 이후 헌종 2년(1836)에 중건된 점을 미루어 3면에 전축벽을 사용하는 방식은 조선 후기에 고급 사묘건축에서 보편화된 방식으로 생각할 수 있다.[37] 이들이 모두 죽은 이와 관련하는 건축이라는 데 주목할 가치가 있는데, 신성한 음(陰)의 공간을 양기(陽氣)로부터 보호하기 위한 장치로서 벽전의 용도가 관념화된 것으로 보인다.[38] 이에 더해 목조를 외부로 노출하지 않기 때문에 화재를 예방할 수 있으며, 대개 벽체를 창방 하부까지 축조하여 3면의 기둥을 감싸고 있기 때문에 맞배지붕에

36. 예외적으로 구 선희궁지에서는 배면에 채광을 위한 창이 길게 쓰였다. 따라서 배면의 전축벽은 창의 높이만큼 낮아졌는데, 배면에 창을 설치하는 것은 일반적인 사당건축에서 찾아보기 어려운 방식이다.

37. 선조 34년(1601)에 건립된 동묘(東廟)에서도 유사한 벽전이 나타나고 있으나, 그 재료와 형태가 조선의 일반적인 사당건축과는 거리가 있어서 일반적인 벽전 보급의 문제와는 거리가 있다. 許勝 · 林忠伸, 「東廟의 建築的 特性에 關한 硏究」, 『大韓建築學會學術發表論文集』 12권 1호, 大韓建築學會, 1992 참조.

38. "즉, 일반심벽은 흙이 건조 · 수축하여 벽선과 떨어지고, 외부 습기와 빗물에 의해 쉽게 붕괴한다. 그러나 벽전은 석회를 사용하여 접합하면 실내를 완전하게 밀폐시킬 수 있는 건축재료였기 때문에, 외부의 양기까지도 막을 수 있다는 관념이 생길 수 있었다. 따라서 이러한 묘(廟) · 진전(眞殿)은 물론 일반 사대부 살림집과 서원(書院)의 사당 벽체까지도 벽전으로 축조하는 형식이 많았던 것으로 생각한다." 朴晟亨, 「韓國建築의 甓甎〔벽돌〕 使用과 그에 따른 建築 特性에 關한 硏究」, 성균관대학교 석사학위논문, 1999, p. 322.

서 특히 취약한 횡력에 대한 저항을 보강하는 장점과 함께 사당건축의 전형화에 일조를 한 것으로 추정된다.

또한 유일하게 개방된 전면의 퇴칸은 강력한 정면성을 가지게 되어 장식이 집중되는 지점이 된다. 사당들의 창방 위로는 매 칸 소로를 4개씩[39] 두어 장여를 받치고 있으며, 특히 화려하게 장식된 육상궁에는 소로 위에 초공(草工)을 얹어 장여와 도리를 동시에 붙잡고 있다. 경우궁과 대빈궁은 홑처마이고 나머지는 모두 사각의 부연을 올린 겹처마 지붕이다. 기둥은 대빈궁을 제외하면 모두 각기둥을 사용하고 있는데, 외부로 노출되는 모든 기둥에는—경우궁과 대빈궁의 측벽과 만나는 벽선을 포함하여—아랫부분에 흰 바탕을 하고 푸른 선을 그려 장식했다.

정면성의 부각을 통한 건축물의 방향성은 월대(月臺)를 전면으로만 설치하는 것으로 더욱 분명해졌다. 좌 · 우 · 배면에 협소한 공간이나마 월대를 연장해 둔 향교 대성전의 경우와 비교하여 극단적인 월대의 축소는 벽면재료의 변화와 관련이 있을 것이다. 선형(線形)의 골조가 드러나는 목구조 건축의 측벽의 아래에는 적어도 주초를 안정되게 얹을 수 있는 정도의 공간이 필요하다. 그렇지 않으면 시각적으로도 불안정한 느낌을 줄 수 있다. 그러나 두터운 면(面)으로 이루어지는 전축벽은 유사한 재료의 기단과 일체화될 때 양괴감(量塊感)과 조형미가 배가된다. 기둥건축으로서의 그리스 신전과 벽건축으로서의 로마 신전을 비교해 봐도 동일한 구성원리를 파악할 수 있다.

또한 중간대문에서 직선으로 월대에 이어지는 신도(神道) 역시 방전(方磚)으로 포장되어 정면성을 강조한다. 육상궁은 삼도(三道)의 신도가 있어서 내삼문(內三門)에서 배전(拜殿)을 지나 묘궁까지 이어졌으며, 월대 아래에도 3개의 계단을 두었다. 한편 덕안궁도 계단이 좌우와

---

39. 덕안궁은 중앙에 하나가 더 첨가되어 매 칸 5개씩의 소로가 있다.

중앙에 3개가 있어서 이건 이전에는 삼도를 갖추었을 가능성이 있다. 나머지는 모두 하나의 신도를 통해 중앙으로 이어졌으며 사묘건축의 고제(古制)와는 맞지 않지만 중앙계단을 통해 월대로 오르도록 되어 있었다. 월대에서 툇마루로 오르는 섬돌은 모든 사당에서 매 칸의 앞에 주초의 높이로 나지막하게 설치되어 있다.

(3) 실내공간의 활용과 장식

퇴칸과 내부에 모두 낮게 우물마루를 가설한 것 역시 조선 후기에 들어 정착된 방식으로 보인다. 사묘건축에서 바닥재료에 관한 문제는 많은 논란거리를 야기시켜 왔다.[40] 따라서 여러 가지 바닥재료가 혼재되어 사용되었으며, 특히 퇴칸바닥의 경우 기단의 연장으로서 돌을 까는 경우와, 중국의 고례에 따라 전석을 까는 경우, 마루를 가설하는 경우 등의 다양한 용례가 보인다. 그러나 조선 후기에 들어 사당건축에서 마루의 사용이 크게 늘어나는 경향을 읽을 수 있다. 칠궁의 사당건축들에서는 마루가 매우 낮게 가설되어 하인방이 주초에 직접 얹혀 바로 마루판을 받는 모습을 하고 있어서 행례시 툇마루로 올라서기가 용이하다.

천장구성은 퇴칸에는 서까래가 드러나는 연등천장을 하고 실내에는 반자로 우물천장을 꾸민 것이 모두 동일하다. 천장의 상부에는 중보가 놓이고 여러 켜를 겹쳐 쌓은 판대공이 종도리를 받치는 5량가의 가구가 숨어 있다(그림 4-24). 그러나 경우궁과 대빈궁의 실측조사 단면도에서는 화려하게 초각된 파련대공의 모습이 나타나 있다. 또한 다른 사당들에서 천장은 대들보 위에서 일체화된 모습으로 연결되어 한번에 가설된 반면, 경우궁과 대빈궁만은 대들보 중간에 칸칸이 끼워 넣은 천

---

40. 특히 풍수(風水)에서의 음택(陰宅)과 관련하여 지기(地氣)와 수맥(水脈)의 소통에 대한 논쟁이 나타난다. 朴晟亨, 「韓國建築의 甓甎〔벽돌〕 使用과 그에 따른 建築 特性에 關한 研究」, pp. 238-239 참조.

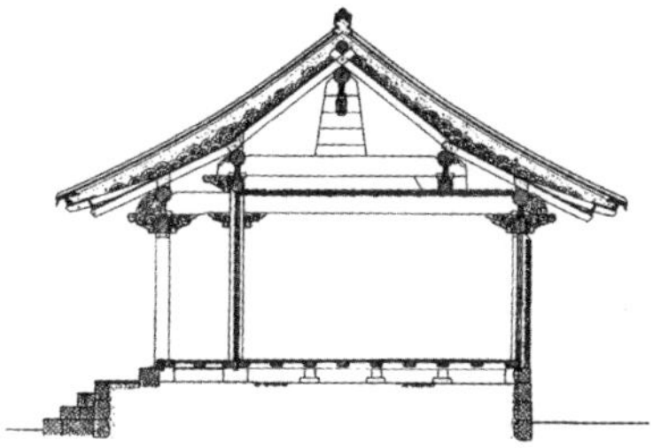

그림 4-24. 저경궁 단면도

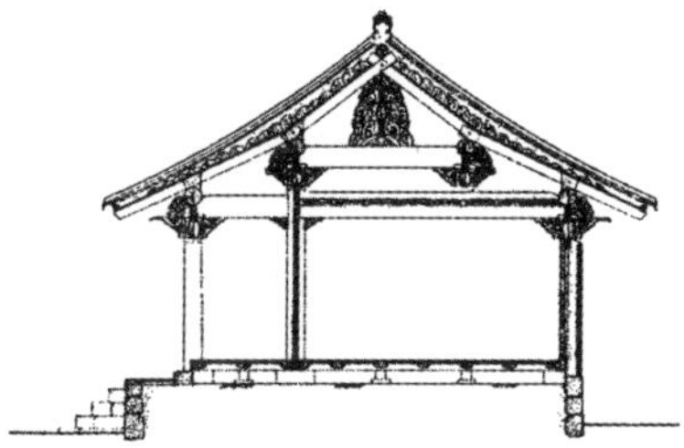

그림 4-25. 대빈궁 단면도

표 4-5. 사묘건축의 유형별 사례

유형		향교 대성전	기타
통칸형	통칸정치	安東鄕校	
	전열감주	文義鄕校, 茂朱鄕校, 靈巖鄕校, 慶州鄕校	魯城鄕校 明倫堂
	후열감주	驪州鄕校	牙山鄕校 明倫堂
	무내주	利川鄕校, 德山鄕校, 懷仁鄕校, 堤川鄕校, 全州鄕校, 臨陂鄕校, 南原鄕校, 泰仁鄕校, 任實鄕校, 淳倉鄕校, 沃溝鄕校, 樂安鄕校, 務安鄕校, 潭陽鄕校, 玉果鄕校, 咸平鄕校, 長城鄕校, 莞島鄕校, 求禮鄕校, 眞寶鄕校, 淸河鄕校, 興海鄕校, 新寧鄕校, 河陽鄕校, 金山鄕校, 禮泉鄕校, 龍宮鄕校, 星州鄕校, 大邱鄕校, 玄風鄕校, 慈仁鄕校, 漆谷鄕校, 知禮鄕校, 靈山鄕校, 鬱山鄕校, 彦陽鄕校, 草溪鄕校, 統營鄕校, 梁山鄕校, 高興鄕校, 突山鄕校	서울 文廟 明倫堂, 珍山鄕校 明倫堂, 燕岐鄕校 明倫堂, 唐津鄕校 明倫堂, 谷城鄕校 明倫堂, 光陽鄕校 明倫堂, 金烏書院 祠堂, 道東書院 祠堂, 武城書院 祠堂, 晦峴書院 祠堂, 鷄龍山 中嶽壇
	미분류	珍島鄕校, 金海鄕校, 陜川鄕校, 機張鄕校	昌德宮 懿老殿 (*후열이주)
퇴칸형	좌우벽	交河鄕校, 龍仁鄕校, 通津鄕校, 竹山鄕校, 振威鄕校, 楊洲鄕校, 陽城鄕校, 洪川鄕校, 原州鄕校, 襄陽鄕校, 旌善鄕校, 延豊鄕校, 扶餘鄕校, 洪州鄕校, 禮山鄕校, 韓山鄕校, 庇仁鄕校, 藍浦鄕校, 結城鄕校, 興德鄕校, 金堤鄕校, 康津鄕校, 軍威鄕校, 仁同鄕校 //永同鄕校, 定山鄕校, 牙山鄕校, 公州鄕校 靑陽鄕校, 龍潭鄕校	高山書院 祠堂, 南皐書院 祠堂, 魯岡書院 祠堂, 遯巖書院 祠堂, 文憲書院 祠堂, 眉泉書院 祠堂, 秉天祠, 紹修書院 文成公廟, 深谷書院 祠堂, 龍淵書

표 4-5. 계속

유형		향교 대성전	기타
퇴칸형	좌우개방	南陽鄕校, 金浦鄕校, 抱川鄕校, 麟蹄鄕校, 華川鄕校, 楊口鄕校, 鎭岑鄕校, 懷德鄕校, 石城鄕校, 舒川鄕校, 泰安鄕校, 溫陽鄕校, 木川鄕校, 魯城鄕校, 漣川鄕校, 仁川鄕校, 恩津鄕校, 瑞山鄕校, 連山鄕校, 鴻山鄕校, 鰲川鄕校, 珍山鄕校, 天安鄕校, 鎭川鄕校, 陰城鄕校, 丹陽鄕校, 淸州鄕校, 沃川鄕校, 靑山鄕校, 黃澗鄕校, 槐山鄕校, 扶安鄕校, 高山鄕校, 鎭安鄕校, 茂長鄕校, 萬頃鄕校, 益山鄕校, 龍安鄕校, 礪山鄕校, 光州鄕校, 寶城鄕校, 海南鄕校, 昌平鄕校, 同福鄕校, 靈光鄕校, 光陽鄕校, 義興鄕校, 禮安鄕校, 咸昌鄕校, 榮州鄕校, 奉化鄕校, 豊基鄕校, 晉州鄕校, 固城鄕校, 南海鄕校, 山靑鄕校, 咸陽鄕校, 安義鄕校, 居昌鄕校, 三嘉鄕校, 昆陽鄕校	院 祠堂, 臨川書院 祠堂, 紫雲書院 祠堂, 忠烈書院 祠堂, 坡山書院 祠堂, 興巖書院 祠堂

장이다(그림 4-25). 그러므로 이 두 사당은 건축 당시에는 천장을 가설하지 않았거나 혹은 일부에만 가설했던 것으로 생각된다. 가설시기에 대한 기록은 찾을 수 없었으나 이건 과정에서 새로운 경향에 맞추어 천장을 끼워 넣었을 것이라 추정된다.

3. 불전건축

1) 불전건축의 사례

가. 법주사 원통보전(法住寺 圓通寶殿): 통칸정치형

3칸3칸 전각의 기본평면은 12개의 기둥이 사방을 두른 내부에 4개의 내주가 들어간 모습이다. 그러나 고대의 불전에서 보이는 이러한 유형의 평면은 조선 후기에 재건되는 불전들에서는 거의 찾아볼 수 없다. 18세기 초를 전후하여 중건된 것으로 추정되는[41] 법주사 원통보전은

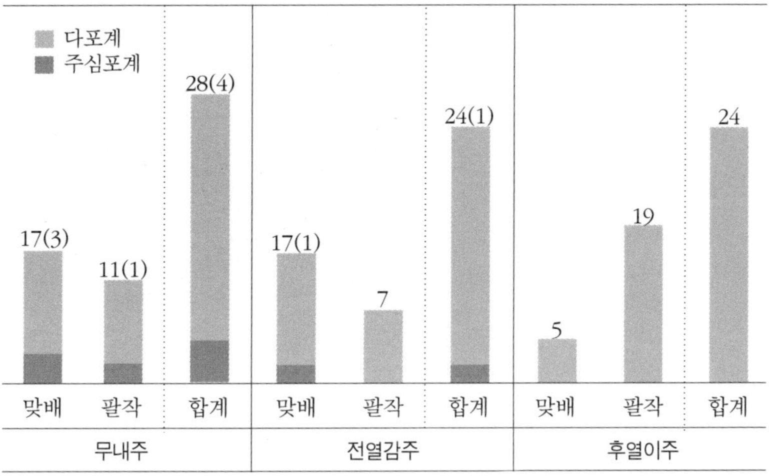

주: ( ) 안은 주심포계.

그림 4-26. 3칸3칸 불전의 유형분포

고대의 평면을 계승하고 있는 보기 드문 사례이다(그림 4-27). 법주사 원통보전의 기단과 초석은 첫째 당척(唐尺)을 이용하여 평면치수가 결정된 점, 둘째 방형 초반 위에 3단의 원형 주좌를 둔 초석이 발견되는 점,[42] 마지막으로 내부기둥의 위치 네 곳 모두에서 초석이 발견되는 점 등으로 미루어 나말여초(羅末麗初)의 유물로 추정되고 있다.

따라서 지붕가구는 논외로 하고서라도 평면형식은 일정 정도 고대의 법식을 따른 것으로 볼 수 있다. 평면의 형태는 전후면과 좌우면의

---

41. 이후 정조 19년(1795)과 고종 29년(1892)에 중수되었고 대한제국 융희 3년(1909)에 보수되었으며 1974년에 해체수리한 기록이 있다. 『法住寺 捌相殿 修理工事報告書』, 國立文化財硏究所, 1998, pp. 72-73 참조.
42. 방형 초반 위에 3단의 원형 주좌를 둔 초석은 볼록원형 3단 주좌(柱座)라 하는데, 쌍봉사 약사전(雙峰寺 藥師殿), 고려 만월대 건물지(高麗 滿月臺 建物址), 원주 거돈사지(原州 居頓寺址) 초석에서도 보인다. 주로 고려 초기의 건물지에서 나타나는 형식으로 신라시대의 볼록원형 2단 주좌 형식이 발전된 양식으로 볼 수 있다. 김동현, 『한국 목조건축의 기법』, 발언, 1998, p. 128 참조.

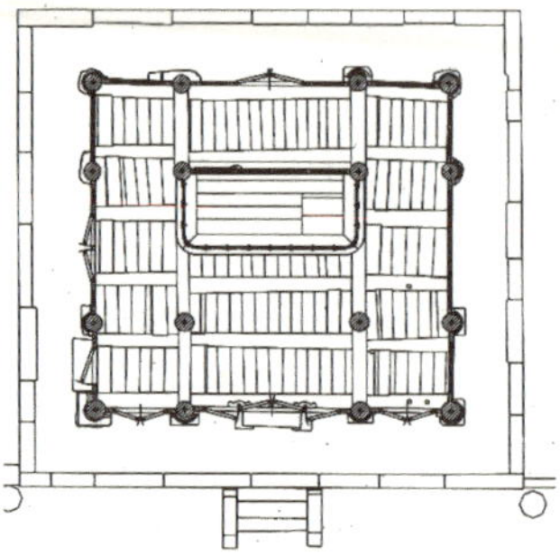

(A) 평면도

(B) 전경

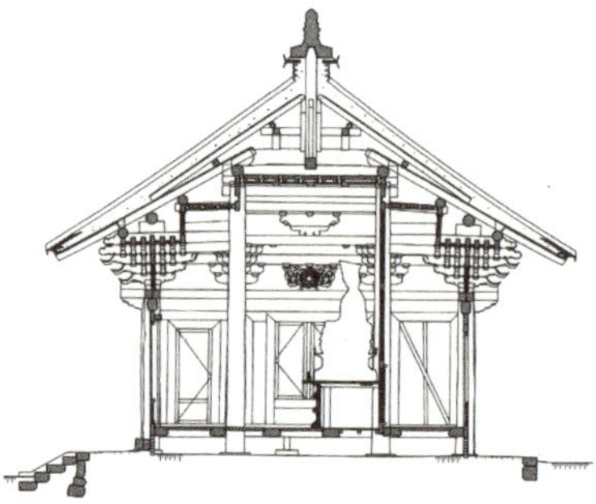

(C) 종단면도

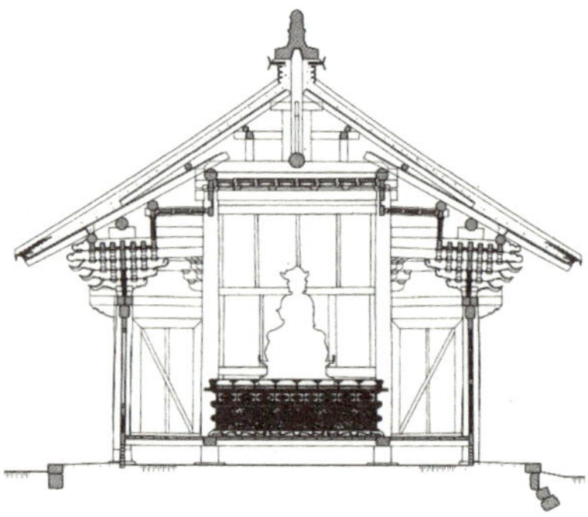

(D) 횡단면도

그림 4-27. 법주사 원통보전

퇴칸이 모두 당척(唐尺)으로 환산하면 7척이며 정면 어칸은 14척, 측면 어칸은 12척으로 거의 정방형에 가깝다. 따라서 지붕의 형식도 방향성을 가지지 않는 사모지붕[43]이 되었으며, 내진과 외진으로 구분되는 '回'자형 평면에 가까운 모습을 하고 있다. 이러한 평면은 현존하는 불전에서 거의 유물이 남아 있지 않지만 고려시대 이전에는 상당수 존재했던 것으로 추정되며, 목탑의 평면[44]에서 한 갈래를 찾을 수 있다. 실

43. 따라서 지붕형식으로 분류하고 계산한 앞의 유형 통계표에는 누락되어 있다.
44. 법주사 팔상전(法住寺 捌相殿)과 봉암사 극락전(鳳巖寺 極樂殿) 등을 '回'자형 평면으

제로 법주사 원통보전의 상부가구를 보면 방향성이 없는 사모지붕을 하고 있고, 목탑에서 사용하는 부재인 옥심주(屋心柱)[45]를 사용했으며, 층계반자(層階盤子)의 우물천장을 사용하여 실내공간의 높이를 강조하는 등 목탑(木塔) 건축과의 유사성이 높다.

유사한 평면이 현재는 선암사 원통전(仙岩寺 圓通殿), 흥국사 원통전(興國寺 圓通殿) 등 전남지역의 몇몇 불전에 남아 있다. 이들이 모두 원통전인 것을 감안하면 관음신앙(觀音信仰)의 교리와 연관될 가능성이 있다. 관세음보살(觀世音菩薩)은 소리를 듣는 수행에 의해 해탈을 얻었으며〔耳根圓通〕, 모든 곳에 두루 화하고 통해서〔周圓融通〕 중생들의 고뇌를 씻어 주는 구세신앙(救世信仰)의 상징이다. 따라서 어느 한편에 치우침 없이 사방을 구성하는 방식이 전각건축에 쓰였을 것으로 보인다.

그러나 법주사 원통보전의 상부가구는 '回'자형 평면을 갖는 단층불전의 일반적인 모습은 아니었다고 판단된다. 더구나 경내의 팔상전(捌相殿)을 비롯한 다른 전각들 역시 혼합된 양식을 드러내고 있어서 조선 중기 재건 불전의 특징으로 보아도 좋을 것이다. 이와 같은 양식의 혼용은 외부의장에서도 드러난다. 원통보전 공포의 전체적인 구성은 주심포계 형식이나 구조방식은 다포계의 영향을 보여 주며 부분적으로 익공계의 표현도 나타나고 있다.[46] 17세기 이후 불전에서 양식이 혼용

로 볼 수 있는데, 특이하게 봉암사 극락전은 주위를 두르는 퇴를 모두 개방하고 있다.

45. 법주사 대웅보전의 옥심주는 고주 위에서 대들보가 '十'자로 교차되는 부분에 세우고, 가로재를 꿰어 추녀 뒤뿌리를 받도록 하고 있다. 그러나 일반적인 사모지붕 건물에서는 중도리나 상중도리에 서까래를 걸치고 그 뒤뿌리를 중심으로 모아 상부의 절병통을 받도록 하는 것이 보통이므로 독특한 구성으로 볼 수 있다. 『韓國의 古建築』 第18號, 문화재관리국 국립문화재연구소, 1996, pp. 35-36, 42 참조.

46. 공포의 구조방식 중 출목(出目)이 내외3출목으로 증대된 점, 평방을 사용한 점, 툇보를 제공(諸工) 위에 올려놓고 외단을 권비형(拳鼻形)으로 처리한 점 등은 조선 중기 다포계 공포의 특징을 보여 주는 부분이다. 또한 주간에 화반(花盤)이 두드러지게 구성된 점, 살미의 내단을 운공형(雲工形) 보아지 형태로 처리한 점 등은 익공계로 전이되는 표현방식이다. 『韓國의 古建築』 第18號, p. 52 참조.

되는 현상은 양난(兩難) 이후 정비되지 못한 건축계의 실정을 반영하는 것이기도 하지만, 다른 한편으로 양식으로 고착되어 구속되지 않는 다양한 실험정신을 보여 주는 계기가 된 것으로 평가할 수도 있다.

탑과의 연관관계를 생각해 보면 법주사 원통보전은 고대의 중요한 불교 의례인 우요삼잡(右繞三匝)[47] 의식과 연관되는 것으로 추정된다. 이것은 이후 탑돌이로 크게 발전했는데, 전각 내에서 불상 주위를 도는 방식과 밖에서 전각 둘레를 도는 방식이 모두 존재했다. 전각 내부에서 우요삼잡례를 하기 위해서는 건축물의 평면이 '回'자형으로 구성되는 것이 유리하다. 3칸3칸 전각은 전각 내부에 회랑을 가지는 최소단위가 된다.

나. 대비사 대웅전(大悲寺 大雄殿): 전열감주형

3칸3칸을 모두 내부로 사용하며, 전열내주를 생략한 형식은 현존하는 조선시대 불전의 기본형식이라 할 수 있다. 16세기의 건축으로 추정되는 대비사 대웅전(大悲寺 大雄殿)은 이러한 형식의 대표적인 사례로, 후내주(後內柱) 사이에 불벽(佛壁)을 설치하고 그 앞에 불상을 봉안하여 전면부는 예불공간을 확보하기 위해 기둥 없이 넓게 비워 두었다(그림 4-28). 내부공간 전면의 기둥을 생략하는 방식은 불전에서 집회와 예불의 의식이 확대되면서 보다 많은 인원을 수용하기 위해 생겨난 것으로 보인다.

이렇게 내부기둥을 제거하여 넓은 공간을 이용하는 방식에서도 남은 기둥이 기둥렬의 제 위치에 있는가 혹은 후면벽 쪽으로 옮겨졌는가에 따라 다시 구분할 수 있다. 대비사 대웅전의 경우는 내부의 남은 기둥이 측면의 기둥과 열을 맞춰 서 있는데, 이러한 유형에서는 지붕형태

---

47. 원래 고대 인도의 예법으로 석가 및 석가의 유적지를 예배하며 지극한 존경의 표시로서 그 주위를 시계방향으로 도는 것이다. 일반적으로 세 번을 돌기 때문에 우요삼잡이라고 한다. 위요(圍繞) 또는 행도(行道)라고도 한다.

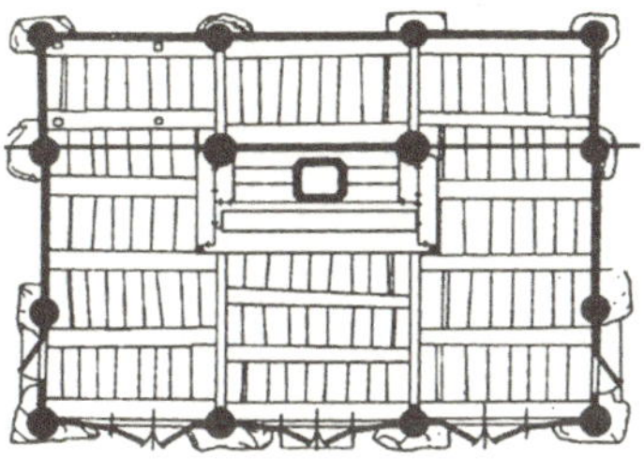

(A) 평면도

(B) 전경

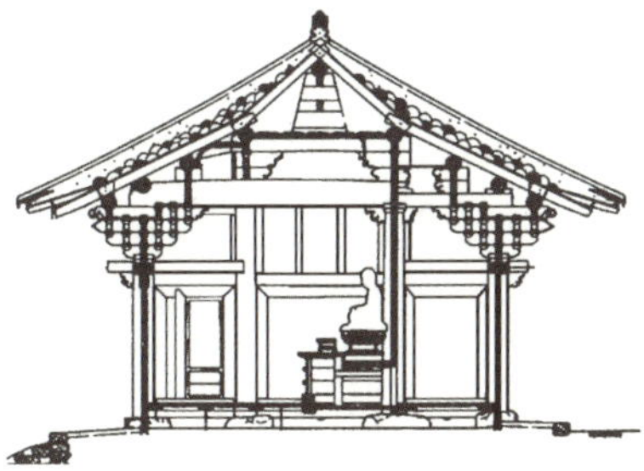

(C) 종단면도

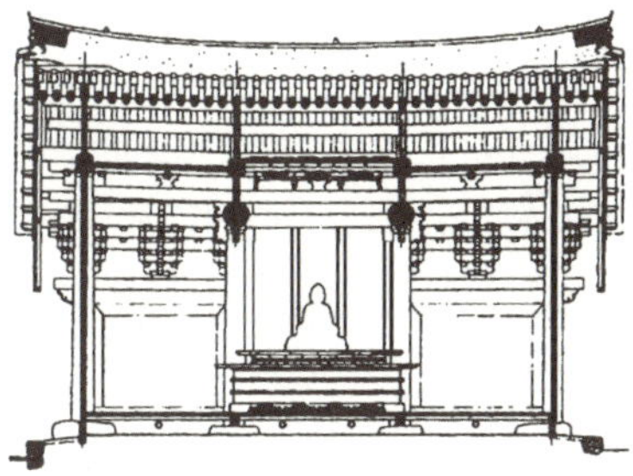

(D) 횡단면도

그림 4-28. 대비사 대웅전

가 맞배인 것이 대다수를 차지한다. 맞배집은 구조가 한 방향으로만 배열되어 횡력(橫力)에 취약한 특징이 있다. 따라서 이를 보강하기 위해 여러 개의 수평부재를 사용하게 된다.[48] 이들 부재들 중 특히 장여나 뜬창방은 건물의 좌우방향으로 길게 연결되는 보강재로서 많은 경우 내주 위에서 대공(臺工)과 연결된다. 따라서 내주가 측벽의 기둥렬과 일치하지 않는 경우 횡력에 대한 대비에 문제가 발생할 수 있다.

---

48. 보방향을 보강하기 위해 합장재(合掌材)나 우미량(牛尾樑), 초방(草枋) 등을 사용하고, 도리방향으로는 이중의 뜬장여와 포대공(包臺工), 도리받침 첨차 등을 사용한다. 裵秉宣, 「多包系맞배집에 關한 硏究」, 서울대학교 박사학위논문, 1993, pp. 72-76 참조.

다. 무위사 극락전(無爲寺 極樂殿): 무내주형

내부의 기둥을 모두 생략한 평면유형은 가장 자유롭게 내부공간을 구성할 수 있는 방식이며, 따라서 사례수도 많다. 조선 초기의 주심포 건물로서 국보 제13호로 지정되어 있는 강진의 무위사 극락전이 대표적인 사례이다(그림 4-29). 굵은 배흘림 기둥을 사용하여 외곽의 구조를 실제적으로나 시각적으로나 매우 안정된 느낌을 주도록 계획했으며, 내부공간은 기둥을 모두 생략하여 커다란 공간을 형성했다. 이렇게 내부의 기둥을 모두 제거하기 위해서는 전면벽에서 후면벽까지 하나의 부재를 사용하는 통간보를 설치해야 한다. 따라서 비교적 규모가 작은 전각에 사용되었지만 반드시 그런 것은 아니었다. 무위사 극락전은 측면길이가 8.11m이며, 이보다 더 큰 11m의 측면길이를 갖는 홍국사 대웅전도 있다. 이처럼 내부기둥을 두지 않는 건축물에서는 외부의 기둥구성과 공포의장, 지붕형식 등에 관계없이 내부시설을 설치할 수 있다. 또한 내부시설을 변경하는 것도 자유롭다. 한편으로 장스팬의 무주공간은 전체공간이 하나로 느껴지고 거대한 구조부재가 노출되어 공간감을 과장하는 효과를 유발하기도 한다.

보머리에 얹은 도리[49]는 측면벽 바깥으로 길게 돌출되는데, 이것을 받치기 위해 측면벽에는 고주가 사용된다. 또한 무위사 극락전에서는 횡력에 대한 보강으로 다량의 긴결재가 사용된 모습이 보인다. 이들 긴결재 중 구조적으로나 의장적으로 먼저 눈에 띄는 부분은 중도리와 종도리를 연결하는 부분에서 안쪽으로 휜 곡선을 가지고 있는 소슬합장[50] 부재이다. 고려시대 건축의 연속으로 평가되는[51] 소슬합장은 맞배지붕

49. 현존하는 고려시기의 불전들에서는 보의 상부에 도리가 떠 있는 경우가 대부분이다. 이것은 건물의 높이를 키우려는 착상이며, 무위사 극락전처럼 도리가 보 위에 직접 얹히는 것을 조선시대에 들어 발생한 새로운 기법이라는 설도 있다. 金東賢, 「李朝初期의 木造建築樣式에 對하여 (I)」, 『韓國의 古建築』 第1號, 문화재관리국 국립문화재연구소, 1973 참조.

50. 중국 건축에서는 차수(叉手)라고 하는데, 같은 의미로 통용된다.

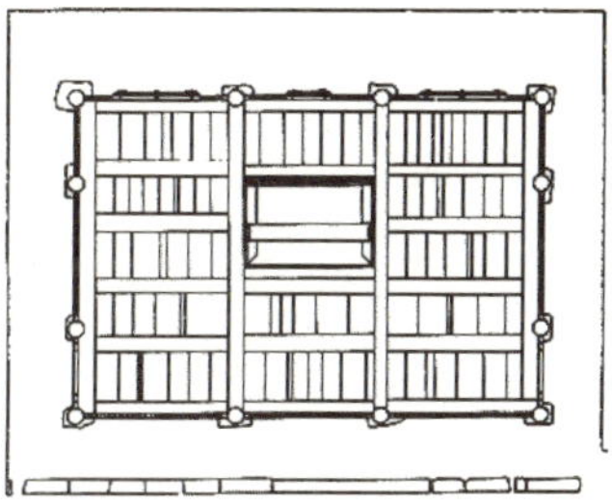

(A) 평면도

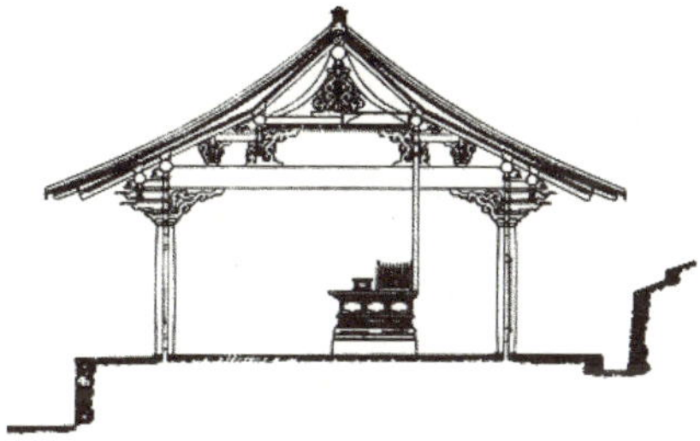

(B) 단면도

(C) 전경

(D) 측벽가구

(E) 통칸보와 어칸천장

(F) 독립된 불벽

그림 4-29. 무위사 극락전

---

51. 金東賢, 「李朝初期의 木造建築樣式에 對하여 (I)」, 『韓國의 古建築』 第1號, 문화재관리국 국립문화재연구소, 1973.

의 형제(型制)에서 그 중요성이 부각된다. 즉, 일차적으로 맞배지붕의 구조적 요인에서 발생한 부재가 주요한 부분에 노출됨으로써 의장재로서 구실을 하게 된다. 내부기둥이 없는 밋밋한 내부공간이지만, 공간적 구획은 불대좌와 후불벽, 그리고 불상 상부의 감입천장(嵌入天障)으로 두드러진다. 무위사 극락전의 우물천장은 정중앙의 1칸에만 설치했고, 불상 상부에는 보개를 감입하여 더 높은 공간으로 만들었다. 그 밖의 공간은 서까래와 도리, 대공 등을 비롯하여 솟을합장이 노출되는 연등천장이 된다. 구조재가 곧바로 의장재로 기능하게 되는 부분이다. 이러한 이유로 대공은 화려하게 초각한 파련대공(波蓮臺工)이 쓰였으며 각 부재는 화려하게 단청을 했던 흔적이 있다.

라. 개암사 대웅보전(開巖寺 大雄寶殿): 후열이주형

우람한 기둥과 맵시 있는 팔작지붕으로 조선 중기의 대표적 불전건축의 하나로 손꼽히는 개암사 대웅보전은 불벽을 지탱하는 내부기둥이 측면벽에서 연장된 기둥렬보다 뒤로 밀려난 후열이주형의 평면유형을 가지고 있다. 이러한 평면은 특히 조선시대 중기 이후의 불전에서 특징적으로 나타나는 유형이다(그림 4-30).

개암사 대웅보전의 불벽을 지지하는 내부기둥은 임의로 적당한 거리만큼 뒤로 물러나 있다. 단면도를 보면 그 물러난 거리가 특별한 구조적 이유가 없이, 즉 중도리나 대공 등의 상부가구와는 전혀 관계없는 위치에 자리하고 있음을 알 수 있다. 전통 목구조에서 지붕은 도리를 통해 하중을 기둥에 전달한다. 대개 건물 내부의 기둥〔內柱〕은 중도리 아래 위치하여 지붕의 하중을 받지만, 개암사 대웅보전의 대들보는 건물 전체를 가로지르는 통칸보이다. 그러므로 주요 하중은 양쪽 끝의 기둥으로 전달되어, 상대적으로 내주는 보조재로서의 역할이 강하다. 따라서 후열내주는 다른 기둥에 비해 굵기는 가늘어지고, 위치 역시 중도리 선에 일치하지 않아도 되었다. 즉, 개암사 대웅보전의 이주법은 구

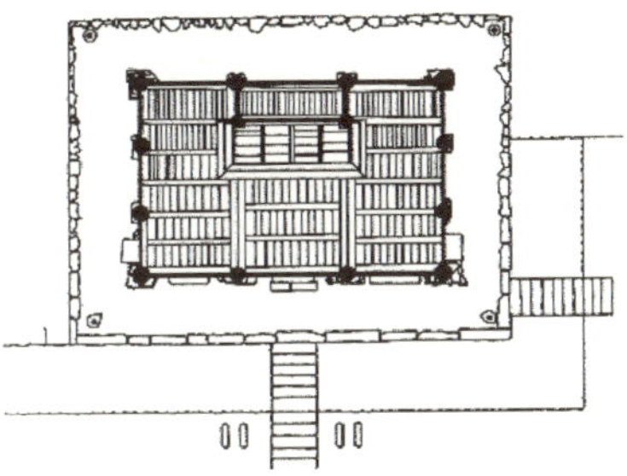

(A) 평면도

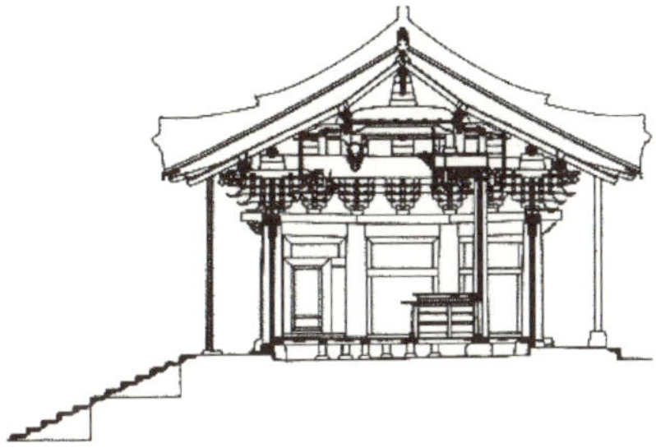

(B) 종단면도

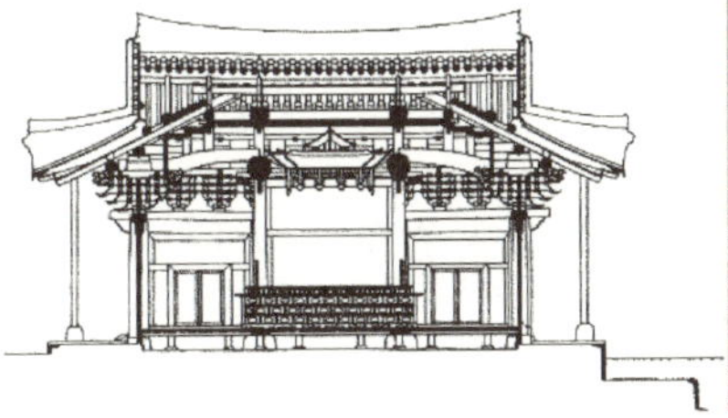

(C) 횡단면도

(D) 내부기둥과 충량

(E) 정면

(F) 측면

그림 4-30. 개암사 대웅보전

조적 요인보다는 의장적 측면이 보다 강하게 고려된 건축기법으로 볼 수 있다.

이와 같이 내부공간에서 기둥을 이동하는 수법은 팔작집에 사례가 많다. 한 방향으로 지붕이 구성되는 맞배집이 횡력에 취약점을 드러내는 반면, 사면에 지붕을 두어 구조틀(frame)을 형성하는 팔작집에서는 내부기둥 위치를 조절하는 것이 상대적으로 수월하기 때문이다. 또한 팔작집의 측면 처마를 부축하기 위해 사용되는 충량(衝樑)[52]을 대들보 위에 걸쳐야 하는 것도 내주의 위치를 이동하는 데 유리하게 작용했고, 측면의 공포대를 설치하는 면에서도 측면기둥의 위치를 내부가구와 관계없이 자유롭게 정하는 것이 유리했다.

2) 예불방식과 불전의 건축형식

(1) 요잡례(繞匝禮)와 내외진

신성한 대상 주위를 돌며(혹은 돌려서) 최고의 존경을 표하는 종교적 행위(circumambulation)는 지역적 전통을 떠나 고대 사회 인류의 공통적인 의식이었다. 예를 들어 불교에서 탑과 보리수(菩提樹) 주위를 도는 의식은 물론이거니와 이슬람교도들의 메카 참배를 뜻하는 하지(Hajj)에서 최종 목적지인 카바(Ka'ba)라고 불리는 박스 형상을 도는 의식, 티베트 라마교에서 윤동(輪筒, prayer wheel)을 돌리며 기도하는 행위, 시크교도가 신전에 들어가면서 성전(聖典)인 아디 그란트(Adi Granth)에 존경을 표하는 의식, 힌두교에서 성스러운 불 주위를 도는 의식 등이 있다. 특히 인도에서는 프라닥시나(pradakshina)라고 하여 이러한 의식이 보편화되어 있는데, 성산(聖山)인 아루나찰라(Arunachala)를 도는 프라닥시나가 유명하다. 또한 스페인 · 포르투갈계의 세파르디(Sephardi) 유태인과 하시딕(Hasidic) 유태인들은 죽은 자를 매장하기 전에 묘지를 일곱 바퀴 도는 하카포(hakkafot) 의식을 행한다.[53]

---

52. 팔작집에서 측면기둥 상부에서 대들보 위로 올려지는 짧은 부재.

강력한 불교의 영향권 아래 있었던 우리나라에는 우요삼잡(右繞三匝)이라는 불교의식이 도입되었다. 우요삼잡이란 원래 인도의 예법으로 오른쪽으로 세 번을 도는 것을 원칙으로 한다.[54] 불탑 주위를 도는 의식에 관해 설명하는 경전으로 『우요불탑공덕경(右繞佛塔功德經)』[55]이 있다. 경전에서 사리불이 석가에게 불탑을 도는 사람이 얻게 되는 공덕을 여쭙자 석가가 게송(偈頌)으로 답하는데, 불탑을 오른쪽으로 도는 자는 모든 천신과 귀신들이 공양하고, 태어나는 곳마다 8난(八難)이 없는 무난처(無難處)에 태어나며, 생각과 지혜를 항상 잃지 않고, 복과 명이 모두 장수하며, 부귀하여 재보가 많으며, 4염처(四念處), 4정근(四正勤), 4여의(四如意), 신족(神足)을 구족하며, 4성제(四聖諦)를 비롯한 7각분(七覺分)과 성과(聖果)에 도달하고, 모든 번뇌를 없애어 무루(無漏)와 6신통(六神通)을 얻는다고 하셨다.[56] 각 내용의 마지막에는 "이것이 오른쪽으로 탑을 도는 이유이다〔斯由右繞塔〕"[57]라는 후렴구가 반복되어 탑돌이의 의미가 강조되고 있다. 또한 『묘법연화경(妙法蓮華經)』[58]의 제15 '종지용출품(從地涌出品)'에는 구체적인 행위에 관한 언급이 있다. 무수한 보살들이 땅에서 솟아나와 부처님께 예를 갖추

53. John Bowker, *The Oxford Dictionary of World Religions*, New York: Oxford University Press, 1997, p. 224 참조.

54. 후에는 법회에서 승려들이 독경을 하며 열을 지어 불상 주위를 도는 의식을 가리키기도 하며, 불도를 수행하는 것 자체를 가리키기도 한다. 나아가 식후나 좌선 중에 심신을 가다듬기 위해 일정한 장소를 왕복하거나 주변을 도는 경행(經行)을 말하기도 한다. 『두산세계대백과사전』, 두산동아, 1996 참조.

55. 당대(唐代)에 실차난다(實叉難陀) 등이 번역했으며, 범어(梵語)로는 Caitya Pradakshina Ghata라 하고 줄여서 요탑공덕경(繞塔功德經)이라고도 한다.

56. 정승석 편저, 『고려대장경 해제』, 고려대장경연구소, 1988 참조.

57. "右繞於佛塔 所得諸功德 我今說少分 汝等咸善聽. 一切諸天龍 夜叉鬼神等 皆親近供養 斯由右繞塔. 在在所生處 遠離於八難 常生無難處 斯由右繞塔. 於一切生處 念慧常無失 具足妙色相 斯由右繞塔. 往來天人中 福命悉長遠 常獲大名稱 斯由右繞塔. 在於閻浮提 常生最尊勝 淸淨種姓中 斯由右繞塔. 〔…〕"

58. 요진(姚秦) 시대 구마라집(鳩摩羅什)이 번역했으며 범어로 Saddharmapu.n.dariikasuutra라 하고 간단히 묘법화(妙法華), 법화경(法華經) 등으로도 불린다.

는 행위로서 우요삼잡을 행한다.

> 이 모든 보살께서 땅으로부터 나오시기를 마치고는 각각 나아가셔서, 허공의 일곱 가지 보배로 된 묘한 탑의 다보 여래와 석가모니 부처님의 거처에 이르시고는, 두 세존을 향하시어 머리와 얼굴로 발에 절을 하시고, 그리고 또 모든 보배나무 아래의 사자자리 위 부처님의 거처에 이르시어 또한 모두 절을 하시고, 오른쪽으로 세 번 둘러서 도시고는 합장하시고 공손히 공경하사, 모든 보살의 가지가지 찬탄하는 법으로써 찬탄하시고, 한쪽에 머물러 계시면서, 기뻐하시고 즐거워하시며 두 세존을 우러러 바라다 보셨소이다.[59]

경전을 통해 수입된 우요삼잡의 의식은 고대 목탑, 석탑, 전탑을 중심으로 탑돌이로 발전하면서 점차 의식이 풍부해지고 민간풍속과 결합하여 우리 생활 속으로 습합되었다.[60] 현재 무형문화재 제103호로 지정된 '법주사 석가탄신일 탑돌이(속리산 탑돌이)'가 전해져 그 형식을 알 수 있게 한다. 처음에 삼귀의례(三歸依禮)가 끝나면 승려들을 중심으로 탑돌이가 시작되는데, 속리산 탑돌이는 육바라밀다(六波羅密多) 또는 십바라밀다정진(十波羅密多精進)에서 형태를 본뜬 것이 특징이며 그 절차가 대단히 복잡하다.[61] 따라서 법주사 팔상전과 같이 커다란

---

59. "是諸菩薩, 從地出已, 各詣虛空, 七寶妙塔, 多寶如來, 釋迦牟尼, 佛所到已, 向二世尊, 頭面禮足, 及至諸寶, 樹下師子, 座上佛所, 亦皆作禮, 右繞三匝, 合掌恭敬, 以諸菩薩, 種種讚法, 而以讚歎, 住在一面, 欣樂瞻仰, 於二世尊." 釋妙瓚 譯, 『妙法蓮華經』, 위음왕, 1991.

60. 처음 탑돌이가 시작될 때에는 범종(梵鐘)·법고(法鼓)·운판(雲版)·목어(木魚)의 네 법악기만 사용했으나 후에는 삼현육각(三絃六角)이 합쳐지고 보념(報念)과 〈백팔정진가(百八精進歌)〉를 부르게 되었으며, 처음에는 순수한 불교의식으로 시작된 것이 차츰 일반적인 민속행사로 확대되었다. 『두산세계대백과사전』, 두산동아, 1996 참조.

61. ㉠ 포시(布施): 탑을 중심으로 왼쪽에서 오른쪽으로 둥글게 원을 그리며, ㉡ 지계(持戒): 반달형으로 돌면서 춤, ㉢ 인욕(忍辱): ㄷ자로 오른쪽에서 왼쪽으로, ㉣ 정진(精進): 十자를 옆으로 눕혀 놓은 X자형으로 왼쪽에서 오른쪽으로, ㉤ 선정(禪定): 구름모양으로, ㉥ 지혜(智慧): 절구형으로, ㉦ 방편(方便): 좌우로 2개의 원을 그리며, ㉧ 원(願): 앞뒤로 2개의 원을 그리면서, ㉨ 역(力): 작은 원 밖에 다시 큰 원을 만들

내부공간을 갖는 경우에도 실내에서 행하기에는 다소 어려운 점이 있다. 그러므로 탑돌이는 목탑의 경우라 할지라도 외부에서 행해진 경우가 많았을 것으로 생각된다.

한편, 기록을 통해 볼 때 탑돌이는 현세중심의 기복신앙(祈福信仰)과 관련이 깊다. 예를 들어, 『삼국유사(三國遺事)』「김현감호(金現感虎)」편에는 신라 풍속 중 매년 봄 초8일로부터 15일까지 모든 남녀가 다투어 흥륜사(興輪寺)의 전탑(殿塔)을 도는 복회(福會)를 행했다는 기록이 있다.[62] '복회'란 말 그대로 복을 비는 기도회로 생각되며, 실제로 김현(金現)은 복회를 통해 배필을 얻고 나중에 명예를 드높이게 된다.

전술한 법주사 원통보전은 중생의 모든 괴로워하는 소리를 듣고 그 고통을 없애 준다는 관세음보살(觀世音菩薩)을 모신 전각이다. 따라서 그곳은 현실적 기원의 공간[63]으로서 기복신앙으로서의 요잡행위가 어울리는 공간이다. 따라서 탑과 마찬가지로 그 행례의 방식이 실내공간에 투영되어 중앙의 성역과 주변의 도는 공간으로 발전할 가능성이 가장 높은 전각이 된다.

전라남도의 두 원통전에는 이러한 자취가 잘 남아 있다. 선암사 원통전(仙岩寺 圓通殿)은 3칸3칸 전각으로서 정면 어칸이 돌출되어 전체적으로 '丁'자형의 모습이다(그림 4-31). 건물 내부는 내진(內陣)과 외진(外陣)으로 구분되는데 내진의 배면벽을 막아 불벽처럼 사용하고 있

어 두 겹으로, ㉫ 지(智): 작은 원 셋을 싸서 큰 원을 그리며 왼쪽에서 오른쪽으로. 『韓國 民俗大觀 4: 歲時風俗. 傳承놀이』, 高麗大學校 民族文化硏究所, 1982 참조. 단, 위 책에는 ㉬ 선정(禪定)이 누락되어 있어 추가했다.

62. 新羅俗, 每當仲春, 初八至十五日, 都人士女, 競遶興輪寺之殿塔爲福會. 『三國遺事』 券5, 感通第7「金現感虎」.

63. 석가모니불은 이미 열반에 들었고, 미래불로서 미륵의 현신은 요원하며, 아미타불의 극락정토는 내세에 있는 것이므로, 당장의 현실적 문제를 해결해 줄 신앙적 존재로서 관세음보살은 현세 이익적 염원에 근거를 두게 된다. 梁尙鉉, 「朝鮮時代 寺刹配置의 敍事構造」, 서울대학교 박사학위논문, 1999, pp. 138-139 참조.

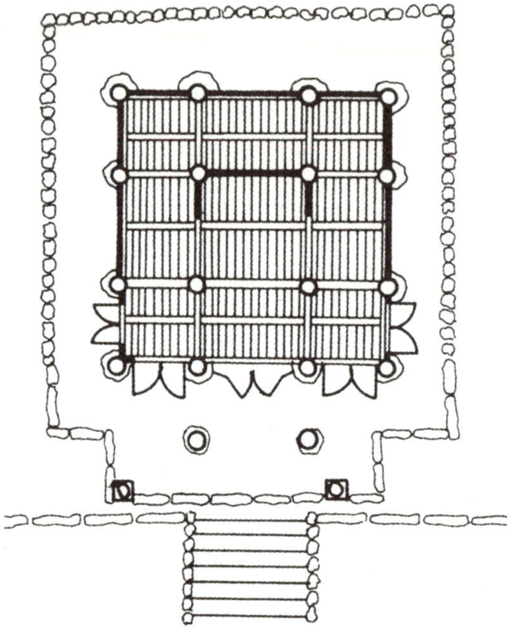

(A) 평면도

(B) 전경

그림 4-31. 선암사 원통전

다. 그러나 예전에는 배면을 제외한 3면에 문이 달려 있었다고 전해지며, 실제로 『조선고적도보』에 실린 사진에서도 이 3면에 계자난간이 설치된 모습이 보인다.[64] 이와 같은 '回'자형 평면구조는 요잡의례를 전제로 건축된 것으로 비록 팔작지붕의 단층불전일지라도 공간구조의 원리가 지속되고 있는 것을 볼 수 있다. 더구나 선암사 원통전은 내부에 보가 없는 무량구조(無樑構造)로서 인근의 목조탑인 화순 쌍봉사 대웅전과 유사한 구조형식을 가지고 있다.

좀더 복잡한 '回'자형 평면을 가진 흥국사 원통전(興國寺 圓通殿) 역시 선암사 원통전처럼 '丁'자형 평면을 가지는데, 평면의 규모가 확장되었으며 바깥 퇴를 모두 개방하고 있는 특징이 있다(그림 4-32). 퇴칸은 모두 연결되어 전각 주위를 한 바퀴 돌 수 있도록 되어 있어 공간구조의 계승을 짐작할 수 있다. 흥국사 원통전은 만일염불회(萬日念佛會)가 활발히 열렸던 곳이다. 염불결사(念佛結社)를 했던 보광전(普光殿)이 본래 원통전 앞에 있었는데 이곳에서 결사를 하면서 염불기도를 할 때에는 일반 법당에서처럼 하는 것이 아니라 관세음보살을 중심으로 탑돌이 형식으로 기도하게끔 되어 있었다.[65] 따라서 흥국사 원통전의 개방된 퇴칸은 보다 많은 인원의 요잡의례를 위한 건축적 배려로 봐야 할 것이다. 또한 일종의 내진 안에는 여느 불전과 마찬가지로 불벽을 세우고 관음상을 봉안했는데, 불벽은 통로만큼의 간격을 두고 배면벽에서 떨어져 있다. 이는 퇴칸을 따라 도는 의식과 내부에서 불상을 도는 의식이 병행되었을 가능성을 말해 주는 것이다. 측면과 배면에 모두 문을 달아 드나들 수 있도록 한 점도 좀더 복잡한 요잡례를 추정할 수 있게 한다.

이와 같은 요잡례를 기본으로 하는 불전의 평면은 탑처럼 내진과 외

---

64. 천득염 · 전봉희, 『한국의 건축문화재 전남편』, 기문당, 2002, pp. 98-99 참조.
65. 천득염 · 전봉희, 『한국의 건축문화재 전남편』, p. 108 참조.

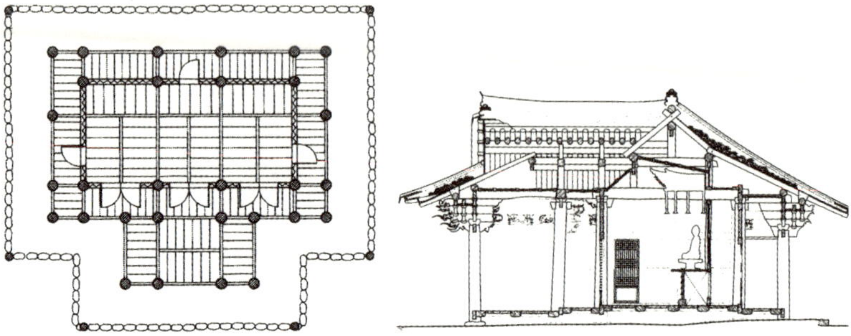

(A) 평면도 (B) 종단면도

그림 4-32. 흥국사 원통전

진이 나뉘는 3칸3칸이 그 최소단위가 된다. 이러한 전통은 조선시대에 이르러 예불의 방식이 한자리에서 소규모로 진행되는 것으로 변모하는 동안에도 쉽게 변하지 않았다. 내진의 기둥이 생략되고 막았던 벽이 사라지는 과정에서도 불상의 위치는 자리를 지켰으며 내진의 한 부분이었던 배면벽은 그대로 남아 후불벽이 되었다.

(2) 배례(拜禮)와 실내공간

존경을 표하는 또 다른 예(禮)에 절하는 행위가 있다. 동아시아 문화에 나타나는 공통적인 행동이다. 불교에서도 몸을 낮출수록 더욱 공경을 나타내는 것으로 보았는데, 그 중에서도 엎드려 얼굴을 상대방의 발에 대는 것을 높이 쳤다.[66] 『증일아함경(增壹阿含經)』이나 『사분율(四分律)』 등의 불경에서는 제자들이 부처님을 뵐 때 언제나 이와 같은 두면례(頭面禮)를 발에 하고 한쪽에 앉는 장면이 반복된다.[67] 지금 불교에

66. 最在上故. 足第一賤. 履不淨處最在下故. 是故以所貴禮所賤. 貴重供養故. 復次有下中上禮. 下者揖. 中者跪. 上者稽首. 頭面禮足是上供養. 以是故佛毘尼中. 下坐比丘兩手捉上坐兩足. 以頭面禮. 『大智度論』 卷10.

67. 위의 경전에서 부처를 알현하는 장면에는 "頭面禮足, 在一面坐"의 용어가 관용적으로 붙어 있다.

서 오체투지(五體投地)라고 하는 행위의 기원이다. 예불(禮佛) 혹은 예경(禮敬)행위는 이를 기본으로 하여 발전했다. 따라서 요잡(繞匝)과 예배(禮拜)는 예불행위의 두 축으로서 건축평면에 작용했다. 요잡의 행례는 '回'자형 공간구조를 발전시켰고, 예배의 행위는 방향성을 지니는 전후공간구조를 규정했다. 전각에 따라 특정 예불행위에 초점을 맞추기도 했으나 대개의 경우 두 가지 행위를 동시에 고려해 건축되었던 것으로 생각된다.

우리나라에서 불교건축의 역사적 전개는 소형화와 실내화라는 축으로 발달하게 된다. 먼저 다양한 신앙의 수입은 예불의 대상을 구체화시키고 다변화했다. 이들이 각각의 전각에 안치됨에 따라 불전은 규모면에서 소형화가 이루어졌고, 한편 양적으로 전각의 수는 점점 증가했다. 전각은 대웅전, 극락전과 같이 봉안한 불상에 따라 명칭을 지니게 되었으며, 종파와 교리에 따라 우선시하는 전각이 서로 달라지게 되었다. 그러나 이들 전각의 건축적 차이는 크지 않다. 교리상의 차이를 보이지만 기본적인 예불방식은 큰 틀에서 벗어나지 않기 때문이다. 다음으로 선종과 관련된 소규모 산지가람은 조선시대의 배불정책과정에서 더욱 증가했다. 조선왕조는 사대부의 사찰출입을 제한했고 나라 재정의 지원을 받는 대규모 법회도 차츰 사라지게 되었다. 특히 16세기 중종조 이후에는 승과가 폐지되고 종파의 구분도 사라졌으며, 승려의 도성출입이 제한되는 등 회복하기 어려운 억압의 시기를 맞이하여 도시사찰은 자취를 감추게 되었으며, 산간지방에서 농촌 지주계층의 지원을 받아 명맥을 유지할 수 있을 뿐이었다.[68] 이들 산지사찰은 경사지의 좁은 터를 잡아 전각을 세워야 하기 때문에 또 한번 전각의 규모가 소형화되는 계기가 된다.

전각규모의 축소화과정과 더불어 실내공간의 확장경향이 나타난다.

68. 金東旭, 『한국건축의 역사』, pp. 203-205 참조.

이와 같은 이중적인 발달과정은 한국의 불전건축을 특징짓는 지표이다. 우리나라의 지리적 기후 특성은 의례행위를 점차 실내화하는 경향으로 이어졌고, 이는 지역 전통에 기반하는 마루 구조의 확산으로 실현되어 갔다. 실질적인 예불공간이 전각의 내부로 들어오게 되면서 예불의 방식은 요잡보다는 예배를 위주로 하는 형식이 점차 우세해졌고, 따라서 전각의 내부는 바닥에 앉거나 엎드려 장시간을 머무를 수 있는 시설이 필요하게 되었다. 기존의 전각에서 전돌을 깔고 필요한 자리에만 포단(蒲團)[69]을 깔아 행례 및 수행하던 관습에서 마루의 가설은 좀더 많은 인원의 장시간 예불이 가능해지는 계기가 되었다. 조선 초기 이전의 봉정사 극락전, 부석사 무량수전, 장곡사 상대웅전 등의 바닥이 전돌로 마감되어 있고, 수덕사 대웅전, 봉정사 대웅전, 은해사 거조암 영산전 등의 마루 밑에서 전돌이 발견되는 것은 이러한 까닭이다. 이후의 현존하는 대부분의 불전은 임진왜란 후에 지어진 것으로 계획단계에서 이미 마루를 구성해 조영한 것이다.

불전공간의 실내화 경향은 예불의식의 중심이 옮겨가는 과정과 맥을 같이한다. 소규모의 한정된 공간에서 요잡례는 선호되지 않았던 것으로 보이며, 예불은 헌향(獻香), 예배(禮拜), 독송(讀誦), 염불(念佛), 참선(參禪), 다게(茶偈) 등의 상대적으로 정적인 행위로 이루어졌다. 또한 실질적으로도 간편한 절차로 이루어져, 각 전각에 따라 서로 다른 예경문(禮敬文)을 봉송하면서 여러 번 절을 하는 예식이 보편적으로 적용되었다. 예경문으로 오분향례(五分香禮), 향수해례(香水海禮), 칠처구회례(七處九會禮), 사성례(四聖禮), 관음예문례(觀音禮文禮), 대예참례(大禮懺禮) 및 각 전각에 따른 예경문이 별도로 있으나 예불방식 자체는 크게 차이나지 않는다. 그러므로 여러 전각들은 유사한 공간구

---

69. 포단(蒲團)은 승려가 참선이나 염불을 할 때 쓰는 부들로 만든 깔개〔方席〕를 말한다. 이후 어의(語義)가 변해 현재 우리말의 "포대기"가 되었으며, 일본에서는 요와 이불의 의미로 사용된다.

조를 가지게 되었으며, 크게 부처를 모신 불단(佛壇)과 예불을 위한 마룻바닥을 기본형식으로 하게 되었다.

그러나 예불행위의 실내화는 단순히 실내에 마루를 가설하는 정도의 건축적 변모를 넘어서, 본격적인 내주의 생략, 불단의 후치, 내부장식의 증가, 광창을 통한 채광면적의 증가 등의 변화를 가져왔다. 우선 불단 앞의 예불공간을 넓고 단일한 공간으로 만들어 내기 위해 전면의 기둥렬을 생략하는 법식을 널리 사용하게 되었고 이는 불전 전각건축의 특징적인 수법으로 자리잡게 되었다. 그러나 불단의 위치는 비교적 변화의 과정이 완만했는데, 후열내주가 후불벽을 세우는 틀이 되었기 때문이다. 또한 요잡의례 역시 부분적으로 지속되었기 때문에 불단의 뒷공간이 필요하였다. 그러나 점차 예배 중심의 예불의식이 선호되면서 조선 중기 이후의 불전에서는 불단이 점차 뒤편으로 이동하였다. 이것은 기술적으로 이주법의 보급과 관련된다. 좁아진 불벽 뒤의 공간은 장엄구 등을 보관하는 수장공간이 되었으며 지나치게 협소한 경우도 생겨나게 되었다.

예불공간으로서 불전의 내부는 더욱 장식화되는 경향이 나타났다. 불전 자체가 본래 이상향의 극락세계를 현세에 재현한 것이므로 초기부터 정성들여 장엄(莊嚴)을 했으나 실내활동이 많아지면서 공포나 벽화 등이 더욱 화려해지는 모습을 볼 수 있다(그림 4-33). 충량 등에 용머리 장식을 하고 내출목(內出目) 수를 늘려서 화려하게 꾸미는 한편, 천장(天障)의 마감을 우물천장이나 층급천장으로 하는 경향이 17세기 이후 널리 성행했다(그림 4-34). 천장을 막고 장식을 하는 방식으로 인해 천장 위의 상부가구는 단순 구조재가 되어 의장으로부터 자유로워지는 계기가 되었다. 또한 실내활동과 증가와 장식의 집중은 채광효과를 필요로 하는 것이기 때문에, 광창(光窓)의 면적이 넓어지는 경향을 동반했다.

그림 4-33. 백련사 대웅보전 내부가구

그림 4-34. 화성 용주사 대웅보전 내부가구

3) 기둥의 조절과 공간활용

(1) 지붕형제에 따른 기둥 조절방식의 차이

제한된 평면 안에서 예불공간의 확장은 먼저 내부기둥을 삭제함으로써 구현되었다. 3칸3칸 불전의 경우 후열의 내주는 불벽을 지지하는데 유용하기 때문에 전열의 내주만을 제거하는 방식으로 공간의 확장을 꾀했다. 현존하는 불전에서 전열의 내주가 남아 있는 경우는 극히 드물다. 다음 단계의 공간확장은 남아 있는 후열의 내주를 후치(後置)시킴으로써 이루어졌다. 이러한 기둥의 조절은 지붕형제와 관련을 갖는 것으로 판단된다. '전열감주형' 불전에서는 맞배집이 우세하고 '후열이주형'에서는 팔작집이 우세한 통계를 보여 주기 때문이다.

통계적으로 맞배집에서는 후열의 내주를 뒤로 이동시켜 예불공간을 확장하는 방식을 선호하지 않았다. 맞배집에서의 상부가구는 지붕의 하중을 받는 수평재들이 일직선상에 구성되어야 한 방향으로 된 지붕을 효율적으로 지지할 수 있기 때문이다. 따라서 내부가구의 기본구조가 측벽에 곧바로 투영되는 것이 보통이다.

반면에 팔작집은 후열내주를 뒤로 이동시키는 방식을 즐겨 사용했다. 그 이유는 이주법을 사용하지 않은 갑사 대적전(甲寺 大寂殿)의 사례를 통해 미루어 짐작할 수 있다(그림 4-35). 여기서 측벽기둥은 내주열의 연장선에 위치하기 때문에, 측벽기둥에서 출발한 충량은 후열내주에서 대들보와 만난다. 군더더기 없이 명확한 이 방식은 내주 상부의 결구부위가 취약하다. 한 지점에서 대들보와 툇보, 충량이 동시에 결구되어야 하기 때문이다. 이보다는 후열내주와 측벽기둥을 조금 어긋나게 하여, 내부에서는 충량이 대들보 위로 얹히게 하고, 외부 측벽에서는 공포의 개수와 간격을 조절하는 방식이 계획자의 입장에서 보다 편리한 방식이 될 수 있을 것이다. 이것이 다수의 다포계 팔작지붕 불전에서 후열이주형을 많이 선호한 이유이다.

그림 4-35. 갑사 대적전 내부

(2) 내부기둥의 유형

목조 전각의 내부기둥은 보와 도리와의 관계에 따라 고주(高柱), 차두주(借頭柱), 편주(偏柱)의 방식으로 구분할 수 있다.[70] 기둥이 도리를 직접 받치며, 보가 기둥에 끼워지는 방식을 가질 때 이를 '고주'라 하고, 기둥이 보 밑에서 끝나고 보 위로는 작은 대공이 있어서 도리를 받치는 방식을 '차두주'라 하며, 차두주에서 특히 기둥이 도리보다 바깥으로 이동했을 때를 '외편주(外偏柱)', 안쪽으로 이동했을 때를 '내편주(內偏柱)'로 이름한다(그림 4-36).

기둥형식의 대안들은 감주와 이주법을 사용하는 과정에서 발생한 것으로 보인다. 특히 이주법에서 차두주와 외편주의 사용이 두드러진

70. 이우종, 「단층불전 내주의 결구 및 배열방식에 관한 연구」, 서울대학교 석사학위논문, 2000.

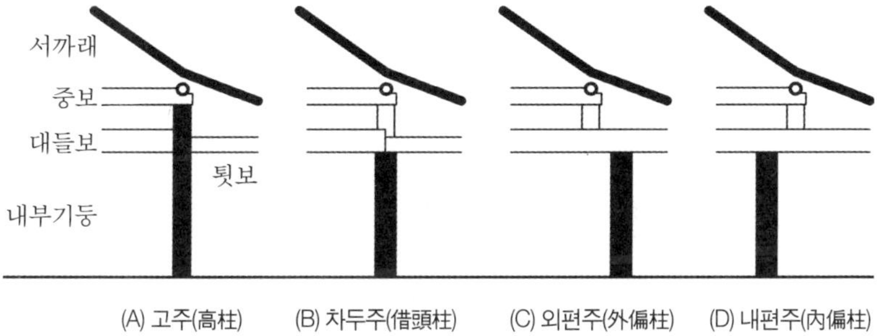

그림 4-36. 목조건축에서의 기둥방식

표 4-6. 후열이주형에서의 내주방식

내주	고주	차두주	외편주
팔작	봉정사 대웅전	월리사(청원) 대웅전 불영사 대웅보전 관룡사 대웅전 천은사 극락보전 선암사(순천)대웅전	내소사 대웅보전 은해사 백흥암 극락전 신흥사 극락보전 통도사 극락전 동화사 대웅전 금탑사 극락전 백련사 대웅전 미황사 대웅전 용문사 대웅전 개암사 대웅보전 안정사 대웅전 화계사 대웅전 상주사(옥구) 대웅전
맞배		거동사 대웅전 안국사 극락전	신륵사(제천) 극락전

다. '후열이주형' 불전에서 고주를 사용한 불전은 14세기의 건물인 봉정사 대웅전(鳳停寺 大雄殿)이 유일하다(표 4-6). 봉정사 대웅전은 아직 차두주의 방식이 보편화되기 이전의 모습을 보여 준다(그림 4-37). 고주를 내주로 사용하는 전각에서는 중도리의 간격을 조정하여 중앙

그림 4-37. 봉정사 대웅전 종단면도

그림 4-38. 천은사 극락보전 충량결구

공간의 크기를 조절할 수밖에 없다. 그러나 이처럼 고주를 사용하는 이주의 방식은 커다란 기둥부재가 필요하고 위치선정의 융통성이 부족하기 때문에 조선시대에는 선호되지 못했다.

고주를 사용하여 치밀하게 짜맞추는 조합은 후대로 오면서 가구가 결구되는 부분을 부재별로 잘라 쌓는 방법인 차두주로 점차 대체된다. 차두주의 사용은 부재의 절약뿐만 아니라, 고주에 비해 상부가구와의 긴밀성이 느슨해진다는 점에서 위치선정에 어느 정도 자유가 있다. 이와 같은 이유에서 이주형에서는 차두주를 선호했는데, 이는 전각의 지붕을 팔작지붕으로 구성한 것에도 영향이 있다.

대들보 위로 얹히는 충량은 실내공간에서 주요한 의장요소가 된다. 따라서 특히 충량의 머리를 중심으로 장식이 베풀어졌다. 전라도 지방의 불전에서는 용머리 장식이 화려한데, 천은사 극락보전(泉隱寺 極樂寶殿)과 같은 사례가 이를 잘 보여 준다(그림 4-38). 충량이 대들보 위로 얹히는 까닭은 결구를 위해 대들보에 구멍을 뚫는 것이 구조적으로 불안정하기 때문이다.

1633년에 재건된 측면폭 28영조척의 내소사 대웅보전(來蘇寺 大雄寶殿)은 외편주의 사례 중 비교적 큰 사례이다(그림 4-39). 정면과 배면의 어칸에는 공간포가 3구씩, 측면 어칸에는 공간포가 2구, 나머지 협칸들에는 각 1구씩 설치되었고, 외곽을 두르는 기둥은 상부가구와 정합성을 가지게 배열되었다. 그리고 후열내주는 배면벽의 공포 내출목이 끝나는 부분까지 이동되었다. 외부로는 3출목인 공포는 내부에서는 5출목이며 그 위로 3단의 제공이 덧쌓여 총 8단 높이의 빗천장을 만드는데, 제공 끝에는 모두 연봉을 조각하여 불전 내부장엄의 극치를 보여준다. 이처럼 공포의 내출목이 실내로 돌출하고 후열의 내주는 뒤로 밀려 있기 때문에 실내에서는 내주 위편의 툇보가 노출되지 않는다. 따라서 대들보는 마치 끊기지 않은 통칸보처럼 인식되며 장식의 일관성을 유지하게 된다. 천장으로 노출된 큰 부재는 대들보와 충량뿐이며 충량은 전열의 감주와 후열의 이주를 통해 대들보 위로 머리를 내밀고 용머리로 장식되어 있다.[71]

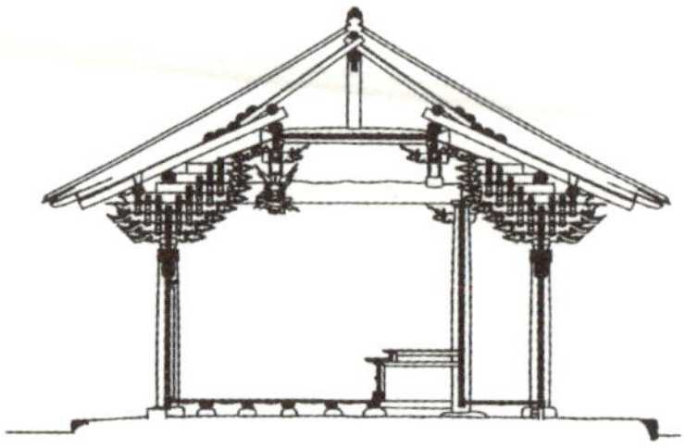

(A) 외편주와 숨은 툇보

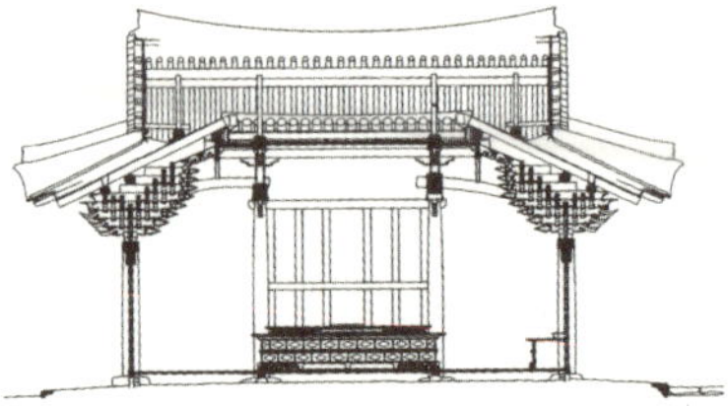

(B) 횡단면도

(C) 실내가구

(D) 외편주

그림 4-39. 내소사 대웅보전

이와 같은 외편주를 사용한 이주법은 역시 팔작집에서 선호된 방식으로 조사한 3칸3칸 전각에서 제천 신륵사 극락전(神勒寺 極樂殿)만이 유일한 예외이다(표 4-6). 제천 신륵사 극락전의 경우는 측면길이가 작아서 일반적인 경우 통칸보로 구성해도 구조상 무리가 없을 정도이다.

---

71. 후열의 충량머리에는 아무런 장식이 없어, 불단 위로는 닫집이 있었을 것으로 추정된다. 『文化財大觀』 寶物篇(木造, 改訂版), 문화재청, 2004, p. 233 참조.

반면 외편주를 사용한 팔작집은 대체로 측면길이 22척 남짓한 중규모 불전이 많다. 18세기 이후에는 안정사 대웅전(安靜寺 大雄殿), 옥구 상주사 대웅전(上柱寺 大雄殿)과 같이 중도리열에서 기둥을 멀리 이주한 사례가 증가한다.

(3) 이주의 층위

동아시아 목조건물에서 이주(移柱)는 '칸(間)'을 이루는 방안의 기둥렬에서 기둥이 이동한 경우를 가리킨다. 그러나 보다 넓은 의미에서 이주는 이와 같은 모눈의 크기를 조절하면서 시작된 것으로 생각할 수 있다. 중심성을 강조하기 위해 가운데칸〔御間〕을 키우면서 기둥의 배열 간격을 조절하는 것도 이주의 일종이다. 그러나 이와 같은 이주는 도리의 길이를 제외하고는 구조에 큰 영향을 미치지 않기 때문에 특별히 따로 구분하는 의미가 없다. 또 건물의 앞뒷면으로 도리의 위치를 조절해 측면 중심칸을 키우는 것도 이주의 시작으로 볼 수 있다. 그러나 이것 역시 도리의 위치이동이 지붕의 기울기에 직접적으로 영향을 주기 때문에 일정한 제약을 가질 수밖에 없다.

본격적인 이주법은 측벽의 주열과 내부의 주열이 어긋나는 것을 기준으로 판단한다. 3칸3칸 전각의 이주는 전열의 감주를 전제로 하며, 따라서 측벽구조는 구조적으로 더욱 큰 부담을 갖게 된다. 특히 팔작지붕의 형제를 갖는 구조일 때 공포의 배열이라는 의장문제와 충량의 결구라는 구조문제가 더해져 이주법의 보급이 자연스럽게 받아들여졌던 것으로 생각된다. 즉, 내부에서 도리의 이동을 통한 넓은 중심칸과 좁은 퇴칸구조를, 측벽에서 측면 의장과 충량결구의 문제를 감안한 안정구조로 보강하는 것이다.

그림 4-40은 이러한 구조의 상부가구를 종도리와 서까래 등을 제외한 상태에서 내려다 본 도식이다. 후열내주는 중도리를 받치고 있으며, 충량은 대들보 위로 얹혀 있다. 전후의 중도리는 충량에 대공을 세워

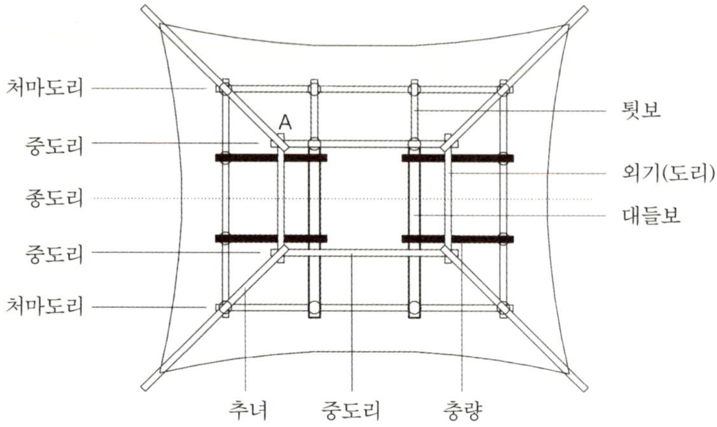

그림 4-40. 이주법(고주, 차두주)

얹은 측면의 중도리, 즉 외기(外機)도리와 만나 사각 프레임을 형성하고 이 모퉁이에 추녀가 얹혀진다. 이와 같은 구조는 복잡한 하중의 흐름을 만든다. 예를 들어 추녀의 뿌리 끝이 얹히는 후중도리 모퉁이의 하중(A)은 후중도리를 통해 후열내주로 흐르는 길과, 외기도리를 통해 동자기둥을 타고 충량에서 측벽기둥으로 흐르는 길, 충량에서 대들보를 통해 후열내주나 전면의 평주로 흐르는 길 등이 존재한다. 이처럼 캔틸레버의 원리를 이용하여 여러 부재로 하중을 분산시키는 원리는 하중이 도리에서 기둥으로 직접 이동하는 초기 전각의 구성에 비해 매우 복잡한 기법이 적용된 것이다. 또한 이러한 기법은 다양한 단위부재의 조합으로 이루어지므로, 전체 크기를 유지한 채 단위부재의 크기를 축소할 수 있는 가능성이 있다. 기둥을 보 아래서 정리하고 보 위로는 짧은 동자기둥으로 도리를 받치는 차두주의 기법이 보급되는 과정은 이와 같은 구조기술의 발달과정과 연관된다. 이주의 사례 중에서 후열내주로 고주(高柱)를 사용한 것이 이른 시기의 전각인 봉정사 대웅전뿐인 것은 이러한 과정과 관련된다.

차두주의 보급은 전각에서 이주법을 사용하는 데 결정적인 영향을

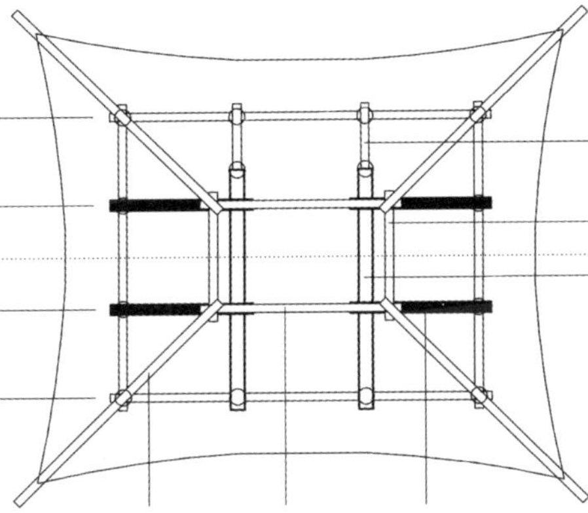

그림 4-41. 이주법(외편주)

끼쳤다. 도리와 직접 결구되지 않는 내부기둥을 사용하게 됨으로써 구조와 의장은 일정 부분 독립되어 생각할 수 있는 여지를 갖게 되었다. 따라서 진정한 의미의 이주법은 차두주인 내주를 상부가구와 관계없이 이동한 편주의 방식을 사용한 것을 말하며, 불전에서는 일반적으로 외편주의 방식이 이용되었다.

그림 4-41은 외편주로 이주한 상부가구이다. 고주 혹은 차두주로서 도리를 받친 경우와 비교하면 기둥만을 이동했기 때문에 보다 간결한 구조가 된다. 즉, 수평방향의 하중이동을 최소한으로 줄였기 때문에 하중이 이동하는 동선이 짧아졌다. 또한 외부의장과 통합된 전체 전각구조가 완결된 상태에서도 비교적 자유롭게 내부의 기둥을 이동할 수 있게 되었다. 이제는 대들보의 길이를 제외하고는 내주의 이동을 제약하는 요소가 없다. 따라서 건축이 분업화·규격화되는 과정에서는 외편주를 이용한 이주법이 선호되었을 것이라 짐작하는 것은 어려운 일이 아니다.

(4) 불벽의 위치

불전의 중심은 불상이다. 불상의 뒤에는 대개 부처와 소의불경의 내용을 묘사한 불벽이 안치되는데, 불전 내에서 가장 크고 중심적인 건축 시설의 하나이다. 불벽은 그 규모와 무게 탓으로 홀로 서 있기가 어렵다. 따라서 좌우의 기둥에 의지하여 서는 것이 보통인데 이 때문에 내부기둥의 조절이 불가피한 것이 된다. 그러나 내부기둥을 모두 제거한 상태에서도 불벽은 필요한 것이어서 몇 가지 해법을 통해 이를 해결하고 있다.

먼저 측면벽이나 배면벽을 불벽으로 사용하는 방식이 있다. 17세기와 18세기의 몇몇 불전에서 나타나는 조금은 예외적인 형식인데, 배면에 불벽을 구성할 때는 측면2칸형으로 조직되는 경우가 일반적이기 때문이다. 측면3칸이면서 배면벽을 불벽으로 사용하는 사례로는 통도사의 부불전들이 대표적이다. 예를 들어 통도사 용화전(通度寺 龍華殿)은 정면 10m, 측면 7m의 규모로 불벽 없이 배면벽을 배경으로 이용하고 있다(그림 4-42). 이때 실내공간에는 기둥과 불벽이 없어서 시선을 가리는 바가 전혀 없기 때문에 사방을 모두 동일한 장식으로 화려하게 꾸몄다. 예를 들어 내출목 위치에 장여를 놓고 공포를 한번 더 구성하는 방법 등이 동원되고 있다. 한편으로 장스팬의 무주공간을 보강하기 위해 보 밑으로 방재를 덧대어 구조적인 안정성을 높였다. 대전 고산사 대웅전과 통도사 영산전은 측면벽을 불벽으로 사용하고 있는 특이한 사례이다(그림 4-43).

그러나 후면벽이나 측면벽을 불벽으로 대용하는 경우 크고 화려한 불벽이 될 수 없다. 왜냐하면 높이에 일정한 제약이 있기 때문이다. 또 불상을 중심으로 순회하는 요잡의례의 전통은 불상을 벽면에서 떨어뜨려 놓는 데 기여했다. 무위사 극락전의 경우 불벽의 후면에 백의관음도가 그려져 있어 불상이 불전의 관념적 중심에 위치한다는 사실을 보여 준다. 그러나 점차 배례 중심의 예불로 바뀌면서 조선 후기에는 불상의 위치가 후면벽으로 밀리기도 하고, 아닌 경우라도 불벽의 후면부에 대한 의장적 처리가 간소화되는 것이 일반적이다.

(A) 내부가구

(B) 불상

그림 4-42. 통도사 용화전

(A) 불벽

(B) 불벽 맞은편

그림 4-43. 통도사 영산전

그림 4-44. 무위사 극락전 내부

내주가 전혀 없는 불전에서는 불벽을 세우기 위해 불벽의 좌우에 샛기둥을 설치한다(그림 4-44). 불벽과 샛기둥의 위치는 무위사 극락전(無爲寺 極樂殿), 칠장사 대웅전(七長寺 大雄殿), 문수사 극락보전(文殊寺 極樂寶殿)의 사례를 제외하면 모두 기둥렬보다 후면으로 물러나 있다. 불벽을 지탱하기 위한 샛기둥은 상부가구와 관계되지 않기 때문에 이동이 자유롭다(그림 4-45). 따라서 기둥렬에 맞추지 않은 사례가 더욱 많이 발견된다. 하지만 이 경우도 후면벽의 공포와 만나기 때문에 무한정 뒤로 갈 수 없기는 마찬가지이다. 따라서 이주법으로 공간을 구성한 전각과 공간형태의 차이는 크지 않다. 불벽의 좌우에 샛기둥을 부가하여 기둥렬보다 뒤쪽으로 설치한 불전에는 개심사 대웅전(開心寺 大雄殿), 화암사 극락전(花巖寺 極樂殿), 보석사 대웅전(寶石寺 大雄殿), 진도 쌍계사 대웅전(珍島 雙磎寺 大雄殿), 장륙사 대웅전(莊陸寺 大雄殿), 영랑사 대웅전(影浪寺 大雄殿), 임실 신흥사 대웅전(任實 新

그림 4-45. 영랑사 대웅전 내부

興寺 大雄殿), 백양사 극락보전(白羊寺 極樂寶殿), 용천사 대웅전(湧泉寺 大雄殿), 홍성 고산사 대웅전(洪城 高山寺 大雄殿), 율곡사 대웅전(栗谷寺 大雄殿), 흥국사 대웅전(興國寺 大雄殿), 전등사 대웅전(傳燈寺 大雄殿), 하동 쌍계사 팔상전(河東 雙磎寺 捌相殿), 대둔사 대웅전(大芚寺 大雄殿), 신원사 대웅전(新元寺 大雄殿), 불회사 대웅전(佛會寺 大雄殿)의 사례가 있다.

(5) 맞배집에서의 측벽구성

전각의 측벽은 목구조가 그대로 드러나기 때문에 동시에 의장적 효과도 고려해야 하는 부분이다. 또한 커다란 창이나 문이 생기는 곳이 아니므로 구조형태가 지니는 의장적 효과는 더욱 크다. 불전에서의 측벽은 탱화와 단청을 통해 화려한 장식을 하지만 역시 그 프레임을 이루는 구조의 모습이 중요하다고 할 수 있다(그림 4-46). 3칸3칸 불전의 측벽

(A) 정면

(B) 측면

그림 4-46. 영랑사 대웅전

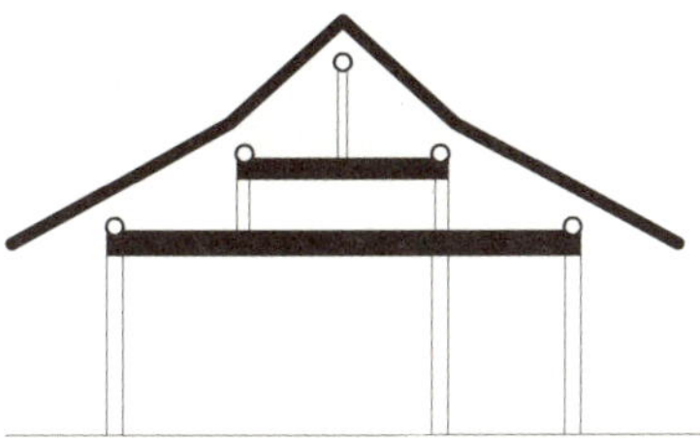

(A) 내부단면

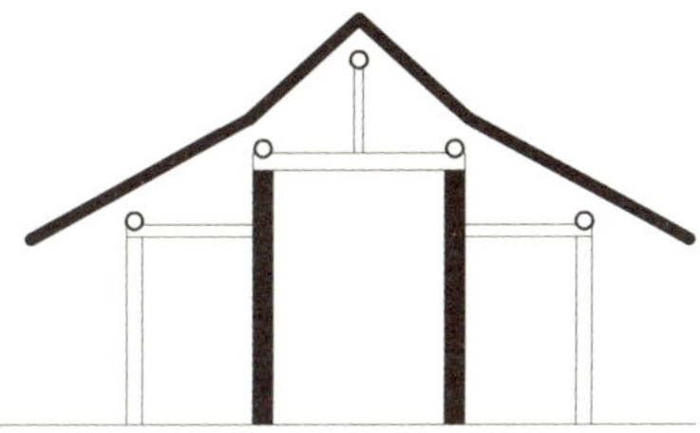

(B) 측입면

그림 4-47. 맞배집의 내부단면과 측입면

의장을 결정하는 일차적인 요소는 지붕형식이다. 팔작집은 측면에도 공포가 구성되고 또한 상부로 처마가 놓이므로 측벽의 구성은 대개 정면구성의 연장선에서 배려된다. 그러나 맞배집의 측벽에서는 구조 시스템이 외부로 드러나며 곧바로 의장요소가 된다. 이를 통해 건물의 안정성을 표현하며, 이는 미적 효과로 승화되어야 한다.

맞배집에서도 역시 내부와 측벽의 구조단면을 다르게 사용하는 것이 일반적이었다(그림 4-47). 특히 측벽에서는 감주 없이 모든 기둥이 그대로 올라가 도리를 직접 받치는 기법이 오랫동안 고수되었다. 봉정사 극락전과 같이 종도리를 직접 받치는 기법은 3칸집에서는 사라졌지만 고주를 사용해 중도리를 직접 받치는 방식은 지속되었다. 이것은 다

그림 4-48. 통도사 용화전 측벽

포계의 건축기법이 도입되어 사면을 유사하게 계획하는 팔작집을 중심으로 발전하는 과정에서도, 다포계맞배집[72]이라는 특수한 형식으로 지속되었다. 따라서 맞배집의 측면에는 대들보를 사용하지 않으며, 이 부분은 넓은 화폭이 되어 장식의 가능성이 크다.

그러나 맞배집에서의 커다란 풍판의 사용은 측벽구성에 대한 부담감을 감소시켰다. 상부가구를 모두 가리는 대규모의 풍판을 사용하게 됨으로써, 수덕사 대웅전의 측벽과 같은 감동적인 골조의 미는 사라졌다. 그 대신에 측벽의 상부가구는 형식에서 벗어난 자유로운 구성이 가능하게 되었다. 일례로 고주를 일반적인 맞배집보다 낮은 높이로 구성한 통도사 용화전(通度寺 龍華殿)을 보면, 풍판을 사용하여 가릴 것을 전제로 한 기법이 보인다(그림 4-48). 고주를 중도리의 위치까지 올리

72. 다포계맞배집이 중국이나 일본에도 있으나 서너 동에 불과하고 그나마 지역적, 시대적으로 매우 편중되어 있어 우리나라와 같이 오랜 기간 광범위하게 사용되지는 못했다고 생각된다. 裵秉宣, 「多包系맞배집에 關한 硏究」, pp. 2-3 참조.

표 4-7. 불전건축의 유형별 사례

유형		사례
전열감주	맞배 17	大興寺 大光明殿 / 覺淵寺 大雄殿, 大悲寺 大雄殿, 大原寺 極樂殿, 梵魚寺 大雄殿, 普光寺 極樂殿, 石南寺 大雄殿, 禪雲寺 懺堂庵 大雄殿, 聖住寺 大雄殿, 聖興寺 大雄殿, 身安寺 極樂殿, 新興寺(梁山) 大光殿, 寧國寺 大雄殿, 靈隱寺(三陟) 大雄寶殿, 龍淵寺 極樂殿, 銀河寺 大雄殿, 天皇寺 大雄殿
	팔작 7	覺淵寺 毘盧殿, 甲寺 大寂殿, 金山寺 大藏殿, 壽陀寺 大寂光殿, 雲門寺 毘盧殿, 威鳳寺 普光明殿, 興天寺 極樂寶殿
후열이주	맞배 5	巨洞寺 大雄殿, 大典寺 普光殿, 神勒寺(堤川) 極樂殿, 安國寺 極樂殿, 把溪寺 圓通殿
	팔작 19	開巖寺 大雄寶殿, 觀龍寺 大雄殿, 金塔寺 極樂殿, 來蘇寺 大雄寶殿, 桐華寺 大雄殿, 美黃寺 大雄殿, 白蓮寺 大雄殿, 鳳停寺 大雄殿, 佛影寺 大雄寶殿, 上柱寺(沃溝) 大雄殿, 仙巖寺 大雄殿, 新興寺 極樂寶殿, 安靜寺 大雄殿, 龍門寺 大雄殿, 月裡寺(淸原) 大雄殿, 銀海寺 百興庵 極樂殿, 泉隱寺 極樂寶殿, 通道寺 極樂殿, 華溪寺 大雄殿
무내주	맞배 17	無爲寺 極樂殿, 通度寺 應眞殿, 莊陸寺 大雄殿 / 開心寺 大雄殿, 高山寺 大雄殿, 文殊寺 極樂寶殿, 白羊寺 極樂寶殿, 菩薩寺 極樂寶殿, 寶石寺 大雄殿, 新興寺(任實) 大雄殿, 雙磎寺 大雄殿, 影浪寺 大雄殿, 湧泉寺 大雄殿, 七長寺 大雄殿, 通度寺 靈山殿, 通度寺 龍華殿, 花巖寺 極樂殿
	팔작 11	高山寺(洪城) 大雄殿 / 大芚寺 大雄殿, 普光寺 大雄殿, 佛甲寺 大雄殿, 佛會寺 大雄殿, 新元寺 大雄殿, 雙磎寺 捌相殿, 栗谷寺 大雄殿, 傳燈寺 大雄殿, 通度寺 觀音殿, 興國寺 大雄殿

지 않고 정면기둥에 공포대를 올린 높이로 세웠으며, 고주와 중도리 사이는 매우 간략한 포작으로 처리했다. 이 부분은 내부에서는 2출목을 하여 쇠서와 연화 장식으로 화려하게 꾸몄으나 외부로는 다듬지 않은 부재가 드러난다.

4. 궁전건축

궁궐의 전각(殿閣)에서 3칸3칸 전각이 사용된 예는 그리 많지 않다. 정전(正殿)의 경우 궁궐의례의 중심이 되기 때문에 3칸3칸을 넘어서는 대규모의 건축물이 세워지게 된다. 말 그대로 3칸3칸 전각의 형식을 채용하고 있는 경우는 특히 조선시대에 건축된 편전(便殿)에서 그 사례를 찾아볼 수 있는데, 내부공간의 구성은 불전이나 사묘, 그리고 정자의 경우와 비교하여 뚜렷한 차이를 갖는다.

1) 궁전건축의 사례

가. 창덕궁 선정전(昌德宮 宣政殿)

창덕궁 선정전은 인정전 동쪽에 자리잡은 창덕궁의 편전이다. 현재 건물은 인조 25년(1647)의 재건으로 추정된다. 팔작지붕의 다포계 건축물로, 이중 기단 위에 원형의 초석을 놓고 기둥을 세웠다. 3칸3칸의 건물 주위를 따라 12개의 평주가 둘러 있으며, 내부에는 전열에만 2개의 고주가 있고 후열의 내주는 생략되어 있다(그림 4-49).

편전은 후면에 임금이 앉는 용상(龍床)과 그 뒤로 일월오악도(日月五嶽圖) 병풍 등의 배경을 시설하고 전면으로 신하들이 위치하기 때문에, 후면으로 불단과 불벽이 있고 그 앞으로 신도들이 자리하는 불전의 평면과 유사할 것으로 추측하기 쉽다. 그러나 실례를 보면 내부공간의 건축적 구성이 전혀 다르다. 즉, 불전과는 정반대로 전열의 기둥을 남기고 후열의 기둥 2개를 생략한 형식을 하고 있다. 다만 어탑(御榻) 뒤의 배경을 설치하고 보개를 씌우기 위해서 마치 불벽을 설치할 때처럼 배면 공포의 출목이 끝나는 위치에 샛기둥을 세웠다. 이러한 형식은 3칸3칸 전각의 또 하나의 적용사례가 된다. 내부의 독립 원기둥 2개는

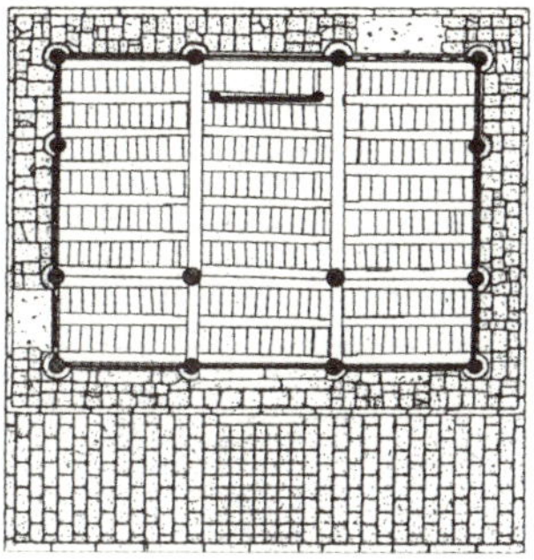

(A) 평면도

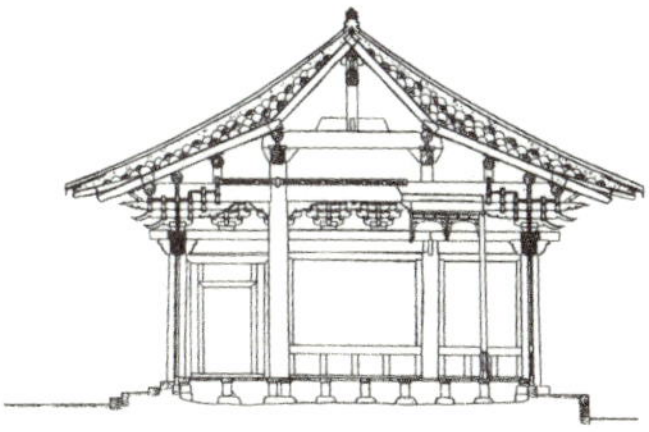

(B) 단면도

(C) 전열내주

(D) 어탑

그림 4-49. 창덕궁 선정전

중요한 상징적 의미를 짐작하게 한다.

나. 창경궁 문정전(昌慶宮 文政殿)

창경궁 문정전은 창경궁의 정전인 명정전(明政殿)의 왼쪽에 돌아앉아 있는 창경궁의 편전이다. 현재 건물은 일제시대에 철거되었던 것을 발굴조사와 문헌고증 등을 토대로 1986년에 복원한 것이다. 평면은 창덕궁의 선정전과 동일한 방식이다. 즉, 3칸3칸의 건물 주위를 따라 12개의 평주가 둘러 있으며, 내부에는 전열에만 2개의 고주가 있고 후열의 내주는 생략되어 있다. 내부에서는 용상의 뒤로 배면의 공포 내출목이 끝나는 위치에 샛기둥으로 보강하여 배경과 보개를 설치했다(그림 4-50). 창덕궁 선정전과의 유일한 차이점은 기둥에서 원기둥이 아닌 각기둥을 사용하고 있다는 점이다. 이는 광해군대의 재건당시 논쟁의 쟁점이 된 사항으로 『조선왕조실록』 기사에 여러 차례에 걸쳐 등장한다.[73] 그러나 결국은 각기둥을 사용하여 건축되었고, 따라서 창경궁 문정전이 편전으로서 지니는 지위에 비해 건축의 격은 조금 낮은 수준에서 조영되었다.

불전에서 전열의 기둥을 제거하고 후열의 기둥을 남기는 방식은 공간 이용의 행태로 볼 때 매우 합리적인 해결방식이었다. 전면의 기둥을 삭제함으로써 보다 넓은 공간을 자유롭게 이용할 수 있었으며 불단과 예불자 사이에 시야가 트이게 했고, 남겨진 후열의 기둥은 전각의 구조적 안정성을 높이고 불벽을 설치하는 틀로서 작용했다. 그러나 유사한 규모를 갖는 궁궐 전각에서는 정반대로 해석하여 전열의 기둥을 남겨

---

73. 이 과정을 『조선왕조실록』으로만 살펴보면, 광해군 7년 11월 8일(경진)에 문정전의 기둥을 사각에서 원기둥으로 바꿀 수 있는지 선수도감(繕修都監)에 묻는 것을 시초로 11월 11일 선수도감에서 검토한 기술적 문제를 아뢰었고, 다음 해 2월 18일(기미) 사간원에서 본격적으로 반대한다. 광해군은 같은 날 기둥문제와 좌향에 대한 강력한 의지를 드러냈으나 2월 20일(신유) 다시 사간원에서 적극 반대의사를 표명했으며, 결국 사간원의 의견에 굴복하여 사각기둥으로 건축된다.

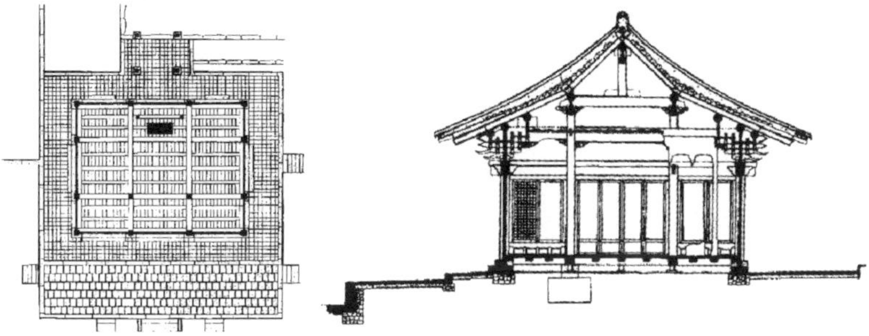

(A) 평면도 (B) 단면도

그림 4-50. 창경궁 문정전

두고, 후열의 기둥을 제거했기 때문에 배경과 보개를 설치하기 위해 샛기둥을 사용해야 하는 번거로움이 있다. 그럼에도 불구하고 동일한 평면유형이 창덕궁과 창경궁의 두 편전에서 모두 채용되었다는 사실은 이 평면유형이 나름대로 지니고 있는 특정한 의미와 관련되어 있을 것이다. 즉, 제거되지 않고 남아 있는 전열의 기둥 2개의 역할이 공간적 불편함을 감수하고서라도 취해야 할 만큼 중요했다는 사실을 알아챌 수 있다.

2) 편전의 공간이용과 내부기둥

앞선 두 사례에서 보듯이 궁궐에서 3칸3칸 평면은 왕이 정사를 집행하는 편전건축에서 나타난다. 궁궐의 정전은 일반적으로 커다란 규모의 중층건물로 구성하므로 3칸3칸으로는 부족하다. 따라서 이보다는 덜 상징적이고 군주의 실무와 일상에 관련깊은 편전의 건축이 인간적인 스케일을 가지고 3칸3칸으로 건축되었다.

편전의 건축은 공간구성의 개념상 불전의 형식과 유사하다. 왕이 자리하는 용상과 뒤의 배경은 불전의 불단과 불벽에 대응한다. 한편으로 불전에서 불상 앞으로 넓은 공간을 마련해 예불행위가 원활하게 이루어질 수 있도록 배려하는 것처럼 궁전에서도 많은 신하들이 서열에 맞추어 자리할 수 있도록 넓은 공간을 마련하려는 노력이 보인다. 이것은 용상 뒤의 배경을 마치 불벽을 후치시키는 것과 유사하게 최대한 뒤로 이동시킨 것을 통해 알 수 있다.

다만 편전건축이 불전건축과 큰 차이를 보이는 것은 전열내주를 생략하지 않은 점이다. 공간상 독립기둥은 오히려 내부의 공간을 배분하는 주요한 기준이 된다. 불전의 내부에서 모두가 평등한 좌석을 갖기 위해 전열내주를 생략한 반면, 편전의 내부에는 미리 서열에 맞는 자리가 정해져 있기 때문에 이러한 기둥의 존재는 신하들이 자신의 자리를 찾아 앉을 수 있는 지표가 된다.

편전은 조강(朝講), 주강(晝講), 석강(夕講) 등의 경연(經筵)과 소대(召對), 차대(次對) 등을 행하는 주된 장소로 쓰였다. 그러나 대신들과의 의사소통은 엄격한 의례의 틀 속에서 행해졌다. 혜강 최한기(惠崗崔漢綺, 1803~1875)의 『강관론(講官論)』卷4, 「강규(講規)」의 말미에는 편전에서 경연을 할 때의 좌석 배치도가 나온다(그림 4-51). "본조경연반차도(本朝 經筵班次圖)"는 각기 다른 상황의 총 7개의 입시도(入侍圖) 혹은 좌차도(座次圖)이다. 왕이 앉는 어탑 바로 앞에 사관인 예문관(藝文館) 한림(翰林)과 승정원(承政院) 주서(注書)가 좌우에 자리하여 기록을 담당하고 이어서 지사(知事), 특진관(特進官), 종신(宗臣), 비당(備堂), 도신(道臣), 수신(帥臣), 영사(領事), 대신(大臣) 등 경연관과 정승이 좌우에 자리하고 있다. 이들 뒤에서 홍문관(弘文館) 옥당(玉堂), 승정원 승지(承旨), 사간원(司諫院) 대간(臺諫) 등이 왕과 마주하여 위치한다.

도식에는 조금 작은 글씨로 설명들이 기록되어 있다. 공통되는 설명은 "차례로 자리에 앉는다〔座次〕"(B, C, D, F, G)라는 구절이다. 여기에는 "품계에 따라〔從品〕"(B, C), "대신을 따라〔從大臣〕" 등의 세부지

침이 붙어 있어 자리배치와 그 순서가 중요했음을 보여 준다. “강이 끝난 다음 품계에 따라 차례로 자리에 앉는다〔講罷後座次〕”(B, F) 혹은 “품계에 따라 차례로 자리에 앉았다가, 강이 끝나면 참(參)에 응하는데, 상참한 사람은 각각 원래 자리로 돌아간다〔從品座次, 講罷應參, 常參者各歸本座〕”(C, G)라는 구절은 경연의 과정 중에 잠시 위치가 뒤바뀌기는 하지만 원래의 자리〔本座〕가 정해져 있다는 것을 분명히 한다.

이러한 원래의 자리를 크게 구분하는 건축요소는 영(楹)이다. ‘본조 경연반차도(本朝 經筵班次圖)’들에서는 이와 같은 배치 가운데 긴 줄을 긋고 공간을 구분하여 영이라 기록했다. 영 아래에는 3인에서 4인의 한림과 주서가 왕을 마주하고 앉아 있고, 수령(守令), 무신(武臣), 동서반의 제재(諸宰)가 동석한다. ‘차대입시옥당좌차도(次對入侍玉堂座次圖)’(D)에는 보다 구체적으로 “수령(守令)이나 부윤(府尹) 이하의 기타 제신(諸臣), 무관(武官)이면서 곤수(閫帥)를 지내지 않은 자, 문관(文官)이면서 청관(淸官)의 자격을 얻지 못한 자, 음관(蔭官)이면서 좌이관(佐貳官)을 지내지 않은 자, 기타 낭관(郎官) 및 잡직”[74]이라고 명시했다. 즉, 영의 전후는 신분에 있어서 크게 차이가 나는 자리가 된다. 따라서 사관(史官)조차도 항상 자리할 수 있는 위치는 아니었던 것으로 보인다. ‘소대도(召對圖)’(A)에는 “사관은 좌우로 나뉘어 있는다. 영(令)이 떨어지면 영내(楹內)로 기어나가 어탑(御榻) 앞의 좌우에 위치한다”[75]라는 설명이 있다.

이러한 좌석배치는 정사(政事)를 볼 때도 마찬가지 원리로 적용되었다. 『조선왕조실록』의 기사 중 문정전에서 친정(親政)하는 광경[76]을 묘

---

74. 守令府尹以下他諸臣, 武未經閫帥, 文未通淸, 蔭未經佐貳, 其餘郎官及雜織.

75. 史官分左右, 令下則進伏於楹內, 榻前左右.

76. 仁祖 1年 10月 22日(戊申), “上御 文政殿, 親政 〔…〕 東銓堂上郎廳, 以次伏於東壁, 承旨伏於東楹內, 西銓堂上郎廳, 以次伏於西壁, 承旨伏於西楹內, 左右史以次伏於承旨之後, 吏兵曹令郎廳書單子, 判書傳授承旨, 承旨跪進於榻前, 內官遞受跪展於御案. 旣落點, 內官又傳授承旨, 承旨傳授判書, 政事垂畢.”

	A. 召對圖
B. 朝講兼行次對道臣帥臣守令他諸臣同爲入侍圖	C. 朝講入侍常參兼圖

D. 次對入侍玉堂座次圖	E. 晝講夕講入侍同圖
F. 晝講兼行次對道臣帥臣同爲入侍圖	G. 晝講入侍諸宰同入圖

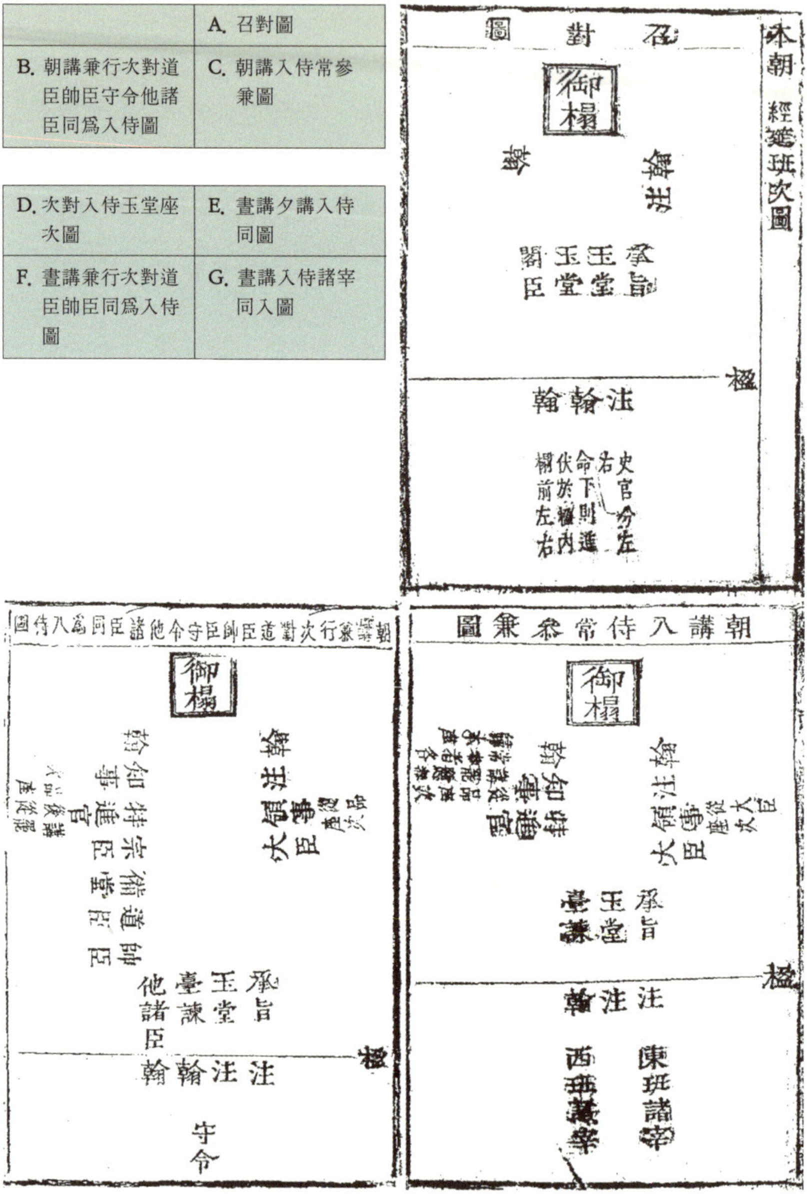

그림 4-51. 최한기의 경연반차도, 『강관론』

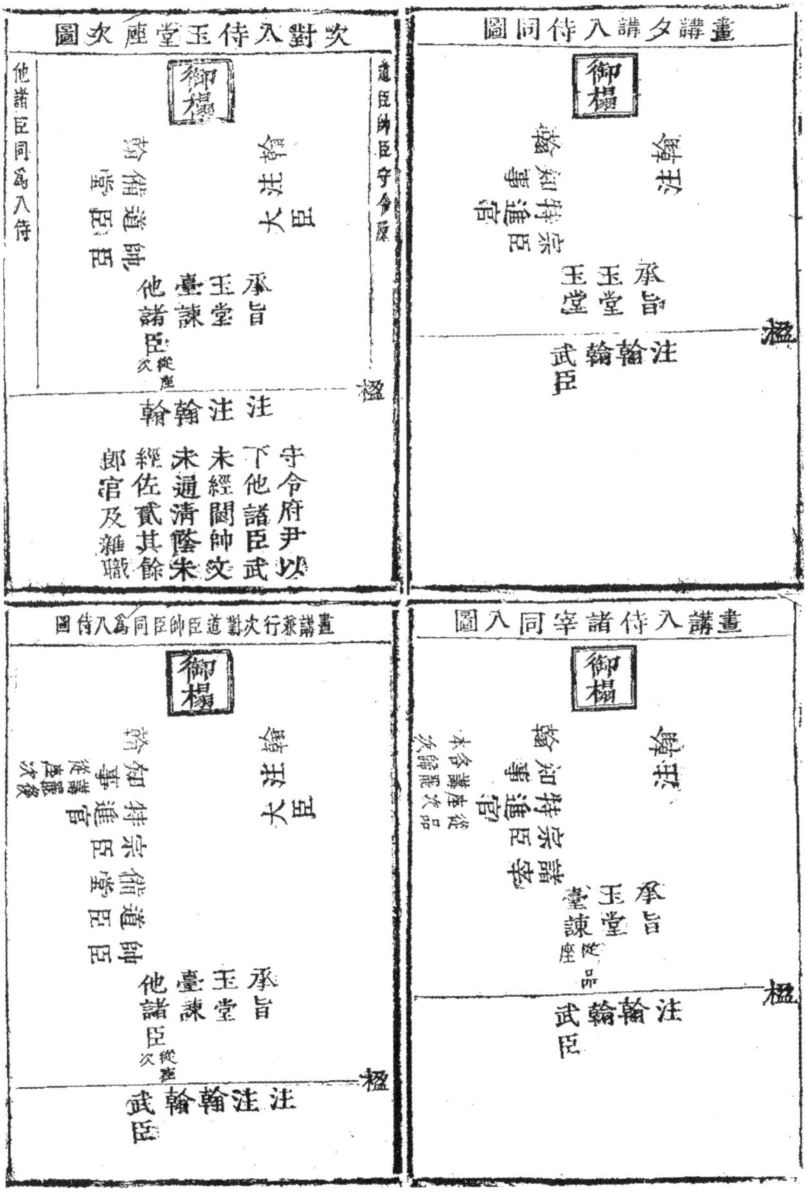

그림 4-51. 계속

사한 글에는 다음과 같은 공간과 행례절차의 대응이 보인다.

1) 동전(東銓)의 당상(堂上)과 낭청(郎廳)이 차례로 동벽(東壁)에서 엎드린다.
2) 승지(承旨)가 동영(東楹) 안에서 엎드린다.
3) 서전(西銓)의 당상과 낭청이 차례로 서벽(西壁)에서 엎드린다.
4) 승지가 서영(西楹) 안에서 엎드린다.
5) 좌우 사관(史官)이 승지의 뒤에서 차례로 엎드린다.
6) 이조(吏曹)와 병조(兵曹)의 낭청이 단자(單子)를 기록한다.
7) 판서(判書)가 이를 받아서 승지에게 전해준다.
8) 승지가 꿇어앉아 탑전(榻前)으로 나아간다.
9) 내관(內官)이 전해받아 꿇어앉아 어안(御案)에 펼쳐놓는다.
10) 낙점(落點)한다.
11) 내관이 다시 승지에게 전해준다.
12) 승지가 판서에게 전해준다.
13) 정사(政事)를 마친다.

이와 같은 배치에서 영을 잇는 선은 모든 의례의 기준점이었다. 특히 다양한 신분의 관직이 입시(入侍)하는 경우는 위의 사례처럼 그 좌우 역시 구분되었다. 그러므로 동영(東楹)과 서영(西楹)이 각각 공간구분의 위치가 되었으며, 동영 바깥의 동쪽벽〔東壁〕, 서영 바깥의 서쪽벽〔西壁〕까지 위치가 결정된다. '차대입시옥당좌차도(次對入侍玉堂座次圖)'(D)에는 동영과 서영에서 시작하는 수직선을 긋고 "도신, 수신, 수령 및 기타 제신들은 같이 입시한다〔道臣帥臣守令及他諸臣同爲入侍〕"라고 설명해 두었다.

그러므로 영을 기준으로 하는 신분의 공간적 구분은 항상 신중하게 처리해야 할 일이었다. 『조선왕조실록』에서 광해군이 정2품 이상이면 모두 전내(殿內)에 들어올 수 있는지, 아니라면 몇 명이나 영내로 들어올 것인지를 묻는 기사[77]를 볼 수 있다. 또한 정조대에는 자리가 뒤섞인

77. 光海 8年 10月 8日(乙巳), 傳曰: "正二品以上, 盡入殿內乎? 若不得盡入, 則幾員以上入侍楹內乎? 預爲講定, 俾勿顚倒."

관리들과 실수로 영내로 들어온 무관을 나무라는 기사도 보인다. 정조는 크게 노하여 조정의 체면을 운운하며 질책한다.[78]

이처럼 영내라는 것은 왕과 가장 가까운 곳으로서 위계상으로 어탑 다음으로 가장 높은 곳이었다. 『조선왕조실록』에는 태조(太祖)가 수창궁(壽昌宮)에서 마지못한듯 즉위하는 장면에서부터 '영내(楹內)'의 표현이 등장한다. 즉, 겸손의 뜻으로 어좌(御座)를 피하고 영내에서 조하(朝賀)를 받았다는 내용이다.[79] 다음으로 왕이 특별한 이유에서 신을 영내로 불러들인 것은 기사화되었다. 세종(世宗)이 문소전(文昭殿)에서 제사를 지내는데 눈이 와서 당상악(堂上樂) 연주자들을 영내로 들어오게 했다거나,[80] 중종(中宗)대에 조계(朝啓) 때 합문(閤門) 밖에 엎드려 있으니 들을 수가 없다는 예문관(藝文館)의 상소를 받아들여 영내로 불러들이는 일화[81] 등이 있다.

또한 중종은 세자(世子)교육을 위한 의례연습〔習儀〕을 반드시 태평관(太平館)에서 하거나 사정전(思政殿)을 이용할 것을 명했다. 그 이유

---

78. 正祖 17年 12月 1日(庚申). "오늘 정전(正殿)에 나와 이 자리에 올라 이 의식을 거행하면서 체례(體例)와 의문(儀文)에 정성을 다하는 것은, 위로는 내 몸에 떨어진 크고 어려운 왕업을 계승하고 아래로는 후손들에게 여유 있고 편안한 계책을 남겨 주려는 것이다. 대체로 조정의 체면이 높아지고 안 높아지고는 오로지 조정의 체례가 엄하냐 엄하지 않느냐에 달려 있다. 그러므로 즉위한 이후 매번 이런 일에 대하여 문제점이 나타나는 대로 신칙하였기에 혹 아래에서 행하기에 혐의로움이 없지는 않겠지만, 이는 곁에서 보는 것만을 위해서가 아니다. 오늘 총관과 병조의 당상관이 기둥 안으로 함부로 들어온 일과 구임 낭청이 삼사의 반열에 뒤섞인 일은 모두 의식 절차에 맞지 않는 것이다. 이것은 대체로 평소에 아무 거리낌없이 공문(公門)을 출입하다가 갑자기 손을 들고 몸을 구부리며 무릎을 꿇는 등의 예절을 행하려 한 것이니 잘 되겠는가. 바로잡고 단속할 책임이 전적으로 경들에게 있기에 내가 경들에게 바라는 것이 진실로 간절한 것이다."

79. 太祖 元年 7月 17日(丙申), 百官班迎於宮門西. 太祖, 下馬步行, 入殿卽位, 避御座立楹內, 受羣臣朝賀.

80. 世宗 15年 12月 15日(甲子), 親祭 文昭殿. 是日當祭雪下, 上命堂下樂, 使就南門內, 堂上樂入楹內.

81. 中宗 10年 9月 20日(癸卯), "藝文館上疏云: '朝啓時, 伏於閤外, 未及聽聞.'云, 果如是, 則坐于楹內, 而記事之時, 進前可也."

로 영내와 영외의 구별을 세자가 반드시 알아야 할 것인데, 태평관과 사정전에는 그러한 공간구분이 명확하기 때문이라는 점을 언급했다.[82] 태평관(太平館)에서의 공간이용방식은 명 나라 사신(天使)을 대접하는 하마연(下馬宴)에 관한 기사에 잘 나타나 있다. 중종 32년 3월 10일(己丑)에 있었던 하마연에서는 중종이 사신들이 데리고 온 하인(從者, 家人) 10명을 특별히 영내로 불러들여 대접하여, 사신들이 감사를 표하는 장면도 등장한다.[83]

3) 궁전형식의 유형적 공유

궁궐은 정전(正殿) · 편전(便殿) · 침전(寢殿)으로 구성된 중심공간이 의례와 생활의 핵심을 이룬다.[84] 그러나 왕조의 위엄을 상징적으로 표현하는 정전이나 온돌을 깔고 생활이 이루어지는 침전의 경우 편전과 같은 3칸3칸의 규모보다는 크게 지어졌다. 그럼에도 불구하고 일정한 공통점이 발견되는데 그것은 정면3칸의 당(堂)의 형식이 내재한다는 점이다.[85]

궁궐의 정전은 대개 정면5칸에 측면 역시 4칸 이상의 규모로 지어졌다. 현존하는 정전 중 가장 오래된 것으로 알려진 창경궁 명정전(昌慶宮 明政殿)은 임진왜란 때 소실되었다가 광해군 8년(1616)에 중건된

---

82. 中宗 31年 12月 12日(癸巳), "其所以於 太平館 爲之者, 以有楹內外之別, 而世子宜知之, 故必於此也. 思政殿 亦有楹內外, 今十五日習儀於此, 可令世子習之."

83. 中宗 32年 3月 10日(己丑) 上曰: "夜已昏暗, 欲知從者盡爵與否, 招坐于楹內饋之." 兩使曰: "多謝多謝." 兩使家人各五人, 進跪于酒亭之北, 提調以五盞, 置于銀盤以進, 上親執盞盤隅, 以授承旨饋之.

84. 尹晶玹, 「朝鮮時代 宮闕 中心空間의 構造와 變化」, 서울대학교 박사학위논문, 2000 참조.

85. 조재모는 위와 같은 정전 · 편전 · 침전의 체제를 3전체제(三殿體制)로 이해했으며, 이들 공간구조의 공통점으로 중앙 삼칸청(中央 三間廳)의 존재를 들었다. 曺在模, 「朝鮮時代 宮闕의 儀禮運營과 建築型式」, 서울대학교 박사학위논문, 2003, 제4장 참조.

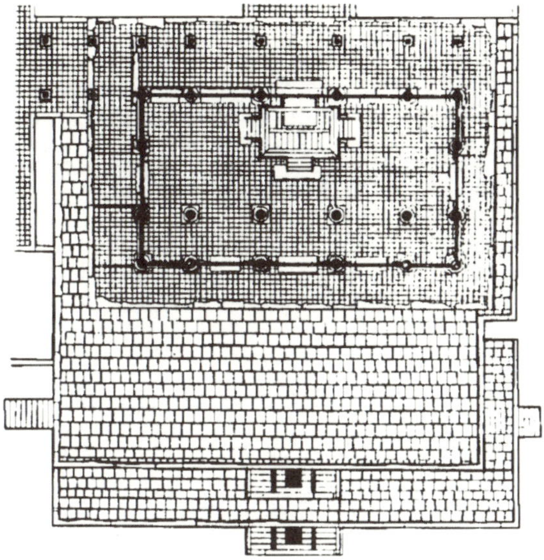

(A) 평면도

(B) 내부사진

그림 4-52. 창경궁 명정전

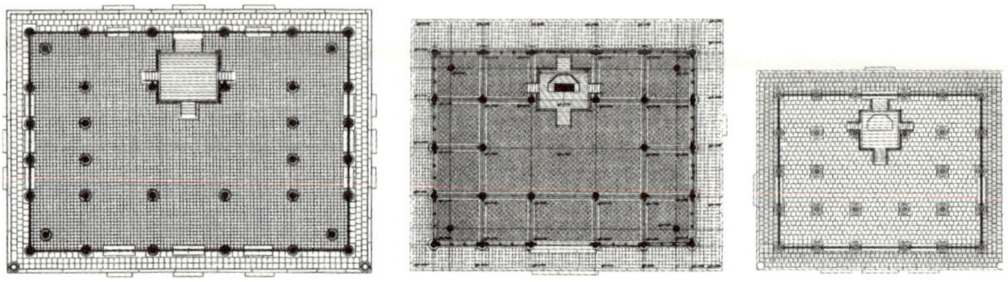

(A) 경복궁 근정전　　(B) 창덕궁 인정전　　(C) 경운궁 중화전

그림 4-53. 궁전 정전 평면도

건물이다. 정면5칸의 측면 32.28척 9량가 구성의 결코 작지 않은 규모로 측면3칸을 계획했다. 후열의 내주가 모두 생략되었기 때문에 마치 선정전과 문정전을 좌우로 1칸씩 확장한 모습과 같다(그림 4-52).

이러한 공간구성은 궁전건축이 일정한 계통을 형성하고 있음을 짐작케 한다. 즉, 정전과 편전, 침전을 포함해서 전열내주는 생략되는 법이 없다. 이와 같은 전열내주의 역할은 앞에서 살펴본 바와 같다. 따라서 정전으로 분류되는 경복궁 근정전(勤政殿), 창덕궁 인정전(仁政殿), 경운궁 중화전(中和殿), 경희궁 숭정전(崇政殿) 모두가 전열의 내주를 생략하지 않고 있다(그림 4-53).

흥미로운 사실은 측면규모가 4칸으로 확대되어 5칸4칸의 평면이 되면 총 20칸의 규모 중 한가운데의 6칸을 둘러싸는 10개의 기둥이 돌아가며 위치한다는 점이다. 5칸4칸 규모는 고려시기 이전의 불전 유지에서 자주 보이는 유래 깊은 평면이다. 또한 현존하는 대부분의 중층전각이 채용하고 있는 평면형식이기도 해서 구조적 의미로 해석하는 것이 가능할 수도 있다. 그러나 이처럼 중앙의 두 기둥을 생략하는 평면이 불전에서 중앙에 불단(佛壇)을 위치시킴으로써 '回'자형 공간구조를 만들었던 점에 비해, 궁궐의 정전에서는 후열내주 사이에 어탑을 위치시킴으로써 대칭적으로 마주하는 위치에 자리잡은 양영(兩楹)이 다른 내부기둥에 비해 유독 특징적으로 보이게 한다. 그렇다면 앞서 편전 의

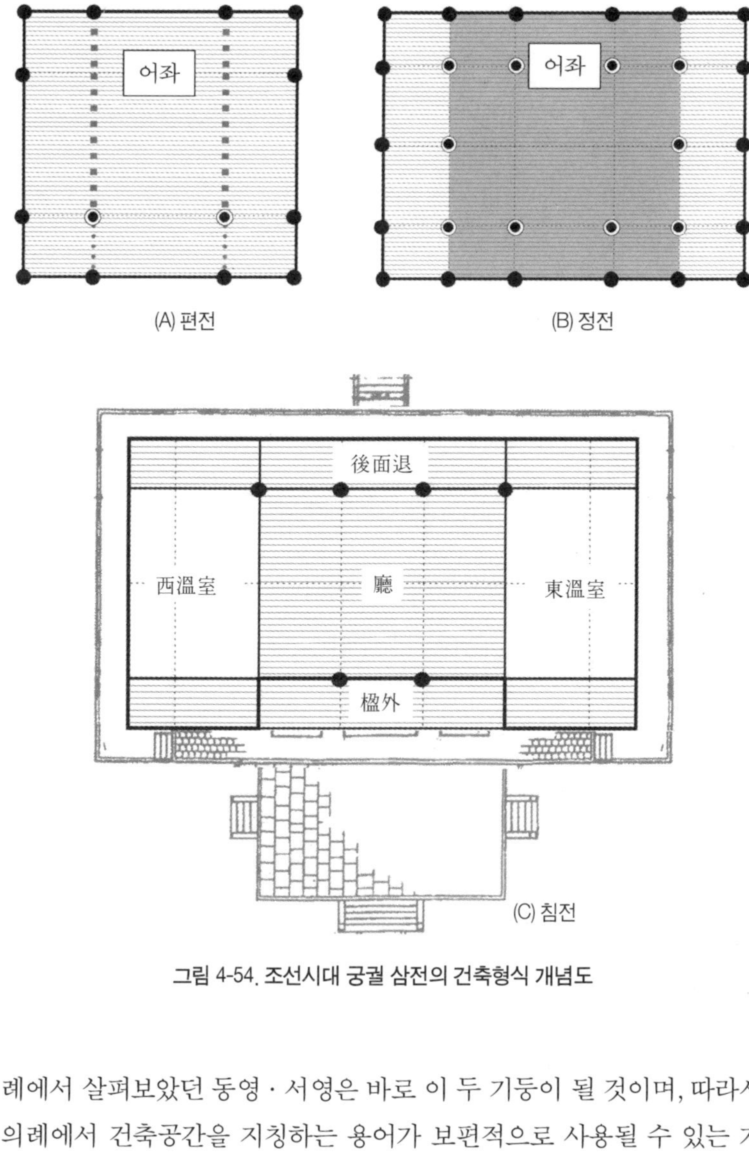

그림 4-54. 조선시대 궁궐 삼전의 건축형식 개념도

례에서 살펴보았던 동영·서영은 바로 이 두 기둥이 될 것이며, 따라서 의례에서 건축공간을 지칭하는 용어가 보편적으로 사용될 수 있는 가능성을 획득하게 된다. 즉, 3칸으로 구성되었던 편전의 공간구조는 정전의 중심공간에 고스란히 투영되어 있었던 중심구조로 볼 수 있다.

한편으로 경복궁 사정전(思政殿)과 경운궁 덕홍전(德弘殿)은 같은 편전이지만 선정전과 문정전의 경우처럼 후열내주는 생략되지 않았다. 그러나 행례하는 데 있어서 공간적인 차이는 없다. 후열내주는 행례절차와 관련이 없기 때문이다. 또한 어탑은 후열내주 사이에 놓일 것이기 때문에 시야를 방해하거나 하는 일도 없다. 따라서 공간의 크기에 따라 적절히 선택하는 것이 가능했던 것으로 보인다. 반면 전열의 내주는 엄격하게 고수되었다.

조재모의 '조선시대 궁궐 삼전의 건축형식 개념도'[86]는 위와 같은 3칸 중심공간이라는 공통분모를 도시하고 있다(그림 4-54). 3칸형식의 중심공간은 침전(寢殿)의 평면에서 그 좌우에 온돌방을 들이는 방식으로 확장되는 모습이 보인다.[87]

5. 기타

이 밖에도 3칸3칸의 평면은 다양한 용도의 여러 건축물들에서 발견되기 때문에 모두 파악하기는 어렵다. 뒤에서 다룰 누정건축을 제외하고도 관아(官衙) 혹은 객사(客舍)에 속한 정청(正廳) 및 부속전각이 더 있다. 고창 무장객사(高敞 茂長客舍), 순창객사(淳昌客舍), 문산관(文山館), 경이정(憬夷亭), 안성객사(安城客舍), 상주 상산관(尙州 商山館), 창녕객사(昌寧客舍) 등이 대표적인 사례이다(그림 4-55).

사례수가 많으나 이번 연구에서 제외된 또 하나의 건축유형은 향교의 명륜당(明倫堂) 건축이다. 향교의 명륜당은 '묘(廟)'와 '침(寢)'이라는 고례(古禮)에 의해 대성전과 짝을 이루는 건축이다. 임의조사에 의

86. 曺在模, 「朝鮮時代 宮闕의 儀禮運營과 建築型式」, 서울대학교 박사학위논문, 2003, p. 236의 어탑 위치를 조금 변경하여 재작성했다.
87. 曺在模, 「朝鮮時代 宮闕의 儀禮運營과 建築型式」, 5.2. 寢殿 建築型式의 擴散: 東西溫室型 참조.

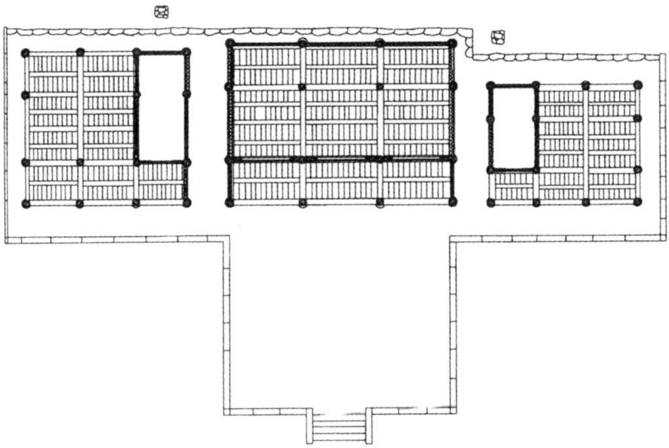

그림 4-55. 무장객사(홍승재, 2005)

한 결과 향교의 명륜당 건축은 3칸3칸 전각이 수적 분포에서 우위를 지니지 않아서, 다른 방식의 계획 기본원리가 적용된 것을 알 수 있다. 그러나 일부 명륜당 건축에서는 3칸3칸이 채용되었는데, 예를 들어 노성향교 명륜당(魯城鄕校 明倫堂)은 전열감주형을 채용했고, 아산향교 명륜당(牙山鄕校 明倫堂)은 후열감주형을 채용했다. 건물의 용도에 관계없이 널리 쓰였던 무내주형으로 된 명륜당의 사례는 더욱 많아서, 성균관 명륜당(成均館 明倫堂), 진산향교 명륜당(珍山鄕校 明倫堂), 연기향교 명륜당(燕岐鄕校 明倫堂), 당진향교 명륜당(唐津鄕校 明倫堂), 곡성향교 명륜당(谷城鄕校 明倫堂), 광양향교 명륜당(光陽鄕校 明倫堂) 등이 대표적이다.

1) 누정건축

정자(亭子)는 전망이 좋은 곳에 위치하여, 여름철의 피서(避暑)와 풍류(風流), 유식(游息)의 공간으로 이용되었기 때문에 그 구조가 간단하다. 따라서 대개 3칸 이하의 규모로 지어지며, 행례(行禮)의 공간이 아니기 때문에 공간구성에 있어서도 비교적 자유롭다. 평면적으로 크게는 온돌방을 들인 것과 그렇지 않은 것으로 구분할 수 있다.

가장 작은 정자는 단칸형의 평면을 갖는다. 그러나 단칸형 정자에는 비단 사각형뿐 아니라 육각형이나 팔각형 등의 다양한 평면이 사용되었다. 정자가 기능하기 위한 최소한의 치수는 폭 6자〔尺〕 정도였던 것으로 추정된다. 이규보(李奎報)의 『동국이상국문집(東國李相國文集)』에는 네 바퀴가 달려 이동이 가능한 정자인 사륜정(四輪亭)에 관한 계획이 나오기 때문이다.[88] 사방 6자의 평면으로 계획된 이규보의 사륜정은 1칸의 기본구조인 2개의 대들보와 4개의 기둥으로 계획되었으며, 바퀴를 달아 이동이 가능해야 하고, 치밀한 계산을 통해 모퉁이, 틈, 중간, 가장자리를 빠짐없이 사용하고자 한다는 의지를 밝힌 점[89]으로 미루어 정자의 최소공간의 실험으로 생각해 볼 수 있다(그림 4-56).

사륜정은 다시 내부를 가로세로 3열씩 총 아홉 구역으로 구획하여 중앙에는 바둑판을 두고, 남동쪽에는 거문고와 술동이, 술병, 소반, 기명 등을 두며, 남서쪽은 출구가 된다. 남쪽에 앉는 주인과, 거문고 연주자, 노래하는 사람, 시에 능한 승려, 바둑 두는 사람 2인까지 총 6인이 각 칸에 둘러앉는다. 이규보는 사륜정 계획의 이유로 여름날 원(園)에서 한가한 사람의 여유를 즐기는데〔閑者之樂〕 그늘을 찾아 옮겨다니는 것이 번거롭기 때문이라는 소박한 이유를 설명했으며, 예전에도 있었는지에 대한 질문에 적당한 것을 취할 뿐이지, 하필 옛 것일 필요가 있겠느냐고 반문한다.

그러나 사륜정의 건축계획에는 둘러앉는다는 철학적 의미가 강하게 들어 있다. 사람을 한정시켜서 앉게 하는 것은 동지(同志)라는 것을 보여 주기 위해서이며,[90] 주인이 술병을 들고 한 잔씩 따라 돌려가며 서로

88. 李奎報, 『東國李相國文集』 卷23, 四輪亭記.

89. 今以是亭計人而坐, 至於陬隙中邊, 無使遺漏, 皆入於用, 則非詳計曲算而何耶.

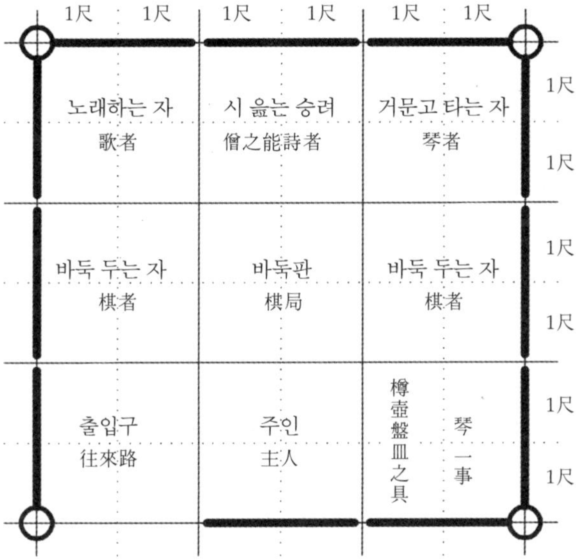

그림 4-56. 사륜정

마신다[91]는 구절은 사륜정(四輪亭)의 의미가 단순히 바퀴가 달린 것에만 있음을 넘어선다. 이에 술잔을 돌리기 위해 서쪽의 바둑 두는 사람이 조금 당겨 앉아야 한다든지[92] 안주상은 앉은 틈새에 적당히 둔다[93]는 구절을 통해 이러한 행위에 어우러진 정감을 잘 느낄 수 있다. 이와 같은 행위를 위한 공간구성은 비록 단칸 평면의 공간에서도 3칸3칸의 공간구조를 차용해서 이루어지고 있다.

한편, 명승(名勝)의 언덕에서 조망(眺望)이 중요한 기능을 하는 정자는 전방위의 방향성을 가진다는 의미에서 중심과 발산하는 공간이 필요하다. 송순(宋純)의 면앙정(俛仰亭)에 기대승(奇大升)이 기문을 지

90. 限人而坐, 示同志也.
91. 主人執酌, 酌以一杯, 輪相飮也.
92. 西之一人小進, 而與東之一人對棋.
93. 凡肴菓之案, 各於坐隙, 隨宜置焉.

었는데, 정자의 조건을 다음과 같이 말했다.

> 마치 수백리에 터진 듯 산이며 물이며 서로 다투고 본받아 기이한 모습으로 드러나고, 내가 이제 한 언덕 위에 앉아서 어루만지고 소유하니, 그 놀기에 적당하고 즐기기에 온전함이 과연 비길 것이 있으랴.[94]

이와 같이 언덕 위의 한 점에서 대자연을 포용하는 의미가 정자건축에 깃들어 있다. 그러므로 기대승은 송순의 면앙정이 3칸(三間)이면서 사면이 텅빈〔四虛〕 모습을 가지고 위의 조건에 만족한다고 했던 것이다. 3칸3칸 평면은 이러한 조건을 만족시킬 수 있는 평면이었다.

그러나 면앙정은 물론이고 주위의 현존하는 정자들은 3칸2칸의 평면으로 더 많이 건축되었다. 총 62동의 전남지역 정자를 임의조사한 결과 32동의 3칸2칸형이 발견되었으며, 3칸3칸형은 10동이 발견되었다.[95] 따라서 면앙정과 같은 3칸2칸형의 정자건축이 전남지역 정자건축의 기본으로서 지속되어 온 것으로 판단된다. 그렇다면 4방향에 동일한 의미를 부여하는 3칸3칸 정자에 비해 특정한 자연대상을 향하는 방향성이 적용되어 있을 가능성이 있다.

전남지역에서 3칸3칸 평면은 방의 도입과 관련되어 있을 수 있다. 면앙정 역시 초기에는 없었던 온돌방이 후대의 중건 때 부가되었을 가능성이 큰데,[96] 그렇다면 초기의 면앙정은 영암 영팔정(靈巖 詠八亭)이나 나주 쌍계정(羅州 雙溪亭)과 같이 3칸2칸의 건물로서 내주를 감주한 형태로 건축되었을 것이다. 그러나 전남지역에 현재 남아 있는 정자

---

94. "若曠然數百里, 山也水也, 爭效奇呈異, 而吾乃坐乎一丘之上, 撫而有之, 則其爲游之適也, 而樂之全也, 果如何哉." 『高峯集』 卷2, 俛仰亭記.
95. 鄭朣旿, 「傳統的인 亭子園林의 立地特性 및 空間構成에 관한 硏究」, 『韓國庭苑學會誌』 2권 5호, 1986.
96. 金東旭, 「담양 면앙정의 건축형태」, 『건축역사연구』 24, 한국건축역사학회, 2000, pp. 27-28 참조.

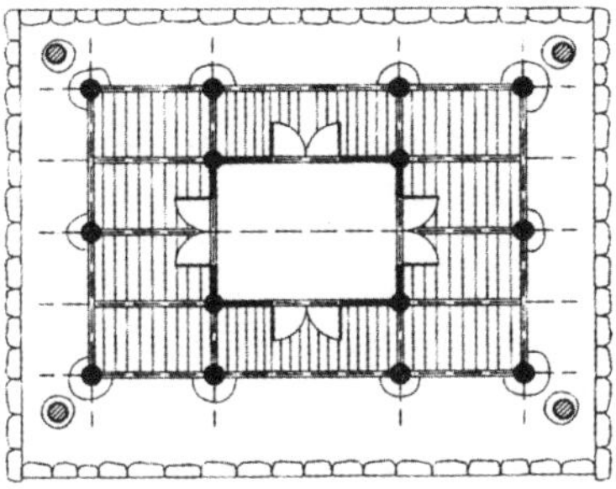

(A) 담양 명옥헌 평면도

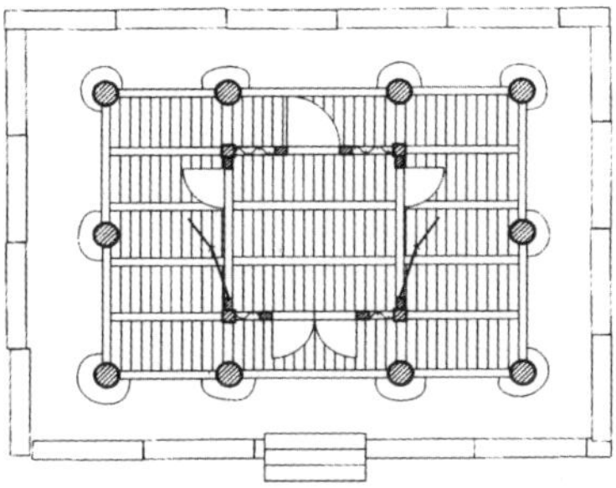

(B) 장흥 사인정 평면도

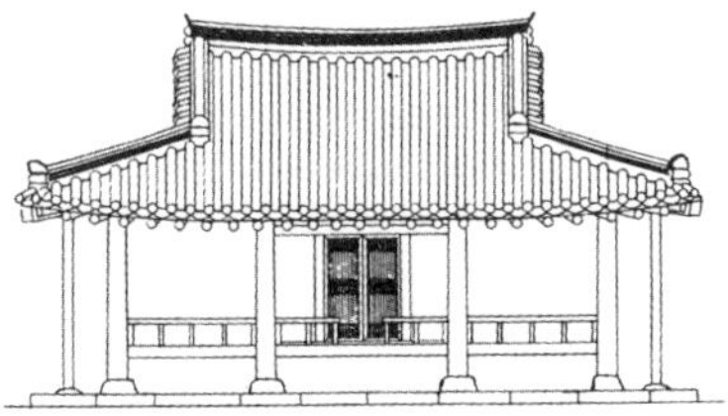

(C) 명옥헌 정면도

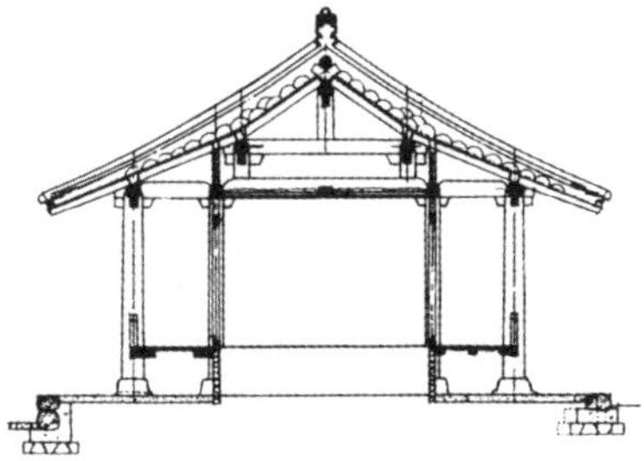

(D) 명옥헌 단면도

그림 4-57. 전남지방 3칸2칸 정자

의 절반 이상은 가운데 방을 들이고 있다. 담양 명옥헌(潭陽 鳴玉軒)과 장흥 사인정(長興 舍人亭) 등의 가운데 방을 들인 사례들은 면앙정과 같은 평면유형을 가지고 있다(그림 4-57).

이와 같은 소위 '중재실형(中在室型)' 평면은 17세기 이후에 보다 합리적인 3칸3칸의 평면으로 기본형을 옮겨가게 된다.[97] 중앙에 방을 들이고 사면을 둘러 퇴를 만들기 위해서는 3칸3칸 구조가 효과적이기 때문이다. 따라서 평면비례는 보다 정방형에 가까워지게 되었으며, 완결된 도형에서 느낄 수 있는 조형미가 생겨나게 되었다. 담양 광풍각(潭

97. 金東旭, 「담양 면앙정의 건축형태」, pp. 33-34 참조.

그림 4-58. 담양 광풍각

陽 光風閣), 화순 물염정(和順 勿染亭), 고창 취석정(高敞 醉石亭), 정읍 송정(井邑 松亭) 등의 사례가 대표적이다(그림 4-58).

가운데 방을 들임으로써 완성된 3칸3칸 정자는 간단한 생활이 가능한 공간이 되었다. 마루만으로 구성되었을 때는 여름 한철을 이용하는 피서공간이었으나 가운데 온돌방을 들이면서 계절에 상관없이 이용할 수 있는 공간이 된 것이다. 따라서 임시공간에서 생활공간으로 용도가 조금씩 전이되었는데 이에 따라 본격적인 생활공간으로서의 방을 확장하고자 하는 경향이 나타나기 시작한다. 중앙 온돌방의 규모를 증대시키기 위해서 취할 수 있는 가장 쉬운 방식은 정면3칸의 어칸이나, 측면3칸의 중심칸의 치수를 키우는 방식이다. 그러나 그렇게 되면 3칸3칸 정자의 규칙적이고 기하학적인 완결성이 떨어지게 된다. 따라서 이미 여타의 전각에 응용되어 충분히 실험된 이주(移柱)의 기법을 사용하여 내부 기둥 4개를 모두 모퉁이 쪽으로 밀어 중앙의 방을 확장시키는 방식을 적용했다. 화순 송석정(和順 松石亭), 나주 벽류정(羅州 碧流亭), 나주 칠두정(羅州 七頭亭), 나주 남파정(羅州 南坡亭), 광주 호가정(光州 浩歌亭) 등은 모두 이러한 방식으로 중앙의 온돌방

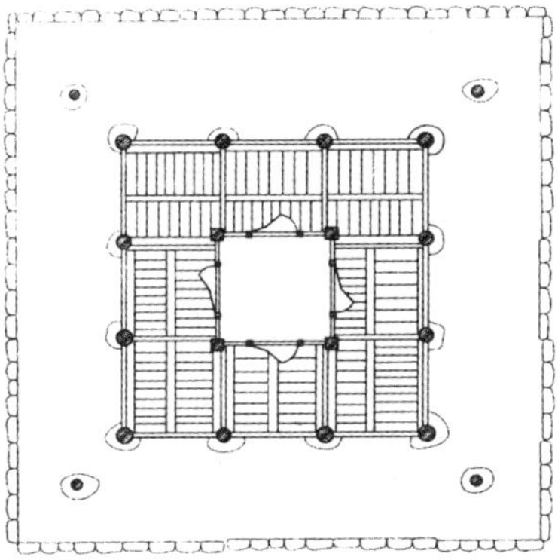

(A) 나주 벽류정

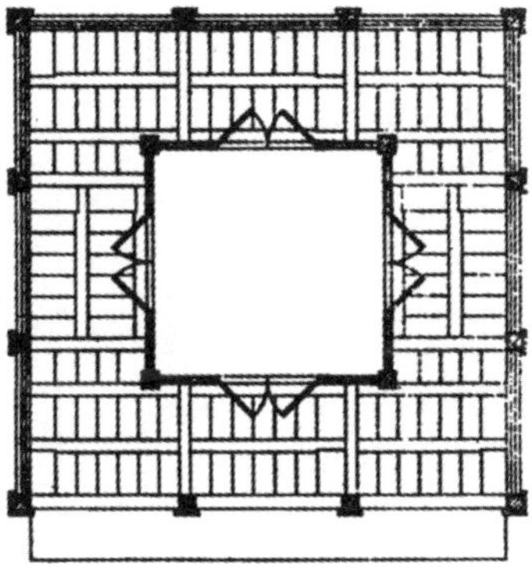

(B) 나주 남파정

그림 4-59. 전남지방 중재실확장형 3칸3칸 정자

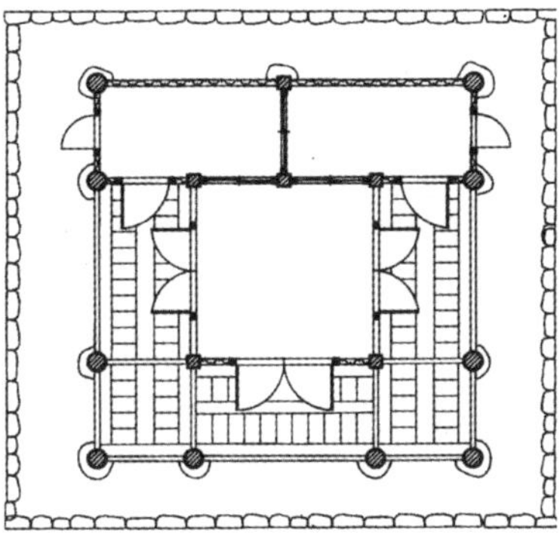

(A) 화순 학포당

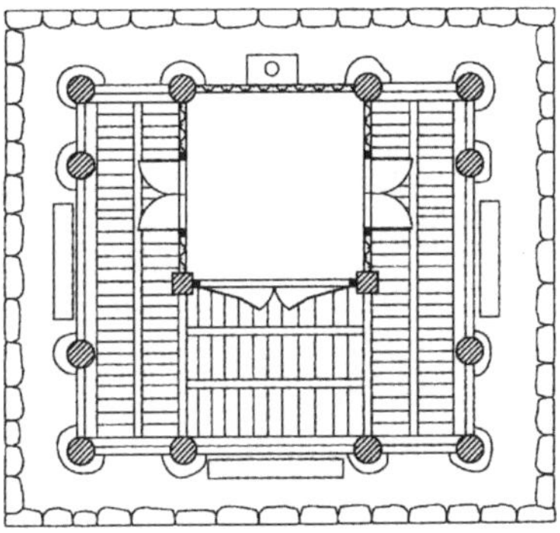

(B) 담양 독수정

그림 4-60. 전남지방 3칸3칸 정자의 변형

규모를 확장한 사례이다(그림 4-59).

한편, 특정한 의례에 얽매이지 않는 누정건축에서 공간의 활용방식은 더욱 다양해져서 다른 전통건축에서는 찾아보기 힘든 복잡하고 흥미 있는 평면유형들을 창출했다. 예를 들어 화순 학포당(和順 學圃堂)에서는 여러 개의 온돌방을 들이기 위해서 전면과 배면의 칸수를 다르

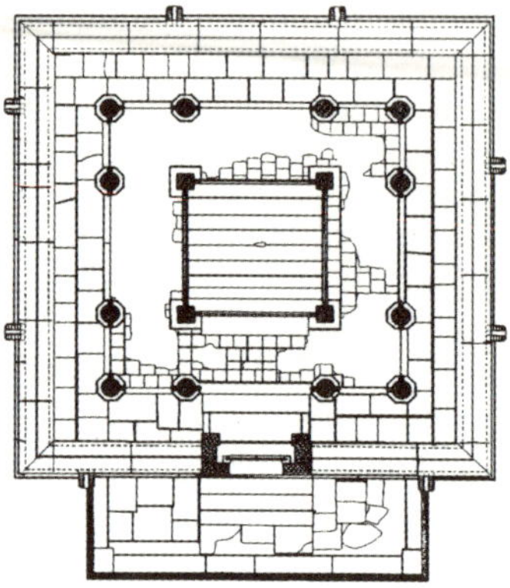

(A) 평면도

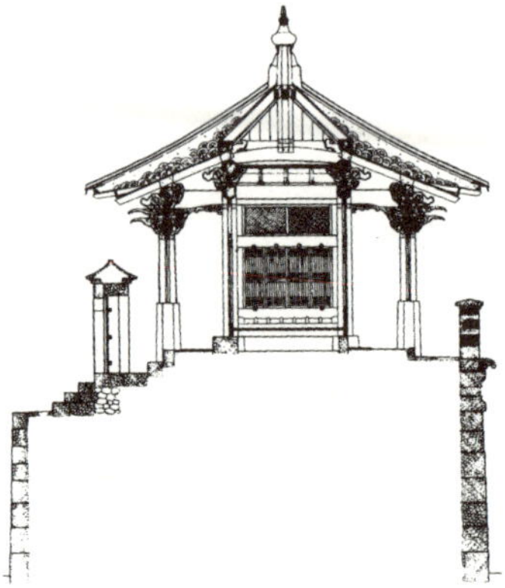

(B) 단면도

그림 4-61. 서울 동십자각

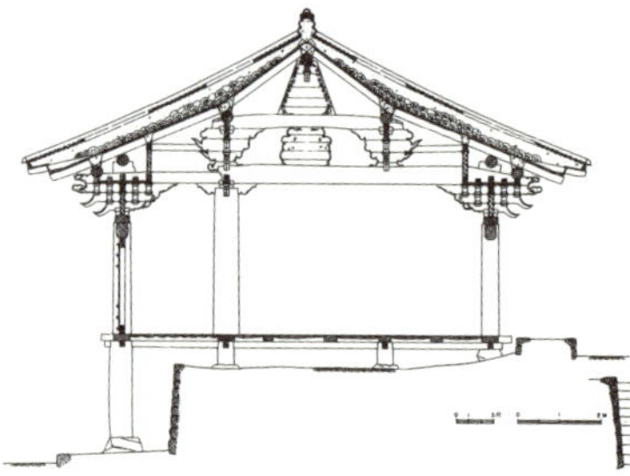

(A) 단면도

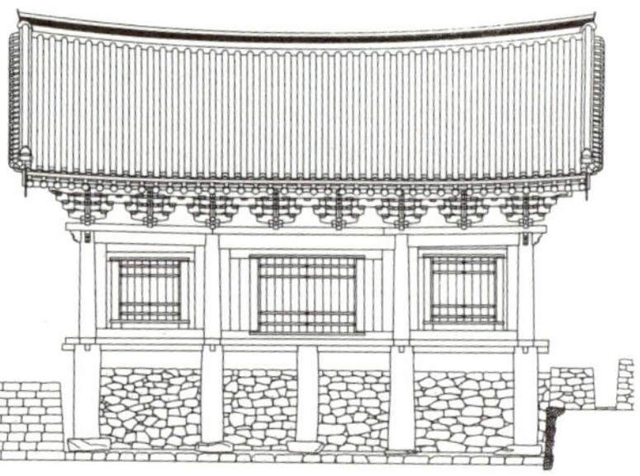

(B) 정면도

그림 4-62. 완주 화암사 우화루

게 했다. 또 담양 독수정(潭陽 獨守亭)에서는 기둥을 제거하는 기법과 이동시키는 기법을 모두 사용하여 사용자의 기호에 맞는 평면을 만들었다(그림 4-60).

또한 경복궁의 동십자각(東十字閣)과 같은 망루(望樓)에서도 3칸3칸의 평면이 응용되었다(그림 4-61). 망루는 용도에 적합한 전방위의 시야를 가져야 하기 때문에 사면이 개방되어 있으며, 동십자각에서는 가운데 1칸에는 마루를 설치하여 출입할 수 있도록 하고, 주변의 퇴칸은 전돌로 마감했다. 유사한 성곽시설에서 전라북도의 풍남문(豊南門)과 같은 문루(門樓)에도 3칸3칸 평면을 가진 것이 발견된다. 이 책에서는 전라남도 지방을 대상으로 정자건축을 설명했기 때문에, 예를 들어 단종(端宗)의 고사가 전하는 강원도 영월의 자규루(子規樓) 같은 3칸3칸 정자가 누락되었다. 또한 사찰에 속한 문루 역시 좋은 분석대상이지만 역량이 미치지 못했다. 예를 들어 보물 제662호로 지정된 완주의 화암사 우화루(花巖寺 雨花樓)는 문루건축으로서 후열감주의 기법을 적용하여 특징적인 내외공간을 구성하고 있다(그림 4-62).

2) 북한의 3칸3칸 전각 사례

연구과정에서 북한지역에 남아 있는 유적 가운데 상당량의 3칸3칸 전각을 확인할 수 있었다. 논의의 전개상 특별한 차이는 발견하기 힘들고, 여기서는 그 간단한 조사표를 실음으로써 분포 상황의 파악을 돕는다. 앞서 살펴보았던 유형에 따라 분류했다. 즉, 사묘건축과 불전건축, 누정건축에서 모두 여러 사례가 발견된다. 다만 지역시설로서 문화재급으로 분류되지 못한 향교 대성전의 분포는 파악이 불가능하여 사례수가 적다. 한편, 3칸3칸 규모의 성문루(城門樓)의 사례가 많아 별도로 분류해 두었다.

표 4-8. 북한의 3칸3칸 사묘건축

<table>
<tr><th>건축물</th><th>지역</th><th>시대(연도)</th><th>평면유형</th><th>주량작</th><th>지붕형식</th><th>정면치수</th><th>측면치수</th></tr>
<tr><td>숭인전(崇仁殿)</td><td>평양시 중구역 종로동</td><td>1325(창건)</td><td>무내주</td><td>다포</td><td>팔작</td><td>12.97</td><td>8.72</td></tr>
<tr><td>소현서원 사당
(紹賢書院 祠堂)</td><td>황해남도 벽성군 석담리</td><td>16세기 후반</td><td>퇴칸감주</td><td>익공</td><td>맞배</td><td>7.63</td><td>5.82</td></tr>
<tr><td>중화향교 대성전
(中和鄕校 大成殿)</td><td>평양시 중화군 중화읍</td><td>17세기 중엽</td><td>퇴칸감주</td><td>익공</td><td>맞배</td><td>10.02</td><td>7.63</td></tr>
<tr><td rowspan="2">용곡서원 사당
(龍谷書院 祠堂)</td><td rowspan="2">평양시 만경대 구역 용봉리</td><td rowspan="2">1713</td><td rowspan="2">퇴칸감주</td><td>익공</td><td>맞배</td><td>8.55</td><td>5.69</td></tr>
<tr><td colspan="4">퇴칸 좌우 막음, 마루가설</td></tr>
<tr><td rowspan="2">정북사 본전
(靖北祠 本殿)</td><td rowspan="2">함경북도 경성군 승암로동자구</td><td rowspan="2">1845</td><td rowspan="2">퇴칸감주</td><td>익공</td><td>팔작</td><td>7.5</td><td>–</td></tr>
<tr><td colspan="4">12세기 초 여진족의 침입으로부터 고려의 동북 국경지대를 지키는 데 공로를 세운 윤관을 추모하는 사묘로 세종19년(1437)에 건립</td></tr>
</table>

표 4-9. 북한의 3칸3칸 불전건축

건축물	지역	시대(연도)	평면유형	주량작	지붕 형식	정면 치수	측면 치수
연탄 심원사 보광전 (燕灘 心源寺 普光殿)	황해북도 연탄군 연탄읍	1374	무내주	다포	팔작	10.98	7.55
귀진사 극락전 (歸眞寺 極樂殿)	황해북도 서흥군 송월리	15세기 말~16세기 초	무내주	다포	팔작	10.95	7.35
				불벽샛기둥			
정양사 반야전 (正陽寺 般若殿)	강원도 금강군 내강리	조선 초	전열감주	다포	팔작	11.13	8.74
양천사 대웅전 (梁泉寺 大雄殿)	함경남도 고원군 낙천리	1636	통칸이주	다포	팔작	11.6	7.35
관음사 대웅전 (觀音寺 大雄殿)	개성시 박연리	1646	무내주	다포	우진각	8.4	6.61
				불벽샛기둥			
동덕사 대웅전 (東德寺 大雄殿)	함경남도 단천시 두연리	1737	무내주	다포	팔작	10.8	6.61
				불벽샛기둥			
광법사 대웅전 (廣法寺 大雄殿)	평양시 대성구역 대성동	18세기 중	통간정치	다포	팔작	12	9.6
				1990년 복원, 중층			
묘향산 보현사 영산전 (妙香山 普賢寺靈山殿)	평안북도 향산군 향암리	1875	퇴칸감주	다포	팔작	12.8	7.7
만년사 대웅전 (万年寺 大雄殿)	평안북도 구성시 성안동	조선 후기	전열감주	다포	팔작	9.88	6.26
개원사 대웅전 (開元寺 大雄殿)	평안북도 곽산군 당상리	조선 후기	통칸이주	다포	팔작	11.25	6.85
명적사 대웅전 (明寂寺 大雄殿)	강원도 원산시 영삼리	조선 후기	통칸이주	다포	팔작	11	7.3
표훈사 반야보전 (表訓寺 般若寶殿)	강원도 금강군 내강리	1890	통칸이주	다포	팔작	14.09	9.3
중흥사 극락전 (重興寺 極樂殿)	양강도 삼수군 관평리	조선 후기	무내주	다포	팔작	6.45	5.55
				전면에 쪽마루 가설, 목재판벽, 포작특이			
용흥사 대웅전 (龍興寺 大雄殿)	함경남도 영광군 봉흥리	1794	무내주	다포	팔작	11.24	8.25
신계사 대웅전 (神溪寺 大雄殿)	강원도 고성군 온정리	조선 후기	미상	다포	팔작	12.45	7.54
				소실(1951)			

표 4-10. 북한의 3칸3칸 누정건축

건축물	지역	시대(연도)	평면유형	주량작	지붕형식	정면치수	측면치수
표훈사 능파루 (表訓寺 凌波樓)	강원도 금강군 내강리	19세기	무내주	다포	팔작	9.23	6.46
				중층, 하부층 주열 특이			
용흥사 운하루 (龍興寺 雲霞樓)	함경남도 영광군 봉홍리	1794	무내주	익공	팔작	8.77	6.98
벽동읍성 남장대 (碧潼邑城 五事軒)	평안북도 벽동군 동주리	1403	무내주	익공	팔작	–	–
갑산읍성 진북루 (甲山邑城 鎭北樓)	양강도 갑산군 갑산읍	1393	중재실	익공	팔작	12	7.5
				모퉁이 기둥, 변형된 마루, 1980년 복원			
함흥성 구천각 (咸興城 九天閣)	함경남도 함흥시 동흥산구역	1613	무내주	익공	사모	7	7
				축대 밑으로 진입			
가학루(駕鶴樓)	강원도 안변군 안변읍	1486	통간정치	다포	팔작	11.07	7.45
				안변객사 학성관의 부속건물			
제월루(霽月樓)	함경남도 함흥시 동흥산구역 동흥산동	1600	무내주	익공	팔작	10.3	5.6
				함흥향교 부속			
공민루(共民樓)	함경남도 단천시 양산동	1757	무내주	익공	팔작	9.82	6.78
				단천아사(1438)의 정문, 1층의 주열			

표 4-11. 북한의 3칸3칸 문루건축

<table>
<tr><th>건축물</th><th>지역</th><th>시대(연도)</th><th>평면유형</th><th>주량작</th><th>지붕
형식</th><th>정면
치수</th><th>측면
치수</th></tr>
<tr><td>평양 보통문
(平陽 普通門)</td><td>평양시 중구역
보통문동</td><td>1473</td><td>중재실</td><td>다포</td><td>팔작</td><td>14.8</td><td>9.15</td></tr>
<tr><td>평양 대동문
(平陽 大同門)</td><td>평양시 중구역
대동문동</td><td>1635</td><td>중재실</td><td>다포</td><td>팔작</td><td>15.91</td><td>10.3</td></tr>
<tr><td>벽동읍성 남문
(碧潼邑城 甄月樓)</td><td>평안북도 벽동군
동주리</td><td>1403</td><td>무내주</td><td>익공</td><td>팔작</td><td>9.5</td><td>6.3</td></tr>
<tr><td>벽동읍성 동문
(碧潼邑城 東門)</td><td>평안북도 벽동군
동주리</td><td>1403</td><td>무내주</td><td>익공</td><td>팔작</td><td>-</td><td>-</td></tr>
<tr><td>의주읍성 남문
(義州邑城 南門)</td><td>평안북도 의주군
의주읍</td><td>1613</td><td>중재실</td><td>다포</td><td>팔작</td><td>14.95</td><td>11</td></tr>
<tr><td rowspan="2">정방산성 남문
(正方山城 南門)</td><td rowspan="2">황해북도 사리원시
황성동</td><td rowspan="2">1632</td><td rowspan="2">중재실</td><td>납도리</td><td>팔작</td><td>13.85</td><td>7.2</td></tr>
<tr><td colspan="4">우리나라 단층문루 가운데 가장 큰 것에 속함, 가운데칸을 넓힌 것은 밑에 무지개문길이 있는 조건에서 합리적인 구조</td></tr>
<tr><td rowspan="2">구성읍성 남문
(龜城邑城 鎭南樓)</td><td rowspan="2">평안북도 구성시
성안동</td><td rowspan="2">1836</td><td rowspan="2">중재실</td><td>다포</td><td>팔작</td><td>10.7</td><td>10</td></tr>
<tr><td colspan="4">복원(1979)</td></tr>
<tr><td rowspan="2">철옹성 남문
(鐵甕城 南門)</td><td rowspan="2">평안북도 영변군
영변읍</td><td rowspan="2">1789</td><td rowspan="2">무내주</td><td>다포</td><td>팔작</td><td>12.67</td><td>8.3</td></tr>
<tr><td colspan="4">전면기둥 밑 돌기둥</td></tr>
</table>

V. 결론

3칸3칸 전각은 우리나라 전체 목조건축 문화재의 절반 이상을 차지할 만큼 널리 사용되어 온 건축형식이다. 정면3칸과 측면3칸은 각각 내부 공간의 분절이 가능하고, 중심성과 좌우대칭의 원리를 적용할 수 있는 최소단위이다. 또 정면3칸은 예제의 규범과 연결되어 있으며, 측면3칸은 곡면의 지붕을 만들 수 있는 5량가 이상의 상부가구와 어울리는 단위이다. 따라서 격식과 기념성을 요구하는 전각건축의 기본형으로 3칸3칸 형식은 폭넓게 선호되어 왔다. 이와 같은 상황은 동일한 건축원리를 공유하는 중국과 일본의 전통 목구조에서도 확인할 수 있다. 즉, 3칸3칸 형식은 일부 지역의 전통을 넘어서 동아시아 전통 목구조의 기본형이 될 가능성을 가지고 있다.

놀랍게도 3칸3칸 형식은 이미 선사시대 유적에서도 발견되지만, 본격적으로 의미 있게 사용되기 시작한 것은 훨씬 후대의 일이다. 더욱이 정면3칸과 측면3칸의 형식은 서로 다른 건축적 출발점을 갖는다. 정면3칸은 주대(周代) 이후 제도와 법식이 건축에 적용되면서 주종(主從)의 위계를 표현할 수 있는 형식으로서 주요 전각 구성의 원칙이 되었다. 이와 같은 기념비적 정면을 사방으로 확대 적용하면 3칸3칸 형식이 만들어지며, 그 예를 고대의 예제건축이나 목조탑에서 볼 수 있다. 이러한 3칸3칸 형식은 내부공간에서 중심과 주변을 구분했고, 외부공간에서는 사방으로 정면성을 갖는 완결된 조형성을 가지게 되었다. 3칸3칸의 건축형식은 그 최초 성립부터 일상생활을 위한 용도보다는 기념성을 갖는 건축물로 사용되었다.

그러나 정면과 측면이 구분되는 직사각형의 일반 전각에서 3칸3칸의 형식이 완성되는 것은 좀더 후대의 일로 보인다. 상징성이 강조되는 정면보다 건축의 구조를 실제적으로 해결해야 하는 측면에서 3칸이 전형성을 획득하는 것에 상당한 어려움이 있었기 때문이다. 곡면의 지붕면을 구성하기 위해서는 최소 다섯 군데 이상의 지지점을 갖는 상부가구가 필요하고, 이를 위해서는 측면3칸의 구조가 유리하다. 또한 내부에서 측면3칸의 구성은 감주법과 이주법을 통해서 매우 다채로운 실내공간을 만들어 낼 수 있었다. 이는 측면1칸 혹은 측면2칸의 소규모 전각에서는 구현할 수 없는 측면3칸만의 장점이다. 측면3칸의 또 다른 장점은 측벽의장에서도 대칭성과 중심성을 유지할 수 있다는 점이다. 이렇듯 정면과 측면의 요구, 의장과 구조의 요구가 결합하여 완성된 전형적인 3칸3칸 형식은 특히 조선시대 전각건축의 두드러진 특징이 되었다. 5칸5칸이라든지 5칸3칸 등 더 큰 규모로 성장하지 못하고 3칸3칸 형식이 많이 사용된 것은 조선의 사회 · 경제적 상황에 일차적으로 기인하는 것으로 생각된다.

3칸3칸 건축형식은 불전은 물론이고 누정, 향교와 서원의 사당, 궁궐의 편전 등 독립적으로 지어지는 모든 중심 전각들에 고루 이용되었다. 흥미로운 점은 구조형식만 동일할 뿐 각각의 세부 건축구성에서는 전각의 용도와 조영자의 의도에 맞추어 전혀 다른 다양한 해결안이 채택되었다는 점이다. 구체적으로 불전의 경우는 후열내주를 남긴 형식이, 편전의 경우는 전열내주를 둔 형식이, 그리고 누정의 경우는 모든 기둥렬을 남기든가 혹은 모든 내부기둥을 생략하는 수법이 많이 사용되었다. 또 사묘의 경우는 전면의 퇴칸을 개방하고 후면의 2칸만 내부공간으로 사용하는 독특한 공간구성이 널리 사용되었다. 이에 그치지 않고 벽면과 바닥면, 천장 등에도 세심한 처리가 이어졌다. 이렇듯 3칸3칸의 뼈대는 채움의 조절을 통해 다양한 용도를 수용하고 있다. 이 점은 3칸3칸 전각의 유형학적 가능성의 근거가 된다.

조선 후기로 진행하면서 새롭게 드러나는 특징은 전각의 규모가 과소화하면서, 3칸3칸의 기본골격을 유지하지 못하는 소규모 전각이 대두하는 일이다. 때문에 전형의 변형이라고 할 수 있는 새로운 형식들이 등장하게 되는데, 주로 측면칸수의 조정으로 나타난다. 정면3칸은 처음부터 그것이 갖는 상징적 의미에서 채택된 것이므로 5칸, 7칸으로 확장될 수는 있어도 폐기될 수는 없는 형식이다. 반면 구조에 대한 실질적 요구에서 출발한 측면3칸은 비슷한 성능을 갖는 다른 것으로 대체되기도 했다. 가장 많이 등장하는 사례는 측면칸수를 2칸으로 줄인 경우이다. 그러나 이 경우에도 여전히 내부공간의 사용은 앞선 3칸3칸 형식의 것을 답습하였다. 한편, 정면에 샛기둥을 덧대어 단칸의 정면을 마치 3칸처럼 보이게 한 북지장사 대웅전의 경우도 같은 차원에서 이해할 수 있다.

이번 연구는, 가장 많은 수가 남아 있고 의장과 구조의 측면에서 각각 중층적 의미를 가지고 있는 정면3칸 측면3칸의 단층전각에 대해, 그 역사적 기원과 함께 건축용도에 따른 다양한 구성원리와 적응례를 조사한 것이다. 그리고 이를 통해 3칸3칸 전각의 전형성을 확인했다는 점에서 의미를 갖는다. 이러한 접근은, 한국 전통건축에서 구조와 의장이 관계를 맺는 방식을 설명하는 한 가지 대안이며, 그 접근을 단위건축물 차원으로 올려놓음으로써 양식사가 갖는 한계를 극복하고자 했다. 이러한 작업이 건축사 연구의 가장 기본과제인 구조와 의장 사이의 상호작용, 즉 기술적 제약과 공간적 열망 사이의 갈등구조를 설명하는 실마리가 되리라 기대한다.

하지만 한국 건축의 완전한 이해는 단일 건축물에서 그치지 않고 여러 건축물들이 모여서 이루어내는 군집(群集)의 체계와 함께 분석할 때 비로소 완성될 것이다. 근대적 건축계획기법으로서 배치계획(site planning)이라는 용어가 즐겨 사용되지만, 한국 건축의 군집은 정형을 이루는 고대 건축의 단계를 벗어나면서부터 이미 배치로는 설명하기 힘들어진다. 각각의 단위 건축물이 '전체'를 구성하는 '부분'으로 존재하는 배치의 개념과 달리, 한국 건축에서의 단위 건축물들은 각각이 주인이면서 또한 동시에 각각이 상대를 개별적으로 의식하고 배려하는 관계를 보인다. 사혁(謝赫)의 '화론육법(畵論六法)'에 언급되는 경영위치(經營位置)는 부분이 전체와 갖는 한국 건축의 군집 개념을 잘 설명하고 있다.

오늘 우리가 한 작업은 한국 건축의 구성원리에 대한 체계적 이해의 틀을 마련하는 첫 단계가 될 것이며, 다음의 작업은 경영위치에 관련한 것이 될 것이다.

참고문헌

『家禮增解』(李宜朝)

『家禮輯覽』

『家禮』

『高峯集』

『冠峯先生遺稿』

『龜巖先生文集』

『국역 조선왕조실록』

『다산시문집』 제14권

『唐會要』

『大智度論』

『陶山書院儀節』

『東國李相國文集』(李奎報)

『栗谷先生全書』

『牧隱文稿』(李穡)

『妙法蓮華經』

『沙溪全書』(金長生)

『四禮便覽』(李縡)

『三國遺事』

『設郛』,「譙周法訓」

『十三經注疏 上 · 下』
『營造法式』
『禮記』
『禮記集說』
『栗谷全書(國譯): 6』
『儀禮釋宮』
『爾雅注疏』
『前漢書』
『存齋全書』(魏伯珪)
『朱子大全箚疑』(宋時烈)
『朱子語類』
『增補明南樓叢書 一』, 「講官論」(崔漢綺)
『太平御覽』
『退溪全書』
『한글대장경』

보고서류

『江原道重要木造建物實測調查報告書』, 강원도, 1988.
『居頓寺址 發掘調查 報告書 14』, 한림대학교 박물관, 2000.
『京畿道 鄕校 · 書院 建築調查 報告書』, 경기도 · 서울대학교, 1986.
『구례 화엄사 실측조사 보고서』, 문화재관리국, 1986.
『九龍寺址』, 공주대학교 박물관, 1995.
『마곡사 실측조사 보고서』, 문화재관리국, 1989.
『文化財大觀 寶物篇 (木造, 改訂版)』, 문화재청, 2004.
『문화재수리보고서』, 문화재관리국, 1986～1997.
『法住寺 捌相殿 修理工事報告書』, 국립문화재연구소, 1998.
『북한의 문화재와 문화유적 조선시대 I 건물편』, 서울대학교출판부, 2002.
『북한의 문화재와 문화유적 조선시대 II 사찰편』, 서울대학교출판부, 2002.
『북한의 문화재와 문화유적 IV 고려편』, 서울대학교출판부, 2000.
『신흥사 대광전 수리보고서』, 문화재관리국, 1994.
『운문사 대웅보전 실측조사보고서』, 청도군, 1998.

『전남의 전통건축』, 전라남도, 1999.
『전통사찰총서』 1～11, 사찰문화연구원, 1992~1998.
『정자실측조사보고서』, 文化財硏究所, 1993.
『昌德宮 懿老殿 實測 · 修理報告書』, 문화재청, 2004.
『韓國의 古建築』 第1號, 문화재관리국 국립문화재연구소, 1973.
『韓國의 古建築』 第4號, 문화재관리국 국립문화재연구소, 1979.
『韓國의 古建築』 第9號, 문화재관리국 국립문화재연구소, 1987.
『韓國의 古建築』 第11號, 문화재관리국 국립문화재연구소, 1989.
『韓國의 古建築』 第15號, 문화재관리국 국립문화재연구소, 1993.
『韓國의 古建築』 第16號, 문화재관리국 국립문화재연구소, 1994.
『韓國의 古建築』 第17號, 문화재관리국 국립문화재연구소, 1995.
『韓國의 古建築』 第18號, 문화재관리국 국립문화재연구소, 1996.
『韓國의 古建築』 第20號, 문화재관리국 국립문화재연구소, 1998.
『한국의 향교건축』, 박왕희, 문화재관리국, 1998.
『陜川 靈巖寺址 I』, 동아대학교 박물관, 1985.
「홍천 물걸리사지 현장설명회 자료」, 국립춘천박물관, 2003. 7. 16.
『檜巖寺 II 7 · 8단지 발굴조사 보고서』, 경기도, 2003.

단행본

金奉烈 · 申載億, 『慶南의 鄕校建築』, 울산대학교 한국건축연구소, 1991.
金東旭, 『한국건축의 역사』, 기문당, 1997.
김동현, 『한국 목조건축의 기법』, 발언, 1998.
金洹 · 林應植, 『韓國의 古建築 4. 七宮』, 廣場, 1977.
김은중, 『한국의 서원건축』, 문운당, 1996.
김지민, 『한국의 유교건축』, 발언, 1996.
김현준, 『사찰, 그 속에 깃든 의미』, 효림, 1997.
대한건축학회 편, 『한국건축사』, 기문당, 1996.
釋妙璨 譯, 『妙法蓮華經』, 위음왕, 1991.
윤장섭, 『일본의 건축』, 서울대학교출판부, 2000.
윤장섭, 『한국의 건축』, 서울대학교출판부, 1995.
이병건, 『발해건축의 이해』, 백산자료원, 2003.

이상해, 『서원』, 열화당, 1998.

이왕기, 『한국의 건축문화재 5. 충남편』, 기문당, 1999.

李允鉌, 이상해 등 역, 『중국 고전건축의 원리』, 시공사, 2000.

이화선, 『조선건축사』, 과학백과사전종합출판사, 1989.

장경호, 『百濟寺刹建築』, 예경산업사, 1991.

장경호, 『韓國의 傳統建築』, 문예출판사, 1992.

張起仁, 『木造』, 普成閣, 1997.

張起仁, 『韓國建築辭典』, 普成閣, 1998.

정승석 편저, 『고려대장경 해제』, 고려대장경연구소, 1998.

정인국, 『한국건축양식론』, 일지사, 1974.

池斗煥, 『朝鮮前期 儀禮硏究 — 性理學 正統論을 中心으로』, 서울대학교출판부, 1994.

천득염 · 전봉희, 『한국의 건축문화재 전남편』, 기문당, 2002.

千惠鳳 · 尹炳泰, 『藏書閣의 歷史와 資料的 特性』, 韓國精神文化硏究院, 1996.

홍대형, 『한국의 건축문화재 1. 서울편』, 기문당, 2001.

홍승재, 『한국의 건축문화재 8. 전북편』, 기문당, 2005.

『두산세계대백과사전』, 두산동아, 1996.

『韓國 民俗大觀 4: 歲時風俗. 傳承놀이』, 高麗大學校 民族文化硏究所, 1982.

Bowker, John, *The Oxford Dictionary of World Religions*, New York: Oxford University Press, 1997.

蕭墨, 『敦煌建築硏究』, 文物出版社, 1989.

『中國建築史』, 中國建築工業出版社, 2000.

『中國古代建築技術史』, 博遠出版有限公司, 1986.

藤田勝也 · 古賀秀策, 『日本建築史』, 昭和堂, 1999.

藤井恵介 · 玉井哲雄, 『建築の歷史』, 中央公論社, 1995.

三輪嘉六 · 宮本長二郎, 「家形はにわ」, 『日本の美術 5』 No. 348, 至文堂, 1995. 5.

伊東忠太, 『東洋建築の硏究』 上, 龍吟社, 1943.

足立康, 『古代建築の硏究』 上 · 下, 中央公論美術出版, 1986.

村田治郎, 『中國建築史叢考 仏塔仏寺篇』, 中央公論美術出版, 1988.

太田博太郎, 박언곤 역, 『일본건축사』, 발언, 1994.

沢田多喜二 · 杉野丞, 「東海地方の中 · 近世の前室付三間社流造について」, 『日本建築學會學術講演梗概集』, 2002, 甓8.

논문

金東旭, 「담양 면앙정의 건축형태」, 『건축역사연구』 24, 한국건축역사학회, 2000. 12.

金東旭, 「한국 목조건축에 內陣 · 外陣은 존재했는가?」, 『건축역사연구』 31, 한국건축역사학회, 2002. 9.

金東賢, 「李朝初期의 木造建築様式에 對하여 (I)」, 『韓國의 古建築』 第1號, 문화재관리국 국립문화재연구소, 1973.

金奉建, 「傳統 中層木造建築에 關한 硏究」, 서울대학교 박사학위논문, 1994.

金奉烈, 「近世期 佛敎寺刹의 建築計劃과 構成要素 硏究 — 首都圈 願堂寺刹을 중심으로 —」, 『건축역사연구』 8, 한국건축역사학회, 1995. 12.

金成都, 「朝鮮時代末과 20世紀 前半期의 寺刹建築 特性에 關한 硏究 — 서울 · 경기 일원의 佛殿을 중심으로」, 고려대학교 박사학위논문, 1999.

金龍基 · 李載根, 「朝鮮時代 亭子園林의 地域的 特性에 관한 硏究 — 嶺 · 湖南의 別墅庭園을 中心으로 —」, 『韓國庭苑學會誌』 10卷 1號, 韓國庭苑學會, 1992.

박상철, 「3칸 3칸 불전의 구조 및 의장에 관한 연구」, 서울대학교 석사학위논문, 2002.

朴晟亨, 「韓國建築의 甓甎〔벽돌〕使用과 그에 따른 建築 特性에 關한 硏究」, 성균관대학교 석사학위논문, 1999.

裵秉宣, 「多包系맞배집에 關한 硏究」, 서울대학교 박사학위논문, 1993.

서재영, 「조선불교유신론의 소회(塑繪) 폐지론과 선종의 정체성」, 『불교평론』 제16호, 2003년 가을호.

安啓福, 「樓閣 및 亭子様式을 통한 韓國 傳統庭園의 特性에 關한 硏究」, 서울대학교 박사학위논문, 1990.

梁尙鉉, 「朝鮮時代 寺刹配置의 敍事構造」, 서울대학교 박사학위논문, 1999.

梁潤植, 「朝鮮中期 多包系 建築의 栱包 意匠」, 서울대학교 박사학위논문, 2000.

柳洪烈, 「朝鮮 祠廟發生에 對한 一考察 — 特히 麗末李朝初의 報本崇賢思想을 中心으로 —」, 『震檀學報』 第5卷, 震檀學會, 1936. 7.

윤재신 · 윤용집 · 강선혜, 「鳳停寺 極樂殿의 構造解釋을 통한 架構分析에 관한 硏究 I — 縱斷面 構造 解釋 모델의 구축을 기반으로 —」, 『大韓建築學會論文集 計劃系』 제20권 9호 통권191호, 2004. 9.

尹晶玹, 「朝鮮時代 宮闕 中心空間의 構造와 變化」, 서울대학교 박사학위논문, 2000.

李康根, 「17世紀 佛殿의 莊嚴에 관한 硏究」, 동국대학교 박사학위논문, 1994.

李康根, 「韓國 古代佛殿建築의 莊嚴法式에 관한 硏究」, 『美術史學』 제12호, 한국미술사교육연구회, 1998. 12.

李康根, 「韓國과 中國의 古代 佛殿建築 비교연구 — 佛殿의 莊嚴法式을 중심으로—」, 『美術史學硏究』 제230호, 韓國美術史學會, 2001. 6.

이기선, 「고려시대 선종가람과 불교미술(I)」, 『韓國禪學』 제4호, 한국선학회, 2003.

이상해, 「『삼국사기 옥사조』의 재고찰」, 『건축역사연구』 8, 한국건축역사학회, 1995. 12.

이승연, 「건축역사연구에 기여한 고고학적 성과와 조사 현황 — 사지를 중심으로—」, 『건축역사연구』 40, 한국건축역사학회, 2004. 12.

李演魯, 「韓國傳統木造建築의 보에 關한 硏究 — 栱包와 지붕틀과의 結構를 中心으로—」, 고려대학교 박사학위논문, 2002.

李蓮珠, 「傳統 木架構造의 構築的 表現 方式에 관한 연구 — 佛殿의 구조틀과 면의 接合關係를 중심으로」, 서울대학교 석사학위논문, 1999.

이우종, 「단층불전 내주의 결구 및 배열방식에 관한 연구」, 서울대학교 석사학위논문, 2000.

張哲秀, 「祠堂의 歷史와 位置에 관한 硏究」, 문화재연구소, 1990.

정기철, 「17세기 사림의 '묘침제' 인식과 서원 영건」, 서울대학교 박사학위논문, 1999.

정기철 · 심우갑, 「朱子大全 儀禮釋宮 硏究」, 『大韓建築學會論文集 計劃系』 14-5, 1998. 5.

鄭膧昨, 「傳統的인 亭子園林의 立地特性 및 空間構成에 관한 硏究」, 『韓國庭苑學會誌』 2-5, 韓國庭苑學會, 1986.

曺在模, 「朝鮮時代 宮闕의 儀禮運營과 建築型式」, 서울대학교 박사학위논문, 2003.

崔智赫, 「韓國傳統木造建築 도리 配置에 關한 硏究」, 고려대학교 석사학위논문, 2001.

한기문, 「신라말 선종 사원의 형성과 구조」, 『韓國禪學』 제2호, 한국선학회, 2001.

許勝 · 林忠伸, 「東廟의 建築的 特性에 關한 硏究」, 『大韓建築學會學術發表論文集』 12-1, 大韓建築學會, 1992. 4.

洪大炯, 「開岩寺 大雄寶殿 建築形式에 관한 硏究」, 서울대학교 박사학위논문, 1990.

Abstract

3 bay × 3 bay
A Typological Approach to Korean Architecture

A three-bay-by-three-bay composition was the most common structural design for traditional Korean wooden pavilions. In general, three bays are the minimum number of units necessary to represent a building's center and two sides in both its plan and its elevation. Therefore, it is a popular elevation design for establishing a strong central axis in many kinds of buildings. Especially for the front elevation, the use of three bays is the favorite method for many designers to give a building monumentality in all times and places.

From a side perspective, traditional Korean buildings always had an eave front, and a side-to-side roof ridge. A front-to-back sectional line drawn through the roof had a pair of concave curves on each side. So, for the side elevations, three bays were also the basic unit used to support the typical concave roofs of traditional Korean wooden structures. These forms were similar to those of traditional wooden structures in China and Japan, which shared the same architectural principles. From this point of view, the authors think that the 3×3 bay structure was not simply a popular type but was also the archetype of traditional wooden structures through East Asia.

In this research, we discovered that the 3×3 bay structure was found in very early buildings, even in pre-historic settlements, in China. But, the front three bays preceded the side three bays historically. The full 3×3 bay structure did not finally evolve its complete formal expression until much later, in some Ancient shrines and old Buddhist pagodas. Our research indicated that pavilions with 3×3 bays were, from their first appearance, used as monumental buildings rather than as domestic buildings in China, Korea, and Japan. In Korea, the 3×3 bay structure was applied very widely to almost all kinds of monumental buildings. In fact, in the late Joseon Dynasty, a shortage of timber often limited the size of monumental buildings to only 3×3 bay structures.

We also investigated the applications of the 3×3 bay structure through a Korea-wide sampling survey of monumental buildings: several kinds of shrines, Buddhist temples, and royal halls. From this survey, we found that there were various types of spatial compositions using the 3×3 bay structure. Various combinations of repositioning and/or removing some of the inner columns were used to fit a designer's formal preferences with a building's functional requirements. In addition to these techniques, the placing of walls and the surfacing of floors of a building were often carefully modified according to its specific intended use. These findings confirmed the great adaptability of traditional Korean wooden structures.

From this research, we realized that the three-bay-by-three-bay structure was an ideal type which easily satisfied both spatial and structural requirements for a long period of Korean architectural history. And we also showed that the interaction between structure and design, or technical limitations and spatial desires, which was the most basic topic of architectural historians, could be explained in the traditional architecture of East Asia by concentrating carefully the bay framework and its modifications.

찾아보기

ㄴ

ㄷ

ㅁ

ㅂ

ㅅ

ㅇ

ㅈ

ㅊ

발간사

'한국학' 에 대한 관심과 요구가 국내외에서 높아지고 있다. 한국학을 전공으로 하는 학과도 생겨나고 한국학 연구자들의 국제학술대회도 종종 접하게 된다. 한국사회가 짧은 시기에 보여 준 역동적인 변화에 대한 학문적 관심이 나라 안팎으로 증대된 결과일 것이다. 한국의 역사와 문화, 사회적 경험이 점점 더 많은 연구자들의 관심대상으로 되고 있다는 사실은 매우 반가운 일이다.

한국학이란 고정된 분과학문 체계 내의 한 부분영역이 아니라 다양한 분과학문들이 함께 참여하는 학제적 연구의 성격을 지닌다. 한국학은 과거의 전통에 깊은 관심을 갖지만 현재의 문제들에도 주목하며 미래의 전망을 모색하는 작업도 포함한다. 인문학적 논의와 사회과학적 관심은 물론이고 자연과학적 문제의식과 예술적 시각이 함께 어우러지는 곳이다. 당연히 한국학은 국내의 연구자들이 자신의 특수성만을 부각시키는 폐쇄적인 장이 아니라 전 세계의 학자들이 자유롭게 참여하는 지적 토론의 공간이다. 한국을 대상으로 한 다양한 연구를 지원하며 진지한 논의와 지적 실험을 뒷받침하는 것이야말로 한국학의 가장 중요한 역할이라 할 것이다.

이런 의미에서 한국학은 한국의 문화와 역사적 경험을 전 인류의 문화유산과 역사적 경험의 한 부분으로 바라보는 전 지구적 시각을 요구받고 있다. 한국학은 한국사회의 경험을 연구하되, 그것을 21세기 세계사적 과제들과 더불어 사고함으로써 새로운 문명적 대안을 모색하는 전 지구적 논의에 적극적으로 동참하는 작업이 되어야 한다. 이런 종합적이고 개방적인 연구의 집적을 통해서만 한국의 특수성만을 절대화하는 오류에서 벗어나면서 동시에 서구의 눈으로 한국을 대상화, 타자화하는 오리엔탈리즘적 지역학의 한계도 극복할 수 있는 길이 열릴 것이다.

한국의 학문 발전에 큰 책임을 지고 있는 서울대학교는 한국학의 바람직한 발전을 위해 적극적인 역할을 하고자 한다. 이를 위해 별도의 연구기금을 마련하여 '한국학 장기기초연구 지원사업' 을 추진하고 이 사업의 결과물들을 모아 연구총서, 자료총서, 모노그래프를 출간하기로 했다. 서울대학교 교수진의 연구역량과 진지한 문제의식들이 결집됨으로써 한국학의 연구수준이 더욱 높아지고 내용이 보다 풍부해질 것을 믿고 있다. 이 연구사업이 해를 거듭할수록 한국사회에 대한 이해가 깊어짐은 물론이고 한국의 경험을 통해 세계 학계의 시각과 논의도 더욱 풍성해질 것을 기대해 마지않는다.

2003년 8월

서울대학교 한국학연구사업위원회

저자약력

전봉희(田鳳熙)

1985년 서울대학교 건축학과 졸업
1992년 서울대학교 공학박사
1992~1997년 목포대학교 건축공학과 조교수
1997년~현재 서울대학교 건축학과 교수
2002년 일본학술진흥회 외국인초청연구자
2003~2004년 하버드대학 옌칭연구소 비지팅스칼라
저서: 『서양목조건축』(번역)
『한국의 건축문화재-전남편』(공저)
『한국건축사 연구1. 분야와 시대』(공저)
『중국 북경 가가 풍경』 등

이강민(李康民)

1999년 서울대학교 건축학과 졸업
2001년 서울대학교 공학석사
2003년 서울대학교 건축학과 박사과정 수료
2002년~현재 강원대학교 건축학부 시간강사
2003~2004년 서울대학교 건축학과 조교
2005년~현재 서울대학교 공학연구소 연구원

서울대학교 규장각한국학연구원 한국학 모노그래프 14

3칸× 3칸

한국 건축의 유형학적 접근

저자 전봉희 · 이강민

2006년 4월 15일 초판 제1쇄 발행
2008년 9월 20일 초판 제4쇄 발행

발행인 이장무
발행처 서울대학교출판부
151-742 서울 관악구 관악로 599
마케팅과 02-889-4424, 02-880-7995
Fax 02-888-4148
E-mail snubook@snu.ac.kr
Home-page http://www.snupress.com

출판등록 제15-3호

ISBN 978-89-521-0515-8 93610

값 13,000 원

2007년 대한민국학술원 우수학술도서

서울대학교 규장각한국학연구원 한국학 모노그래프

예빈도에 보인 고구려 — 당 이현묘 예빈도의 조우관을 쓴 사절에 대하여
노태돈

현대 한국유교와 전통
금장태

살인의 진화심리학 — 조선 후기의 가족 살해와 배우자 살해
최재천 · 한영우 · 김호 · 황희선 · 홍승효 · 장대익

무협소설의 문화적 의미
전형준

정조시대의 무예
나영일

벼락도끼와 돌도끼 — 고고자료에 대한 전통적 인식 연구
이선복

한국 옛 경관 속의 생태지혜
이도원

식민권력과 통계 — 조선총독부의 통계체계와 센서스
박명규 · 서호철

한국의 천연염료 — 전통염료와 천연염색기술
김재필 · 이정진

북한의 의학교육
박재형 · 김옥주 · 황상익

국문 글쓰기의 재탄생
권영민

사할린 귀환자
이순형

조선시대 간척지 개발 — 국토 확장과정과 이용의 문제
박영한 · 오상학

3칸×3칸 — 한국 건축의 유형학적 접근
전봉희 · 이강민

위성영상을 이용한 북한지역의 해안습지 연구 — 평안남도를 사례로
유근배

한국 구비문학에 수용된 재담 연구
서대석

한국자본자유화와 금융자유화의 근년변화 — OECD 가입 및 IMF 사태 이후의 실상, 평가 및 대응
이천표

구어 한국어의 의향법 실현방법
권재일

조선시대 복식에 나타난 적색계 색명의 의미
남윤자 · 김순영 · 박성실

우리나라 인체기생충 및 의용절지동물의 동물상(fauna)과 개요
채종일

경제개방이 우리나라 노동시장에 미친 효과
김대일

한국 고소설에 나타난 오이디푸스 콤플렉스 — 〈심청전〉 · 〈콩쥐팥쥐전〉
류인균

남북한 경제의 이질성 — 경제통합에 관한 함의
이지순

한국에서 마르크스주의 경제학의 도입과 전개과정
김수행

한국 장수인의 개체적 특성과 사회환경적 요인 — 호남지방 장수벨트를 중심으로
박상철 · 이미숙 · 이정재 · 한경혜

전통마을 경관 요소들의 생태적 의미
이도원

한국의 중산층
홍두승

한국 여성의 건강증진행위
윤순녕 · 김숙영 · 이지윤

心과 性 — 茶山의 『孟子』 해석
금장태

20세기 초기 국어의 문법
권재일

한국의 고령노동 — 경제활동과 고용구조의 장기적 변화
이철희

웃음으로 눈물 닦기 —한국 언어문화의 한 특질
김대행

한국의 좌파 경제학자들
김수행 · 김공회

온돌과 한국인의 수면 생활
최정화 · 김문숙

한국 고대의 온돌 — 북옥저, 고구려, 발해
송기호

한국 시민단체의 내부의사결정과정에 관한 연구
김준기

한국문화를 쓴다 — 강용흘의 『초당』과 이미륵의 『압록강은 흐른다』 비교연구
최윤영

정약용 사상 속의 과학기술 — 유가 전통, 실용성, 과학기술
김영식

仁과 禮 — 다산의 『논어』 해석
금장태

서양인의 한국 종교 연구
김종서

韓國詩話에 보이는 杜詩
이영주

한국의 소득불평등과 빈곤 — 소득분배 악화와 사회보장정책의 과제
구인회

한국인 치매환자의 행동 및 심리 증상의 횡문학적 특성
조맹제 · 김진영

한국 사회복지 네트워크의 구성과 효과성
— 지역종합사회복지관의 네트워크 구성과 조직 효과성을 중심으로
김준기

근대한국의 국제관념에 나타난 도덕과 권력
장인성

한국의 의료체제 — 제도와 지배구조
송호근

몽골제국과 고려 — 쿠빌라이 정권의 탄생과 고려의 정치적 위상
김호동

한국무협소설의 작가와 작품
전형준

한국 근대소설에 나타난 오이디푸스 콤플렉스의 이해
류인근

한국의 하구역 — 하구둑 건설 이후의 지형변화
유근배 · 김성환 · 신영호

한국의 신용평가제도
이인호

전통 마을숲의 생태계 서비스
이도원 · 고인수 · 박찬열

두 개의 예외적인 복지체제 비교연구 — 한국 복지국가 모형의 탐색
김태성

박정희 체제의 성립과 전개 및 몰락 — 국제적 · 국내적 계급관계의 관점
김수행 · 박승호

한국서해안의 해안사구
유근배 · 류호상

『기우제등록』과 기후의례
최종성

한국어 술어의 사건 구조와 논항 구조
남승호

구한말의 한독 외교문서 덕안연구
권오현